Die KATZE

Geschichte, Biologie, Rassen

Haupt
NATUR

Die englische Originalausgabe erschien 2020
bei Ivy Press, einem Imprint von The Quarto Group,
unter dem Titel *The Cat. A Natural History*

Konzept, Gestaltung und Produktion:

Ivy Press

58 West Street, Brighton BN1 2RA, Großbritannien

Herausgeber David Breuer

Lektoratsleitung Tom Kitch

Künstlerische Leitung James Lawrence

Projekt-Lektorat Angela Koo

Gestaltung JC Lanaway

Redaktion Stephanie Evans

Bildredaktion Sharon Dortenzio

Illustrationen John Woodcock

Aus dem Englischen übersetzt von

Jorunn Wissmann, D-Binnen, Monika Niehaus, D-Düsseldorf,
und Coralie Wink, D-Dossenheim

Satz der deutschsprachigen Ausgabe:
Die Werkstatt Medien-Produktion GmbH, D-Göttingen

Der Haupt Verlag wird vom Bundesamt für Kultur mit einem
Strukturbeitrag für die Jahre 2016–2020 unterstützt.

Diese Publikation ist in der Deutschen Nationalbibliografie
verzeichnet. Mehr Informationen dazu finden Sie unter
http://dnb.dnb.de.

ISBN 978-3-258-08164-9

Printed in China

Um lange Transportwege zu vermeiden, hätten wir dieses Buch gerne
in Europa gedruckt. Bei Lizenzausgaben wie diesem Buch entscheidet
jedoch der Originalverlag über den Druckort. Der Haupt Verlag
kompensiert mit einem freiwilligen Beitrag zum Klimaschutz die
durch den Transport verursachten CO_2-Emissionen und verwendet
FSC-Papier aus nachhaltigen Quellen.

Swiss Climate
CO_2neutral
Transport

MIX
Papier aus verantwortungsvollen Quellen
FSC
www.fsc.org
FSC® C016973

Die KATZE

Geschichte, Biologie, Rassen

SARAH BROWN

ÜBERSETZT VON JORUNN WISSMANN, MONIKA NIEHAUS UND CORALIE WINK

HAUPT VERLAG

Inhalt

Die Katze – eine Einführung *6*

KAPITEL 1

Evolution & Domestikation

Woher stammt die Familie Katzen? *14*

Auftauchen der modernen Katzenlinien *16*

Die Hauskatze und ihre nächsten Verwandten *18*

Vom Wildtier zum Haustier *20*

Mensch trifft Katze *22*

Der Schritt über die Schwelle *26*

Nicht mehr nur gestreift *32*

Wie hat die Evolution die Katze verändert? *34*

KAPITEL 2

Anatomie & Physiologie

Skelett & Muskulatur *38*

Bewegung & Gleichgewicht *40*

Schädel & Gebiss *42*

Pfoten & Krallen *44*

Haut & Fell *46*

Physiologie *48*

Der Sehsinn *52*

Das Gehör *56*

Der Tastsinn *58*

Der Geruchssinn *60*

Der Geschmackssinn *62*

Nahrung & Trinken *64*

Genetik *66*

KAPITEL 3

Ökologie, Sozialstruktur & Verhalten

Ökologie *76*

Kolonien & Streifgebiete *78*

Soziale Strukturen bei Hauskatzen *80*

Olfaktorische Kommunikation *82*

Taktile Kommunikation *84*

Visuelle Kommunikation *86*

Vokale Kommunikation *88*

Partnerwerbung & Paarung *90*

Jungenaufzucht *94*

Heranwachsen der Jungen *96*

Sozialisation & Spiel *98*

Weitere Entwicklung *102*

Jäger & Beute *104*

Kognition & Lernen *108*

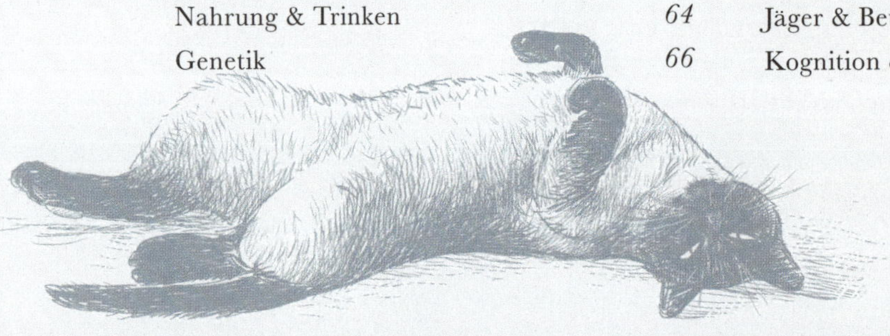

KAPITEL 4

Katzen & Menschen

Geliebt & gehasst *112*
Katzen in der Kunst *116*
Katzen & Menschen *120*
Wie Katzen mit uns interagieren *124*
Kommunikation mit Lauten *126*
Interaktion mit Katzen *128*
Bereichernder Umgang mit der Katze *130*
Katzen tun uns gut *132*

KAPITEL 5

Katzen heute

Der Preis des Erfolgs *136*
Revierverhalten *138*
Wohnungskatzen *142*
Problemverhalten *146*
Probleme mit Wildlingen & Streunern *152*
Im Tierheim *154*
Die Gesundheit der Katze *156*

KAPITEL 6

Verzeichnis einiger Katzenrassen

Einführung in die Katzenzucht *160*
Die Katzenrassen *166*

Anhang

Einige medizinische Fachbegriffe *214*
Weiterführende Literatur *216*
Register *220*
Über die Autorin & Danksagung *223*
Bildnachweis *224*

Die Katze – eine Einführung

Rechts *Katzen gehören heute zu den beliebtesten Haustieren weltweit, und viele – aber keineswegs alle – haben gelernt, dem Menschen zu vertrauen.*

Die Hauskatze ist in unserer modernen Welt ein häufiger Anblick und für viele Menschen ein Behaglichkeit spendender Hausgenosse. In zahlreichen Ländern ist sie inzwischen das beliebteste Haustier, sei es als Straßenkatze oder «Mieze» unbekannter Herkunft oder eine der vielen reinrassigen Züchtungen, die es heutzutage gibt. Als Haustiere führen manche Katzen ein umsorgtes Luxusleben, das keine Wünsche offenlässt, während andere abends einfach einen Napf mit Futter und einen Schlafplatz erhalten. Doch nicht alle Hauskatzen sind auch Haustiere. Trotz einer schon 10 000 Jahre währenden engen Verbindung zwischen Katzen und Menschen leben zahllose Hauskatzen noch immer viel unabhängiger vom Menschen und jagen genau wie ihre wilden Vorfahren, um ihr Überleben zu sichern.

Distanziert, liebevoll, gelassen, irritierend, elegant, geheimnisvoll und sogar wild – im Lauf ihrer gemeinsamen Geschichte mit uns Menschen ist das Wesen der Katze schon auf vielerlei Weise beschrieben worden. Besonders berühmt ist jedoch ihre Unabhängigkeit, eine Eigenschaft, für die sie von einigen geschmäht, von anderen hingegen bewundert wird. Dabei ist es gerade diese Unabhängigkeit, die dazu geführt hat, dass die Katze eines der beliebtesten Haustiere unserer Tage ist und in einigen Ländern sogar dem Hund als dem bevorzugten Gefährten des Menschen den Rang abläuft. Die Leute suchen nach einem Haustier, das sich einfach halten lässt, idealerweise eines, das sich an begrenzte Flächen anpassen und sich selbst sauber halten kann, während es relativ wenig Ansprüche stellt und dennoch Gesellschaft bietet. Das ist eigentlich ein bisschen viel verlangt, doch die Hauskatze erfüllt definitiv all diese Ansprüche.

Die allerersten Katzen, mit denen Menschen freundschaftlichen Kontakt aufnahmen, waren echte Wildkatzen – Opportunisten –, die allmählich ihren Weg in unser Heim und Herz fanden und sich dann im Lauf ihrer Evolution über zahllose Generationen hinweg zu einer Haustierform entwickelten. Während die Hauskatze langsam, aber unaufhaltsam begann, die ganze Welt zu besiedeln, erlebte sie Verehrung wie auch Verfolgung, bis die Art schließlich den Höhepunkt der Popularität erreichte, die sie heute erlebt. Dieser Weg war nicht einfach, und Katzen stehen noch immer großen Herausforderungen gegenüber, denn viele von ihnen sind zeitlebens unnötigem Stress ausgesetzt. Oberflächlich betrachtet mag es so aussehen, als führten moderne Hauskatzen ein behütetes Leben mit einem warmen Dach über dem Kopf, nahrhaftem Futter und medizinischer Versorgung. Dafür schenken sie ihren Haltern oft (aber keineswegs immer) Zuneigung, Gesellschaft und in manchen Fällen auch eine tiefe und dauerhafte Bindung. Katzen in unseren

Haushalt aufzunehmen und sie in unseren geschäftigen Lebensstil einzubinden, kann dem Halter manchmal viel einfacher erscheinen als der Katze selbst, eine Beziehung, auf die wir in Kapitel 4 noch näher eingehen werden.

Katzen sind Meisterinnen der Anpassung –, wenn sie Nahrung und Unterschlupf finden, richten sie sich eine Nische ein, ob mit oder ohne die Gesellschaft anderer Katzen beziehungsweise Menschen. Diese Anpassungsfähigkeit ist das Geheimnis ihrer erfolgreichen Ausbreitung; heute findet man Hauskatzen weltweit an so unterschiedlichen Örtlichkeiten wie dem australischen Outback und einem City-Apartment im Hochhaus.

In der relativ kurzen Zeit, in der Katzen und Menschen zusammenleben, haben Katzen gelernt, mit uns zu kommunizieren, und die Signale ihrer eigenen Spezies so angepasst, dass wir sie verstehen. Wir Menschen haben weniger hart an der Beziehung gearbeitet und einfach angenommen, Katzen würden sich schon an alle Einschränkungen anpassen, die wir ihnen auferlegen, von der Beschränkung ihrer Bewegungsfreiheit bis zum friedlichen Zusammenleben und Interagieren mit anderen Haustieren, einschließlich weiteren Katzen, wie auch mit uns. Als Paul Leyhausen 1956 sein erstes wissenschaftliches Buch über das Verhalten von Katzen veröffentlichte, begannen die Menschen, sich mehr Gedanken über die sozialen Bedürfnisse von Katzen zu machen. Seitdem hat die Wissenschaft sehr viel mehr über Verhalten und soziale Organisation von Katzen herausgefunden, doch ein Großteil dieses Wissen harrt noch immer seiner praktischen Umsetzung. Um Hauskatzen ein stressfreies Leben zu ermöglichen, sollten wir mehr über Katzen erfahren, ihre Bedürfnisse kennenlernen und unsere Lebensweise wie auch unsere Wohnungen entsprechend anpassen; das ermöglicht den Haltern, ihre Katzen umfassend zu verstehen und das Zusammenleben zu genießen.

Rechts *Für schwarze Katzen und Katzenjunge ein Zuhause zu finden, ist schwieriger als für anders gefärbte Katzen – traurigerweise deshalb, weil ihre Gesichtszüge auf Fotos schlechter zu erkennen sind.*

Unten *Ganz anders als ihre wilden Vorfahren, die Wildkatzen, leben viele Hauskatzen heute auf relativ beschränktem Raum. Die meisten können sich anpassen, vorausgesetzt, es gibt genügend Stimulation und Bereicherung ihres Lebensraums.*

KATZE DURCH UND DURCH

Heute schätzen wir Katzen aus ganz anderen Gründen als unsere Vorfahren. Für diejenigen Menschen, die als erste Katzen in ihrem Leben willkommen hießen, spielte deren Aussehen wahrscheinlich keine große Rolle; was zählte, waren ihre Fähigkeiten als Jäger, und ihre Gesellschaft war eine willkommene Dreingabe. Heutzutage ist es genau umgekehrt – viele Katzen werden bewusst wegen ihres Aussehens gezüchtet, und Halter sind bereit, für eine Katze mit eindrucksvollem Stammbaum eine hohe Summe zu zahlen. Selbst Katzen ohne Stammbaum werden häufig eher nach ihrem Aussehen als nach ihrer Persönlichkeit ausgewählt – Tierheime berichten beispielsweise, dass schwarze Katzen schwerer vermittelbar sind als solche mit anderer Fellfärbung.

Katzenzucht hat enorm an Popularität gewonnen, wozu wissenschaftliche Fortschritte in Genetik und Vererbung beigetragen haben. Züchter können heute neue Varianten in Fellfärbung, -typ und -zeichnung sowie Körperform und Größe erzielen und aufrechterhalten. «Cat fancy» (siehe Kap. 6) ist inzwischen ein großes Geschäft, und es muss dafür gesorgt werden, dass zukünftige Rassen gesund sind und das Wohlergehen der Tiere nicht zugunsten der Neuartigkeit geopfert wird.

Im Gegensatz zu den wertvollen «Mäusejägern» in früheren Zeiten wird das Jagdverhalten von Katzen heute allgemein nicht gern gesehen. Leider ist diese Botschaft noch nicht bis zu den

Katzen selbst durchgedrungen, und der Jagdtrieb dauert an. Jagen ist noch immer eine Notwendigkeit für Millionen Hauskatzen, die, ob freiwillig oder nicht, unabhängig vom Menschen leben. Selbst gut gefütterte Hauskatzen haben diesen Instinkt noch nicht verloren. Die Katzen unserer Tage habe einen schlechten Leumund, was die potenziellen Auswirkungen ihrer Jagd auf lokale Wildtierpopulationen angeht, ein Thema, das in Kapitel 3 diskutiert wird. Das Problem haben wir jedoch selbst verschuldet, und das Resultat sollte uns nicht überraschen. Jahrhundertelang haben wir ganz bewusst einen geschickten opportunistischen Jäger in neue Länder voller Beutetiere eingeführt. Wie sich die Konsequenzen dieses Tuns handhaben lassen und wie sie die Beziehung zwischen Katzen und Menschen langfristig beeinflussen, bleibt abzuwarten. Es wird zweifellos ein weiteres Kapitel in der höchst wechselvollen Geschichte der Hauskatze und ihrer Beziehung zur Menschheit sein.

Unten *Katzen haben ihren Jagdinstinkt im Lauf der Haustierwerdung nicht verloren.*

ÜBER DIESES BUCH

Viele Menschen bekennen, sie zu lieben, während andere eine tiefe Abneigung gegen sie hegen, doch wie dem auch sei, jeder hat offenbar etwas über Katzen zu sagen. Bei so vielen Meinungen kann es schwierig sein, Wahres von Hörensagen zu trennen, was die Vielzahl von Mythen und Geschichten erklären könnte, die sich seit ihrer Entwicklung vom Wild- zum Haustier um die Katze ranken.

Dieses Buch verfolgt diese Evolution und trennt unterwegs einige der Fakten von Fiktionen. Ziel des Buches ist es, einen umfassenden Überblick darüber zu liefern, was Katzen so einzigartig und immer wieder faszinierend macht, untermauert von aktuellen wissenschaftlichen Erkenntnissen über Katzen und über die Art und Weise, wie sie sich in die Welt des Menschen einfügen.

Im ersten Kapitel geht es darum, wie sich die Familie Katzen aus den allerersten karnivoren (fleischfressenden) Säugern entwickelte, und es beschreibt, wie sich die wilden Vorfahren der Hauskatze allmählich an den Menschen anschlossen, von den bescheidenen Anfängen ihrer Beziehung im Fruchtbaren Halbmond vor rund 10 000 Jahren bis zur heutigen weltweiten Verbreitung der Hauskatze.

Das zweite Kapitel beschäftigt sich mit Anatomie und Physiologie der Hauskatze und ihren eindrucksvollen körperlichen Anpassungen an ihr natürliches Leben als karnivorer Jäger (Prädator). Dabei geht es auch um Genetik und darum, wie Katzen durch natürliche Mutationen und künstliche Zuchtwahl heute eine derartige Bandbreite von Formen hervorgebracht haben.

Die Art und Weise, wie Katzen leben – ihre Kommunikation untereinander und ihre Fähigkeit, unterschiedliche Formen sozialer Organisation anzunehmen –, ist Thema von Kapitel 3. In diesem Kapitel wird auch beschrieben, wie sich Katzen von der Geburt bis ins Erwachsenenalter entwickeln.

Um die Beziehung zwischen Katzen und Menschen geht es in Kapitel 4, so auch um das wechselvolle, von den Launen des Menschen geprägte Schicksal der Katzen. Wie Katzen ihre Ausdrucksweise angepasst haben, um mit uns zu kommunizieren, und die Art und Weise, in der wir darauf reagieren, werden ebenfalls besprochen, gemeinsam mit Faktoren, die die Katzen-Menschen-Beziehung beeinflussen.

Thema von Kapitel 5 sind die Herausforderungen, denen sich die moderne Katze gegenübersieht, darunter Langeweile, Fettleibigkeit und ein längeres Leben in einer übervölkerten Welt. Die sich daraus ergebenden Probleme und wie sie sich lösen lassen bzw. vom Katzenbesitzer vermieden werden können, werden ebenfalls diskutiert, und auch, wie die Zukunft der Hauskatze aussehen könnte.

Kapitel 6 befasst sich schließlich mit dem Reich der Katzenzucht und erklärt, was Katzenrassen sind und wie neue Rassen entstehen, bevor eine Auswahl derjenigen Rassen vorgestellt wird, die von einem Großteil der verschiedenen Katzenzuchtorganisationen in aller Welt anerkannt werden. Katzen haben sich an unsere menschliche Welt angepasst, und mit neuen Erkenntnissen über ihr Verhalten möchte dieses Buch dazu beitragen, diese klugen, neugierigen und komplexen Geschöpfe besser zu verstehen.

Unten *Flexibel in so vieler Hinsicht, ist die Hauskatze seit eh und je ein höchst interessantes Studienobjekt.*

Kapitel 1

Evolution & Domestikation

Der ausgestorbene Smilodon

Woher stammt die Familie Katzen?

Die Familie Katzen, wissenschaftlich Felidae, gehört zur Ordnung Carnivora (Raubtiere), also zu den fleischfressenden Säugetieren. Alle Vertreter der Carnivora, zu denen auch die Familie Canidae (Hunde) zählt, entwickelten sich aus einer Gruppe waldbewohnender Säuger, den Miaciden (Gattung *Miacis*), die vor rund 6 Mio. Jahren in Nordamerika und Eurasien lebte. Mit ihrem lang gestreckten Körper, den kurzen Beinen und dem langen Schwanz ähnelten diese Tiere modernen Mardern oder Zibetkatzen. Neben der standardmäßigeren Säugerbezahnung besaßen die Miaciden interessanterweise Frühformen der klassischen Reißzähne, jener Brechschere, wie sie für moderne Karnivoren typisch ist.

Die Miaciden gediehen rund 30 Mio. Jahre lang, und aus ihren Nachkommen entwickelten sich im Lauf der Zeit die beiden Hauptzweige der Karnivoren, die katzenartige Unterordnung Feliformia (auch Feloidea genannt) und die hundeartige Unterordnung Caniformia. Diese beiden Unterordnungen umfassen sämtliche heute lebenden Karnivoren, von denen einige allerdings Allesfresser (omnivor) sind. Vertreter der Katzenfamilie Felidae werden oft als Hypercarnivoren bezeichnet, ein Begriff für Tiere, deren Nahrung zu mehr als 70 Prozent aus Fleisch besteht. Da sich die Felidae ausschließlich von Fleisch ernähren, spricht man auch von obligaten Karnivoren.

Unten *Der waldbewohnende* Miacis. *Dieser urtümliche Karnivore gilt als der gemeinsame Vorfahr der modernen Vertreter der Ordnung Carnivora, einschließlich der Katzen und der Hunde.*

Rechts Pseudaelurus *war ein katzenartiger Vorfahr der Familie Felidae. Seine Anpassungen an das Leben als Fleischfresser führten gemeinsam mit den Auswirkungen von Klimaveränderungen dazu, dass er in neue Teile der Welt einwandern und sie besiedeln konnte.*

DIE ERSTEN KATZEN

Fossilien aus Eurasien zeigen, dass vor rund 30 Mio. Jahren ein katzenartiger Karnivore erschien, der als *Proailurus* bekannt ist. Wie sein Miaciden-Vorfahr lebte *Proailurus* (wörtlich «vor der Katze») in Waldgebieten, besaß aber bereits stärker spezialisierte Zähne zum Zerlegen von Fleisch sowie einziehbare Krallen, die er aber auf dem Waldboden in Hautscheiden zurückziehen konnte, was ihm eine effizientere Jagd ermöglichte. Seine Hinterfüße zeigten ein Übergangsstadium zwischen Sohlengänger (plantigrad) und Zehengänger (digitigrad), seine Vorderfüße waren jedoch digitigrad.

Vor etwa 20 Mio. Jahren folgte auf *Proailurus* der erste wirklich katzenartige Vorfahr; paradoxerweise erhielt er den Namen *Pseudaelurus* («falsche Katze»). *Pseudaelurus* behielt die lange, flexible Wirbelsäule von *Proailurus* bei, war jedoch bereits ein vollständiger Zehengänger. Auch sein Gebiss hatte sich verändert, er besaß weniger Backenzähne (Molaren) als *Proailurus*. Wie die Fossilbelege zeigen, war *Pseudaelurus* ein höchst erfolgreicher Karnivore – Klimaveränderungen zu der Zeit, als er erstmals in Eurasien erschien, schufen neue Lebensräume für Raubtiere (Prädatoren) wie für Beutetiere, und *Pseudaelurus* passte sich an das Jagen in der offenen Savanne statt in den dichten Wäldern an, die von seinen Vorfahren besiedelt worden waren.

Vor rund 9 Mio. Jahren hatten niedrige Meeresspiegel in den Osten von *Pseudaelurus'* Verbreitungsgebiet Landbrücken über die Beringstraße geschaffen, sodass er nach Nordamerika einwandern konnte. Er folgte auch ähnlichen Landbrücken über das Rote Meer nach Westen und breitete sich so nach Afrika aus. Die Gattung *Pseudaelurus* war sehr erfolgreich, was sich auch daran zeigt, dass bislang zwölf unterschiedliche Arten rund um die Welt entdeckt wurden. Aus einigen von ihnen entwickelte sich die heute ausgestorbene Unterfamilie Säbelzahnkatzen (Machairodontinae).

JÄGER MIT SÄBELZÄHNEN

Der bekannteste Vertreter der löwengroßen Machairodontinae war die Gattung Smilodon, ein eindrucksvoller Prädator in Nord- und später auch Südamerika. Diese Säbelzahnkatzen, die noch vor rund 10 000 Jahren existierten, besaßen stark verlängerte Eckzähne, die seitlich abgeflacht und sägeartig geriffelt waren, um Fleisch so leicht wie ein Messer zu zerteilen («machairodont» bedeutet so viel wie «messerzähnig»). Sie konnten ihren Kiefer in einem 120-Grad-Winkel öffnen – viel weiter als irgendeine Katze unserer Tage –, und vermutlich lauerten sie ihrer Beute auf und spießten sie mit ihren riesigen Zähnen auf, um anschließend abzuwarten, bis sie verblutete. Wenn ihre säbelartigen Zähne auch sehr eindrucksvoll aussahen, waren sie doch recht spröde und brachen leicht ab, ohne wieder nachzuwachsen. Belege für abgebrochene Zähne haben zu der Vermutung geführt, dass Säbelzahnkatzen in Gruppen jagten, sodass einzelne Tiere auch dann überleben konnten, wenn sie einen Zahn verloren hatten oder verletzt waren. Die Säbelzahnkatzen starben schließlich aus, wahrscheinlich aufgrund von Klima- und Habitatveränderungen, die zu einem Rückgang der großen Beutetierarten führten, auf deren Tötung sie sich spezialisiert hatten.

Auftauchen der modernen Katzenlinien

Hauskatze (Unterfamilie Felinae)

Aus anderen *Pseudaelurus*-Arten (manchmal in einer anderen Gattung, *Styriofelis,* zusammengefasst) entwickelten sich im Lauf der Zeit einige der großen und kleinen Felidenarten, die es heute gibt. Eine zweite Periode mit niedrigem Meeresspiegel in der Eiszeit (Pleistozän) vor 2 oder 3 Mio. Jahren schuf den Isthmus von Panama und ermöglichte Feliden, über diese Landenge von Nord- nach Südamerika zu wandern, wo sie sich zu verschiedenen Arten weiterentwickelten. In dieser Periode gingen noch viele andere Populationen auf Wanderschaft, darunter die frühen Vorfahren der Hauskatze, die über eine temporäre Landbrücke von Nordamerika nach Asien überwechselten.

Als die Meeresspiegel nach der letzten Eiszeit wieder stiegen, wurden Landverbindungen unterbrochen, und einige der neuen Katzenpopulationen wurden isoliert.

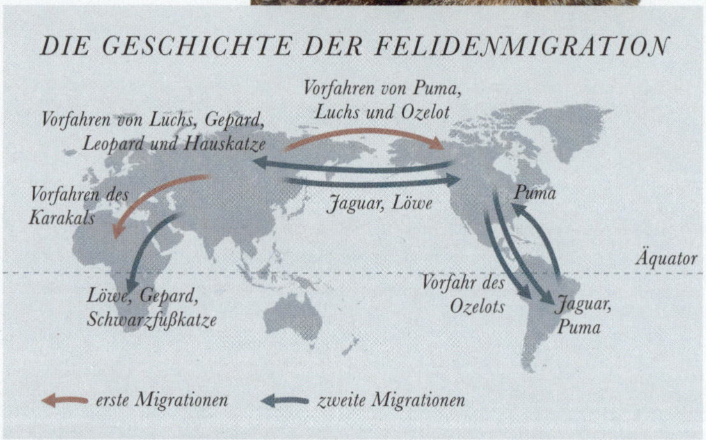

Oben *Die eurasischen Vorfahren der Feliden gelangten vor rund 9 Mio. Jahren nach Nordamerika und Afrika; später kam es zu weiteren Migrationen ihrer Nachkommen, darunter auch der Vorfahren der Hauskatze, die von Nordamerika zurück nach Asien wanderten. [Die Karte basiert auf O'Brien/ Johnson (2007) und auch Kitchener & al. (2017)].*

DIE FELIDAE

Die Zahl der modernen Katzenarten ist unter Taxonomen umstritten und hängt davon ab, ob man bestimmte Typen zusammenfasst oder als eigenständige Arten (Spezies) auflistet; der gegenwärtige Konsens ist, dass es 40 wilde Arten zuzüglich der Hauskatze gibt. Die Familie Felidae wird in zwei Unterfamilien aufgeteilt: die Pantherinae, die Großkatzen, von denen die meisten brüllen können, und die Felinae, die Kleinkatzen, die sämtliche anderen Arten umfasst, einschließlich der Hauskatze.

Im Jahr 2007 ordnete eine DNA-Studie, in der 30 Gene jeder heute lebenden Katzenart verglichen wurden, alle Arten in acht verschiedenen Linien an. Sie zeigte darüber hinaus, in welcher Reihenfolge sich die Linien aufgetrennt hatten und zu welchem Zeitpunkt dies ungefähr geschehen sein musste.

Schwarzer Panther (Unterfamilie Pantherinae)

DIE EVOLUTION DER FELIDAE

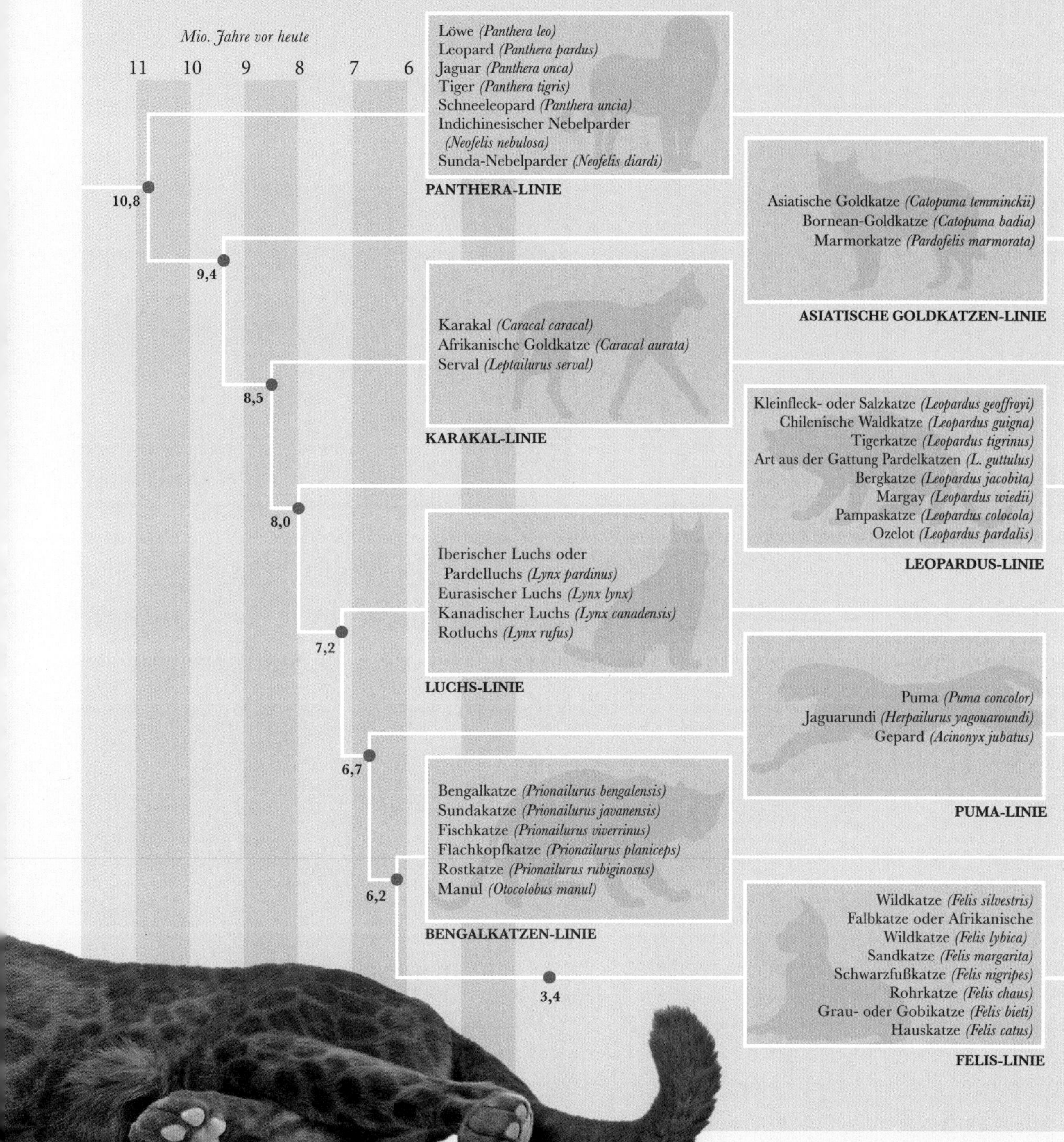

Die Hauskatze und ihre nächsten Verwandten

Die Stammlinie der Hauskatze (Gattung *Felis*) war die letzte, die sich vor rund 3,4 Mio. Jahren von dem alten Stammbaum abspaltete. Sie umfasst sämtliche Hauskatzen rund um die Welt sowie die Handvoll kleiner Wildkatzenarten, die in Europa, Afrika und Asien leben. Aufgrund ihrer Fähigkeit, sich zu kreuzen, ist die Klassifikation der Vertreter dieser Linie wissenschaftlich umstritten – handelt es sich tatsächlich um eigene Arten oder doch nur um Unterarten? Der gegenwärtige Stand der Dinge ist folgender:

Hauskatze

Felis catus
HAUSKATZE

Hervorgegangen aus einer Linie der nordafrikanischen Unterart *Felis lybica lybica*, domestiziert im Fruchtbaren Halbmond (s. S. 22) und heute mit Ausnahme der Antarktis weltweit verbreitet.

Felis silvestris
WILDKATZE

Diese Art, die sich mit der Hauskatze kreuzen kann, ist notorisch wild und unzähmbar. Sie stand kurz vor dem Aussterben, steht inzwischen jedoch in vielen Regionen unter Schutz. Ihr Aussehen variiert von deutlich gestreiften Individuen in Westeuropa und Schottland bis zu nur schwach gestreiften Tieren in Osteuropa.

Felis margarita
SANDKATZE

In den Wüstenregionen Nordafrikas, Vorder- und Zentralasiens weit verbreitet, gut an die dortigen harten Lebensbedingungen angepasst. Die auffällig großen, dreieckigen Ohren helfen beim Aufspüren der Beute, die dichte Pfotenbehaarung schützt vor direktem Kontakt mit dem heißen Sand und erlaubt gleichzeitig, sich sicher auf der rutschigen Sandoberfläche zu bewegen.

Felis chaus
ROHRKATZE

Diese kleine bis mittelgroße Katze lebt in dichtem Schilfröhricht und in Sumpfgebieten; daher wird sie auch als «Sumpfluchs» bezeichnet. Man findet sie in Vorderasien, Süd- und Südostasien und Südchina.

Felis lybica
FALBKATZE ODER
AFRIKANISCHE WILDKATZE

Direkter Vorfahr der Hauskatze, mit der sie sich kreuzen kann. Die nordafrikanische Unterart *F. l. lybica* (in Nordafrika, im Nahen Osten und auf der Arabischen Halbinsel heimisch) und die südafrikanische Unterart *F. l. cafra* (im ganzen südlichen Afrika beheimatet) sind sandfarben und zeigen schwach ausgeprägte Streifen und Flecke; die Rückseite der Ohren ist rötlich gefärbt. Eine andere Unterart, die Asiatische Wildkatze, *F. l. ornata,* ist in Südwest- und Zentralasien, Afghanistan, Pakistan, Indien, der Mongolei und China beheimatet. Sie hat ein helles Fell mit schwarzen Flecken.

Felis nigripes
SCHWARZFUSSKATZE

Afrikas kleinste Katze. Trotz seiner geringen Größe ist dieser gefleckte Felide ein erfolgreicher Jäger und legt in seiner südafrikanischen Heimat weite Strecken zurück, um seine spärliche Beute aufzustöbern.

Felis bieti
GRAU- ODER GOBIKATZE

Das Verbreitungsgebiet dieser wenig bekannten Katze beschränkt sich auf ein kleines Gebiet am Ostrand des tibetischen Hochplateaus. Sie lebt in hohen alpinen Wiesen und hat sich mit langem Fell und dichter Pfotenbehaarung an extreme Witterungsbedingungen angepasst.

Vom Wildtier zum Haustier

Wie und wo die Katze domestiziert wurde, ist seit Langem umstritten. Viele fragen sich angesichts der Tatsache, dass sie sich mit Wildkatzen kreuzen und, falls notwendig, auch ohne menschliche Hilfe überleben kann, sogar, ob die Katze überhaupt völlig domestiziert ist. Das englische Sprichwort *like trying to herd cats* («als ob man Katzen hüten wollte») macht deutlich, wie viel weniger Einfluss wir auf den Willen von Katzen haben im Vergleich zu anderen Haustieren wie Schafen, Rindern oder Hunden. Ob wir Katzen nun als halb domestiziert oder selbst domestiziert bezeichnen – zweifellos hat sich die Hauskatze eine einzigartige Nische in der Welt des Menschen geschaffen. Viel Forschungsarbeit wird investiert, um herauszufinden, wie alles anfing.

DOMESTIZIERT ODER EINFACH NUR ZAHM?

Die Unterscheidung, ob ein Tier domestiziert oder nur zahm ist, ist wichtig. Bei einigen Wildtierarten kann man ein Individuum zähmen, wenn es jung gefangen und von Menschen aufgezogen und versorgt wird – damit wird das Verhalten diese Einzeltiers verändert.

Bei der Domestikation geht es jedoch um dauerhafte genetische Veränderungen einer ganzen Population, die über Generationen hinweg daraufhin selektiert wurde, sich Menschen gegenüber gefügig zu zeigen und sich ihrer Lebensweise anzupassen. Domestizierte Arten können allerdings noch immer in einen wilden Zustand zurückkehren; man spricht dann gewöhnlich von «verwildern».

WER IST DIE NÄCHSTE VERWANDTE DER HAUSKATZE?

In einer weiteren bahnbrechenden Studie 2007 wurde die DNA von 979 Wild- und Hauskatzen aus verschiedenen geografischen Regionen analysiert, um die nächste wilde Verwandte unserer Hauskatze zu finden. Die Wissenschaftler stellten fest, dass sich die Wildkatzen in ihrer Studie in fünf unterschiedliche genetische Linien einordnen ließen. Die vielen Hundert Proben der Hauskatzen aus aller Welt, ob Rassetier oder Promenadenmischung, gehörten genetisch hingegen alle zur selben Stammlinie wie die nordafrikanische Unterart der Wildkatze *Felis lybica lybica* (die damals noch *Felis silvestris lybica* hieß) und zu keiner der anderen Wildkatzen-Unterarten. Dieses Ergebnis bestätigt, dass alle Hauskatzen – von der verwahrlosten Straßenkatze bis zur gepflegten Rassekatze – direkte Nachfahren von *Felis l. lybica* sind.

HINWEISE AUF DEN URSPRUNG DER KATZE

1. Die Wildkatzen der *Felis*-Linie unterscheiden sich nachweislich deutlich in ihrer Bereitschaft, sich zähmen zu lassen; am einfachsten ist es bei der nordafrikanischen *F. lybica lybica*. Andere, wie die Europäische Wildkatze, *F. silvestris*, sind außerordentlich unfügsam und trotz zahlreicher Versuche kaum zu zähmen.
2. Der Begriff «Tabby» (Tigerkatze) leitet sich vermutlich von «Attaby» ab, einem Viertel in Bagdad im Irak, in dem ein (ursprünglich gestreifter) Seidenstoff hergestellt wurde.
3. Der Begriff *cat/Katze* und alle weiteren modernen Übersetzungen gehen wahrscheinlich auf das nubische Wort *kadiz* zurück, das von einer der frühesten Zivilisationen Afrikas benutzt wurde.

Unten *Eine Ragdoll-Rassekatze bei einer Katzenausstellung. Selbst solche Züchtungen, die erst in den 1960ern entwickelt wurden, sind genetisch mit der nordafrikanischen Falbkatze verwandt.*

Mensch trifft Katze

Die erste engere Beziehung zwischen Katzen und Menschen vor rund 10 000 Jahren kam wohl als Verbindung zum gegenseitigen Nutzen zustande. Im östlichen Mittelmeerraum, in der Region des Fruchtbaren Halbmonds, lernten Menschen, wie man Getreide anbaut, gaben ihre Lebensweise als Jäger und Sammler auf und errichteten stattdessen dauerhafte Siedlungen samt Getreidekammern. Diese Vorratslager lockten natürlich bald Scharen von Ratten und Mäusen an. Die Nager erregten ihrerseits das Interesse der lokalen Wildkatzen, *Felis lybica lybica*. Das reiche Angebot an Ratten und Mäusen führte dazu, dass diejenigen Wildkatzen, die sich in enger Nachbarschaft der menschlichen Siedlungen aufhielten, prächtig gediehen. Daher entwickelte sich eine kommensalische oder symbiotische Beziehung zwischen Mensch und Wildkatze.

Oben *Viele Katzen genießen heute offenbar die Beziehung zu Menschen. Sie haben ihr Verhalten angepasst, um mit Menschen zu kommunizieren (s. Kap. 4); ein Prozess, der wahrscheinlich schon bei den Wildkatzen im Fruchtbaren Halbmond begann.*

Links *Die Regionen im Mittelmeerraum (rot), in denen* Fels lybica lybica *vermutlich die erste Verbindung zum Menschen einging. Zur Domestikation könnte es an mehreren Orten im Fruchtbaren Halbmond gekommen sein.*

ZYPERN

Ein flaches Grab, in dem ein Mensch liegt und neben ihm, kaum einen Fußbreit entfernt, in ihrem eigenen kleinen Grab eine junge Katze. Wildkatzen waren auf Zypern nicht heimisch, was vermuten lässt, dass diese per Boot gekommen war und eine spezielle Beziehung zu dem Menschen hatte, neben dem sie begraben wurde.

vor 9500 Jahren

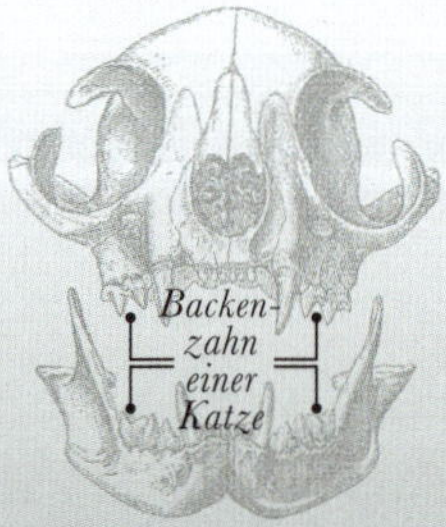

JERICHO

Ein Backenzahn und ein Knochen einer Katze wurden bei einer archäologischen Grabung gefunden, doch ob diese Fossilien von Tieren stammen, die als Haustiere gehalten wurden, oder von solchen, die gegessen wurden, ist schwer zu sagen.

vor 8700 Jahren

WIE WILDKATZEN ZAHMER WURDEN

Zweifellos wären diejenigen Katzen, die weniger Scheu vor Menschen hatten, in deren Nähe geblieben und hätten stärker als andere von dieser neuen und üppigen Nahrungsquelle profitiert, ermutigt von Bauern, die in ihrer Anwesenheit eine Möglichkeit zur Schädlingsbekämpfung sahen. Bauernfamilien könnten sogar junge Wildkatzen in ihrem Haus aufgezogen und in eine zahmere Version ihrer Eltern verwandelt haben. Auf diesem Wege wäre Zahmheit zu einem vorteilhaften Merkmal für die Wildkatze geworden.

Die Domestikation dieser Katzen erfolgte vermutlich ganz natürlich und langsam. Selbst die zahmeren, stärker «domestizierten» Individuen hätten sich jederzeit mit den lokalen Wildkatzen paaren und so die domestizierte Population «verwässern» und den Prozess der Haustierwerdung verlangsamen können. Die Bauern hielten die Katzen vermutlich einfach als effiziente Schädlingsbekämpfer, statt sie zu speziellen neuen Zwecken zu züchten, wie es bei anderen domestizierten Arten, wie Hund und Pferd, der Fall war.

GESCHÄTZTER MÄUSEFÄNGER ODER GELIEBTER TIERISCHER GEFÄHRTE?

Irgendwann im Lauf der Zeit wurde die dünne Linie zwischen nützlichem Schädlingskontrolleur und geliebtem tierischem Gefährten von der opportunistischen *Felis lybica lybica* überschritten. Seit Langem ist von antiken Kunstwerken bekannt, dass die Ägypter Katzen als Hausgenossen aufnahmen. Inzwischen sind jedoch Belege aufgetaucht, die dafürsprechen, dass sich Katzen bereits schon früher und in anderen geografischen Regionen häuslich bei uns eingerichtet hatten. Das wirft die Frage auf, wann und wo genau die Katze erstmals von einem lockeren Verbündeten zu einem engen Gefährten des Menschen wurde.

ÄGYPTEN
Ein Grabmal mit den Knochen einer Gazelle und einer Katze.

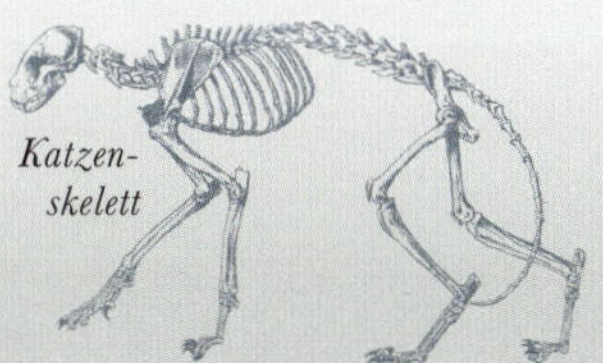

vor 6500 Jahren

ÄGYPTEN
Eine Begräbnisstätte auf einem antiken Friedhof an den Ufern des Nils enthielt sechs Katzen – ein Männchen, zwei Weibchen und vier Jungtiere –, die offenbar von Menschen gepflegt worden waren.

vor 6000 Jahren

ISRAEL
In Israel wurde die Elfenbeinstatuette einer Katze entdeckt, deren Alter auf rund 3700 Jahre geschätzt wird. Diese und ähnliche, in Syrien und der Türkei gefundene Ton- und Steinstatuetten, die vermutlich ebenfalls aus der Jungsteinzeit stammen, sprechen dafür, dass Katzen um diese Zeit in der Region etabliert waren.

vor 3700 Jahren

ANDERE FRÜHE VERBINDUNGEN

Anderenorts kam es offenbar zu Verbindungen zwischen Menschen und anderen Wildkatzenarten. Überreste von Katzen, die vor 5300 Jahren in China an der Seite des Menschen lebten und anfangs für *F. l. lybica* gehalten wurden, stellten sich später als Bengalkatzen *(Prionailurus bengalensis)* heraus. Vermutlich hatten sie eine kommensale Beziehung zu Menschen entwickelt. Doch alle modernen Hauskatzen in China stammen genetisch von *F. l. lybica* ab. Genauso gilt: Obgleich bekannt ist, dass die alten Ägypter Rohrkatzen *(F. chaus)* zähmten, deren Verbreitungsgebiet sich mit dem von *F. l. lybica* überschneidet, finden sich keine *F.-chaus*-Gene in modernen Hauskatzen. Das spricht dafür, dass Rohrkatzen ebenso wie Bengalkatzen ihre Beziehung zu Menschen niemals über das Stadium der Zähmung hinaus entwickelten.

Unten *Die Bengalkatze* (Prionailurus bengalensis), *manchmal auch Leopardkatze genannt, ist eine vorwiegend waldbewohnende Wildkatze, die im kontinentalen Süden, Südosten und Osten Asiens beheimatet ist.*

Rechts *Die Falbkatze* Felis lybica lybica, *von der alle Hauskatzen abstammen.*

WO FAND DIE HAUSTIER-WERDUNG DER KATZE STATT?

Die geografisch breit verteilten archäologischen Belege sprechen dafür, dass die Domestikation an verschiedenen Orten rund um das Mittelmeerbecken stattgefunden haben könnte. Diese Schlussfolgerung wird von neueren detaillierten genetischen Analysen gestützt, die zeigen, dass sich der Genpool der Hauskatze von zwei genetischen Subtypen der Wildkatze *F. l. lybica* herleitet – einer Unterart aus Vorderasien (heute Türkei) und einer aus Ägypten –, wenn auch zu unterschiedlichen Zeiten. Bisher ist noch unklar, ob jede Population separat domestiziert wurde und sich beide später kreuzten oder ob eine von ihnen domestiziert wurde, bevor sie anschließend auf Wanderschaft ging und sich mit einer anderen Population lokaler Wildkatzen kreuzte.

DNA-STUDIEN

Forscher, die versuchen, den Stammbaum der Hauskatze zu entschlüsseln, nutzen dazu eine besondere Quelle genetischen Materials, die sogenannte mitochondriale DNA (mtDNA), denn sie findet sich in den Mitochondrien, den «Kraftwerken» der Zelle. Anders als die Kern-DNA, die von beiden Eltern vererbt wird, stammt die mtDNA ausschließlich von der Mutter, und Forscher benutzen sie, um alten maternalen (mütterlichen) Linien der Hauskatze nachzuspüren. Einige Studien haben Proben von modernen Haus- und Wildkatzenarten analysiert, während andere alte, von Archäologen entdeckte Überreste untersucht haben, um sich ein Bild von der Geschichte der Feliden zu machen.

Der Schritt über die Schwelle

Auch wenn vieles dafürspricht, dass die Domestikation der Katze an verschiedenen Orten stattfand, stammen die klarsten Belege dafür, dass Katzen einen speziellen Platz im Leben des Menschen gefunden hatten, aus dem alten Ägypten. Darstellungen von Katzen tauchten erstmals vor rund 3500 Jahren auf. Einige der frühesten Gemälde zeigen Katzen, die an der Seite des Menschen auf Jagd gehen, was für die damalige Rolle der Katze als Jägerin oder Schädlingsbekämpferin spricht. Spätere Werke stellen Katzen in häuslicher Umgebung dar. Aufzeichnungen erzählen uns eine Geschichte, nämlich wie die Katze im Lauf der Zeit ihren Weg aus den Getreidespeichern in unser Heim fand.

Unten links *Wandmalerei im Grab des ägyptischen Schreibers Nebamun (um 1350 v. Chr.), das ihn selbst und seine Familie darstellt, zusammen mit einer Katze, die im Papyrusdickicht des Nils Vögel jagt.*

Unten rechts *Statue der Katzengöttin Bastet: In der rechten Hand hält sie ein Sistrum (ein Musikinstrument), in der linken einen Halskragen, der mit einem Katzenkopf geschmückt ist.*

Rechts *Wandmalerei im Grabmal des Bildhauers Ipuy (um 1250 v. Chr.). Ein Kätzchen spielt auf Ipuys Schoss, eine weitere Katze sitzt unter dem Stuhl seiner Frau.*

Oben *Eine antike Katzenmumie. Wie Röntgenanalysen solcher Mumien zeigen, wurden diese sehr jungen Katzen oft durch Genickbruch getötet, bevor sie aufwendig eingewickelt und mumifiziert wurden.*

URALTE BEZIEHUNGEN

Katzen entwickelten sich im alten Ägypten im Lauf der Zeit von einfachen Schädlingsbekämpfern und Gefährten des Menschen nach und nach zu verehrten und schließlich vergötterten Wesen. Pakhet etwa war eine Katzengöttin des Krieges, während Bastet die Göttin der Fruchtbarkeit und der Mutterschaft war; sie wurde gewöhnlich als Frau mit Katzenkopf dargestellt, oft umgeben von Katzen und ihren Jungen. Zudem begannen Familien, Katzen als geliebte Hausgenossen zu halten, und wie Herodot berichtet, schor sich jeder im Haushalt, wenn eine Katze dort starb, zum Zeichen der Trauer seine Augenbrauen. Reichere Familien ließen ihre geliebten Haustiere sogar einbalsamieren und auf einem der vielen Katzenfriedhöfe begraben. Katzen bildeten einen derart wichtigen Teil der ägyptischen Kultur, dass das Töten einer Hauskatze, selbst wenn es versehentlich geschah, ein Verbrechen darstellte, auf das die Todesstrafe stand.

Allerdings wurden nicht alle Katzen im alten Ägypten derart respektiert. Neben der Verehrung von Bastet und anderen Katzen-Gottheiten wurde es üblich, mumifizierte Katzen als Opfer darzubringen. In tempeleigenen Katzenzuchtanlagen wurden offenbar Katzen in großer Zahl gezüchtet, sehr jung getötet und mumifiziert, um sie Tempelbesuchern als Opfergaben zu verkaufen. Die Zucht von Opferkatzen steht in seltsamem Kontrast zu dem Status von Katzen als Hausgenossen.

HILFREICHE PASSAGIERE

Oben *Teil eines Mosaiks in Pompeji aus dem 1. Jh. n. Chr., das eine Katze zeigt, die einen Vogel angreift – ein Beleg, dass Tigerkatzen auch für die Römer Teil ihres Alltags geworden waren.*

Die alten Ägypter, die ihre geliebten Katzen für sich behalten wollten, verboten den Export von Katzen, und wenn diese doch außer Landes geschmuggelt wurden, schickte man Regierungsagenten aus, um sie wieder zurückzuholen. Trotz dieses Verbots tauchten Katzen nach und nach auch an anderen Orten rund ums Mittelmeer auf, und das lag vor allem an den so erfolgreichen phönizischen Handelsschiffen. Genauso, wie sich Katzen als erfolgreiche Schädlingsbekämpfer in Kornkammern erwiesen hatten, bedeutete ihre Anwesenheit an Bord, dass die Ladung auf der Reise nagerfrei gehalten werden konnte. Die Phönizier (die bei den Ägyptern offenbar als Katzendiebe bekannt waren) schmuggelten die Katzen vermutlich entweder an Bord oder machten sie zu einem Teil ihrer Geschäfte, wenn sie im Hafen lagen. Es mussten nur ein paar trächtige Katzenweibchen an Bord gelangen, damit sie sich verbreiteten und anderenorts weiter fortpflanzten. So gelangte die Katze zunächst nach Griechenland und dann nach Italien. An diesen neuen Örtlichkeiten musste sie zunächst mit anderen Prädatoren (wie Frettchen und Wieseln) als bevorzugter Nagerbekämpfer konkurrieren, aber nachdem sich die Katze in diesen neuen Ländern einmal etabliert hatte, gelangte sie im Zug der Expansion des römischen Reiches nach ganz Europa. Im Rahmen ihrer Ausbreitung traf sie einen anderen blinden Passagier an Bord römischer Schiffe – die Hausratte *(Rattus rattus)*; Berichten zufolge waren die Katzen zu Zeiten der Römer deutlich größer als heute, was ihnen wohl erlaubte, mit solch größerer, wehrhafterer Beute kurzen Prozess zu machen.

Oben *Das Gemälde von Thomas Allom aus dem 19. Jh. zeigt eine Gruppe chinesischer Katzenhändler. Die Katze gewann damals im Orient, wohin sie an Bord von Handelsschiffen gelangt war, an Popularität.*

HÄNDLER UND ENTDECKER

Während sich der Handel rund um die Welt weiterentwickelte, folgte die Katze seiner Spur; das war ein Muster, das sich viele Jahrhunderte lang fortsetzte. Im 8. Jahrhundert half die Expansion seefahrender Nordmänner (das sogenannte Zeitalter der Wikinger) nach Mitteleuropa und Russland der Katze, neue Häfen und neue Länder zu erreichen. Und dank der Öffnung von Handelsrouten nach Osten gelangte sie in den Orient, wo sie ihren Wert bewies, indem sie die wertvollen Seidenspinnerkokons vor schädlichen Nagern schützte. Ab Beginn des 16. Jahrhunderts brachten europäische Kolonisten und Entdecker Katzen über den Atlantik nach Nord- und Südamerika. Es dauerte etwas länger, bis sie Australien erreichten; DNA-Analysen verwilderter Katzen in Australien sprechen dafür, dass sie höchstwahrscheinlich mit den europäischen Entdeckern im 19. Jahrhundert anlandeten.

DAS LEBEN AUF DEM MEER

Die Hauskatze verdankt einen beträchtlichen Teil ihres Erfolgs als Kolonisatorin ferner Länder ihrer Anpassungsfähigkeit an das Leben an Bord.

Für Seeleute, die auf große Fahrt gingen, um in fremden Häfen Handel zu treiben, waren Katzen unkomplizierte Bordgenossen. Eine Katze konnte sich von den Nagerschädlingen, die der Ladung zusetzten, weitgehend selbst ernähren. Zudem lieferte ihre Beute ihr auch genügend Flüssigkeit, sodass sie kaum Trinkwasser benötigte.

KATZEN DES FERNEN OSTEN

Aufgrund ihrer schlanken, athletischen Körperform und ihrer «gesprächigen» Persönlichkeit, die sie von ihren westlichen Pendants unterscheidet, ging man jahrelang davon aus, Katzen aus dem Fernen Osten, wie Siamkatze und Korat, stammten von *Felis lybica ornata* ab, der in Asien heimischen Wildkatze. Inzwischen haben jedoch DNA-Analysen ergeben, dass sämtliche Katzen weltweit von *Felis lybica lybica* abstammen. Trotz dieser gemeinsamen Abstammung unterscheiden sich Katzen aus Asien in ihrem genetischen Profil von gewöhnlichen Hauskatzen und von Rassekatzen aus dem Westen wie die Britisch Kurzhaar (British Shorthair). Der Grund dafür könnte die relative Isolation dieser östlichen Populationen sein und damit das Fehlen anzestraler Wildkatzen, mit denen sie sich hätten kreuzen können. Diese asiatischen Populationen unterscheiden sich nicht nur genetisch von den Katzen anderswo in der Welt, sondern auch untereinander, was dafürspricht, dass es kaum Austausch oder Kreuzungen zwischen verschiedenen Regionen gab. Eine derartige Isolation führt zu Veränderungen durch «Gendrift» (siehe Kasten auf der rechten Seite).

Rechts *Typisch für Katzen wie diese Oriental Blue-Point Siamese sind ein schlanker, athletischer Körper und ein schmaler, dreieckiger, spitz zulaufender Kopf.*

Links *Straßenkatzen oder «Miezen» weisen unterschiedlichste Größen und Formen auf.*

Links *Die Britisch Kurzhaar, eine Katzenrasse aus dem Westen, hat ein breites Gesicht und einen stämmigen, muskulösen Körper mit einem sehr dichten Fell.*

DIE NOCH FEHLENDEN PUZZLESTÜCKE

Die Hauskatze kommt inzwischen auf allen Kontinenten mit Ausnahme der Antarktis vor. Die Art füllt heute fast jede denkbare Nische, von Habitaten in überfüllten Städten bis zu entlegenen Inseln. Nachdem Wissenschaftler den Ursprung der Katzendomestikation und die darauf folgende Ausbreitung der Hauskatze geklärt hatten, füllten sie 2008 einige der noch offenen Lücken, indem sie sich die genetische Vielfalt von modernen Hauskatzenpopulationen (Straßenkatzen wie auch Rassekatzen) rund um die Welt genauer anschauten. So spricht die genetische Ähnlichkeit von Katzen in Amerika und in Westeuropa dafür, dass es nicht genügend Zeit für bedeutende genetische Veränderungen gab, weil Katzen von europäischen Kolonisten – evolutionär betrachtet – erst kürzlich in die Neue Welt gebracht wurden. Rund ums Mittelmeer sind sich Hauskatzen ebenfalls recht ähnlich, was einen konstanten Austausch und eine Mischung der dortigen Katzen in dieser Region seit der Antike widerspiegelt.

Es gibt jedoch Enklaven von Katzen mit einem etwas anderen genetischen Profil, das sich durch geografische Isolation oder Gendrift erklären lässt. So unterscheidet sich beispielsweise das genetische Profil von Katzen in Spanien und Portugal, die von Frankreich durch die Pyrenäen getrennt sind, von demjenigen der Katzen im übrigen Europa.

GENDRIFT

Gendrift lässt sich vor allem in kleinen Populationen beobachten, wenn innerhalb einer Population zufällige Veränderungen in der Häufigkeit (Frequenz) eines bestimmten Gens auftreten. Das kann im Lauf der Zeit dazu führen, dass genetische Merkmale verloren gehen und aus einer Population verschwinden, während andere fixiert werden.

Im Gegensatz zur natürlichen Selektion, die bestimmte Merkmale in einer Population fördert, erfolgt die Gendrift völlig zufällig. Nehmen wir beispielsweise an, eine kleine Gruppe von Katzen hätte vor einigen Tausend Jahren ein neues Gebiet wie die Insel Singapur besiedelt; dort wäre sie nicht auf andere Haus- oder Wildkatzen gestoßen, mit denen sie sich hätte kreuzen können. Durch zufälligen Verlust und Gewinn von Genen würde sich ihr Aussehen im Vergleich zu anderen Katzen im Mittelmeerraum – die sich weiterhin untereinander und mit lokalen Wildkatzen paaren und so die Vielfalt der Gene in ihrem Genpool aufrechterhalten – im Lauf der Zeit allmählich verändern.

Nicht mehr nur gestreift

Jahrhundertelang behielten Katzen Wildtyp-Zeichnung von *F. l. lybica* bei – ein getigertes Tabby-Fell, ähnlich wie man es auch auf den frühen ägyptischen Darstellungen findet. Als sich Katzen über die ganze Welt ausbreiteten, erzeugten zufällige genetische Mutationen gelegentlich etwas anders aussehende Individuen. Neue Fellfarben traten auf, darunter Rot, Schwarz, Schwarz mit Weiß, und viel später auch eine andere Form der Tabby-Zeichnung, die als «gestromt» bezeichnet wird (siehe Kasten). Wahrscheinlich war das Auftreten verschiedener Farben das Ergebnis natürlicher wie auch künstlicher Zuchtwahl. Einige Kombinationen waren bei manchen Haltern beliebter als andere; die Vorlieben von Seeleuten, die Katzen mit an Bord von Handelsschiffen nahmen, stellten daher eine frühe Form der künstlichen Zuchtwahl dar, die dazu führen konnten, dass Katzen mit einer bestimmten Färbung in den nächsten Hafenort gelangten. Die natürliche Selektion wirkt jedoch einigen Fellfärbungen von Katzen entgegen: Reinweiße Katzen, die von

Schwarz

Schwarz mit Weiß

Dreifarbkatze

Tortoiseshell

Getigertes Tabby

Rot

Rechts *Eine Auswahl aus den unzähligen Formen der Fellfärbung und -zeichnung von Katzen, die sich aus dem ursprünglichen getigerten Wildtyp (Tabby) entwickelt haben. Diese Grundfarben sind von Katzenzüchtern weiterentwickelt worden, um noch mehr Varianten – beispielsweise «verdünnte» Serien von Färbungen – zu schaffen; dies gelingt dank unseres wachsenden Wissens über die Genetik von Katzen. (Die Wechselwirkungen der verschiedenen Gene, die für Fellfärbung und -zeichnung codieren, werden auf S. 69–71 diskutiert.)*

Rechts *Obwohl blauäugige Varianten zur Taubheit neigen, sind weiße Katzen bei Haustierhaltern beliebt, und bei den Zuchtstandards vieler Rassekatzen ist eine weiße Fellfärbung eine Option.*

Weiß

Menschen schon immer geschätzt wurden, leiden oft unter Taubheit und neigen zur Entwicklung von Hautkrebs.

Einige Fellmuster sind in verschiedenen Teilen der Welt häufiger als anderswo und spiegeln oft ihre geografische Herkunft und die Schiffsrouten wider, die sie mit anderen Häfen verbanden. Eine Untersuchung des Orange-Gens bei Katzen zeigte beispielsweise dessen häufiges Auftreten entlang der Küste von Nordafrika und Kleinasien, mit einer besonders auffälligen Konzentration in der ägyptischen Stadt Alexandria. Vielleicht war Alexandria der Ort der ursprünglichen Orange-Mutation, und rote Katzen könnten sich von dort aus längs der mediterranen Schiffsrouten weiterverbreitet haben. Das Orange-Gen tritt in höheren Konzentrationen auch im Norden von Schottland und zu einem gewissen Grad in England und anderen Enklaven von Europa auf. Möglicherweise haben die Wikinger mit ihrer Vorliebe für rote Katzen diese später in nordeuropäische Häfen mitgenommen.

Erst im 19. Jahrhundert setzte eine gezielte Züchtung auf bestimmte physische Merkmale ein; das war der Beginn der Katzenliebhaberei und der Zucht von Rassekatzen. Das ist das Thema von Kapitel 6.

GESTROMTE TABBY-ZEICHNUNG

Um das 14. Jahrhundert herum trat in der Population eine neue genetische Tabby-Variante auf, hervorgerufen durch eine Mutation des Tabby-Gens. Die «gestromte» Tabby-Zeichnung (blotched oder classic tabby) ist durch eine marmorierte Musterung auf den Flanken gekennzeichnet. Dieses Muster war im 18. Jahrhundert bereits weit verbreitet und überflügelte schließlich weltweit das ursprüngliche getigerte Wildtyp-Muster. Seine Häufigkeit erstaunt Wissenschaftler, denn es scheint nicht an menschlicher Vorliebe zu liegen, dass sich dieses Muster derart ausbreitete. Zudem ist dieses Merkmal rezessiv (s. S. 67), was bedeutet, dass eine Katze zwei Kopien dieses Gens, eine vom Vater und die andere von der Mutter, aufweisen muss, damit ihr Fell gestromt ist. Rezessive Merkmale werden gewöhnlich mit geringerer Wahrscheinlichkeit exprimiert und sind seltener derart vorherrschend in einer Population. Die Tatsache, dass sich dieses Merkmal so stark ausbreitete, spricht möglicherweise dafür, dass die gestromte Tabby-Zeichnung mit einem uns noch unbekannten Vorteil für die Katze verbunden ist.

Wie hat die Evolution die Katze verändert?

Oben *Eine Katze, die die klassische «Flehmen»-Reaktion zeigt (s. S. 61), prüft mit dem Vomeronasal-Teil ihres Geruchssystems Duftmoleküle, die von anderen Katzen hinterlassen wurden.*

Im Jahr 2014 wurde das Ergebnis einer speziellen Sequenzierung (in-depth sequencing) des Katzengenoms veröffentlicht, die den Wissenschaftlern erlaubte, die Evolution der Feliden besser zu verstehen. Wie sich herausstellte, haben Katzen im Vergleich zu Hunden einen relativ kleineren Anteil der Gene beibehalten, die für die Wahrnehmung von Gerüchen allgemeiner Natur eine Rolle spielen. Katzen verlassen sich weniger als Hunde auf ihren Geruchssinn, um Beute aufzuspüren oder Informationen über ihre Umgebung zu sammeln; stattdessen setzen sie ihre Augen und ihr Gehör stärker ein. Andererseits haben Katzen offenbar mehr Gene beibehalten, die mit dem vomeronasalen Geruchssinn verknüpft sind. Das Vomeronasalorgan (siehe S. 60–61) dient Katzen (und Hunden) dazu, soziale Gerüche wahrzunehmen. Das spricht dafür, dass Katzen zur Kommunikation untereinander stärker auf ihren Geruchssinn angewiesen sind.

Katzen haben im Lauf ihrer Evolution zudem einen hypercarnivoren Lebensstil entwickelt. Eine solche Ernährung ist sehr reich an Fett, und die Katzen mussten sich physiologisch daran anpassen – sie verstoffwechseln die Fette sehr effizient und entgehen daher einem erhöhten Herz-Kreislauf-Risiko, dem sich andere Säuger gegenübersehen.

DIE AUSWIRKUNGEN DER DOMESTIKATION

Trotz ihres 10 000-jährigen Zusammenlebens mit dem Menschen sieht die Hauskatze – wenn man einmal von einigen besonders ausgefallenen Rassekatzenzüchtungen absieht – ihrem wilden Vorfahren *Felis lybica lybica* noch immer bemerkenswert ähnlich. Im Vergleich zu anderen Haustierarten, wie dem Hund, liegt die Domestikation der Katze noch nicht so lange zurück, und Katzen sind von Menschen vor allem wegen ihrer vorhandenen statt ihrer potenziellen Qualitäten zum Hausgenossen gemacht worden. Aus Hunden sind sehr unterschiedliche Formen für die verschiedensten Aufgaben gezüchtet worden: Schlittenhunde, Hütehunde, Apportierhunde, Drogenspürhunde sowie Blinden-, Assistenz- und Gesellschaftshunde. Von Katzen wurde hingegen nicht mehr erwartet, als dass sie Mäuse fangen und/oder uns Gesellschaft leisten.

Dennoch scheint die Domestikation zu einigen morphologischen Unterschieden zwischen *F. catus* und *F. l. lybica* geführt zu haben. Im Vergleich zu ihrem wilden Vorfahr haben Hauskatzen kürzere Beine und einen längeren Darm (Letzteres könnte daran liegen, dass sie mit gekochter und verarbeiteter Nahrung gefüttert werden).

ANPASSUNGSKÜNSTLER

Die Wildkatze ist eine solitäre und streng territoriale Art, und viele Hauskatzen verhalten sich ebenso. Die Domestikation hat sie jedoch toleranter gegenüber anderen Katzen gemacht; das geht so weit, dass einige verwilderte Katzen in recht großen Kolonien zusammenleben, und auch Hauskatzen lassen sich manchmal davon überzeugen, ihr Reich mit einem anderen felinen Hausgenossen zu teilen. Wie Genomanalysen kürzlich ergeben haben, zeigt die Hauskatze Veränderungen in den Genen, die für Belohnungslernen, Furchtreaktion und Gedächtnis eine Rolle spielen – alles Anpassungen, die einer Art ermöglichen, zahm zu werden und sich in menschlicher Gegenwart wohlzufühlen. Zudem hat die wissenschaftliche Forschung weitere subtile Unterschiede zwischen Haus- und Wildkatzen entdeckt. So unterscheiden sich beispielsweise die Lautäußerungen der Hauskatze in subtiler Weise von denjenigen der Wildkatze.

Oben *Falbkatzen* (Felis lybica lybica) *führen ein einzelgängerisches Leben und suchen den Kontakt mit Artgenossen im Allgemeinen zu vermeiden, es sei denn zur Paarung und bei der Jungenaufzucht.*

Unten *Das Miauen, eine Lautäußerung, die häufig zwischen Mutterkatzen und ihren Jungen eingesetzt wird, ist von Katzen angepasst worden, um die Aufmerksamkeit des Menschen zu gewinnen und mit ihm zu interagieren.*

KAPITEL 2

Anatomie & Physiologie

Skelett & Muskulatur

Auch wenn das Katzenskelett in vieler Hinsicht dem Standardbauplan eines Säugers gleicht, hat die räuberische Lebensweise der Katzenfamilie zu gewissen körperlichen Modifikationen geführt, welche die Katze mit der Kraft, Geschmeidigkeit und Schnelligkeit ausstatten, die ein jagendes Tier braucht. Dazu gehören eine sehr biegsame Wirbelsäule, ein stark reduziertes Schlüsselbein, das den Vorderbeinen jede Bewegungsfreiheit gibt, und eine wohl ausgebildete Muskulatur. Diese Merkmale erlauben Katzen, sich eng an den Boden gedrückt an ihre Beute anzuschleichen, und verleihen ihnen die Wendigkeit, zu klettern, zu springen und scheinbar mühelos ihr Gleichgewicht zu halten.

WIRBELSÄULE & SCHLÜSSELBEIN

Wenn Sie schon einmal beobachtet haben, wie sich eine Katze unter einem Zaun oder durch ein wirklich enges Gitter zwängt, konnten Sie einen Eindruck von der fabelhaften Flexibilität des Katzenkörpers gewinnen. Das liegt zum Teil an Anpassungen der felinen Wirbelsäule. Während die menschliche Wirbelsäule zwischen 32 und 34 Wirbeln aufweist, sind es bei derjenigen der meisten Hauskatzen 52 oder 53, wobei die meisten zusätzlichen Wirbel den Schwanz bilden. Die größere Anzahl von Wirbeln sorgt schon per se für eine erhöhte Beweglichkeit, die durch eine besonders hohe Mobilität der Zwischenwirbelgelenke noch verstärkt wird.

Der Schwanz einer Hauskatze stellt bei sozialen Interaktionen ein wichtiges Signalinstrument dar (siehe Kap. 3 und 4), dient aber zugleich als Balancierhilfe. Nerven und Muskeln sorgen dafür, dass der Schwanz je nach Bedarf gehoben, gesenkt und gekrümmt werden kann.

Im Vergleich zu vielen Säugern einschließlich des Menschen, bei denen das Schlüsselbein ein langer, dicker Knochen ist, der Schulterblatt und Brustbein verbindet, steht es bei Katzen nicht in Verbindung mit anderen Knochen und ist in seiner Größe

Unten *Katzen besitzen im Durchschnitt 244 Knochen – 30–40 mehr als Menschen. Die zusätzlichen Knochen finden sich vorwiegend in der Wirbelsäule, vor allem in der Schwanzwirbelsäule.*

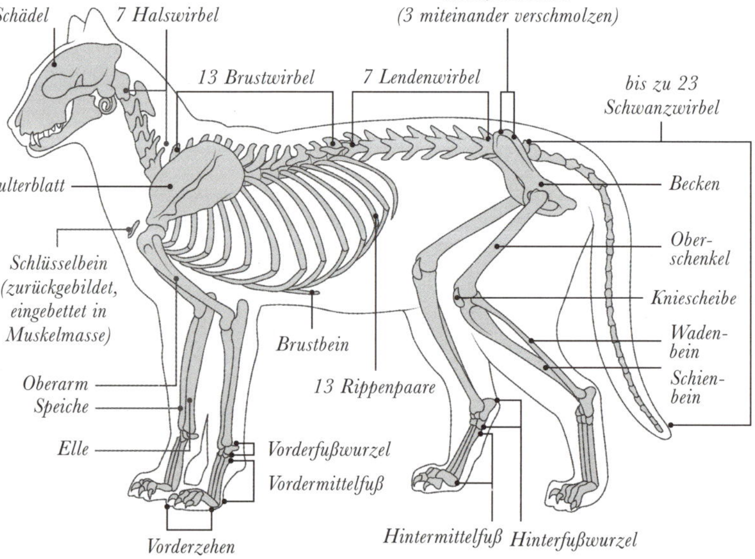

stark reduziert – ein Merkmal, das man bei Raubtierarten, einschließlich des Hundes, und bei einigen Huftieren, wie dem Pferd, häufig findet. Dadurch können sich die Schulterblätter viel ungehinderter bewegen, was schnelles Laufen begünstigt. Das ist für die Katze von Vorteil, wenn sie Beute jagt oder sich anschleicht, und erlaubt ihr auch, sich durch enge Lücken zu zwängen oder mit den Vorderfüßen eng beieinander zu laufen, wenn sie sich beispielsweise vorsichtig zwischen Objekten auf einem hohen Regal bewegt.

Links *Anpassungen von Wirbelsäule und Schlüsselbein erlauben einer Katze, sich in die kleinste Lücke zu zwängen.*

MUSKULATUR

Die flexible Bauweise des Katzenskeletts wird durch eine komplexe Anordnung von Binde- und Muskelgewebe ergänzt – die Bänder, Sehnen und Muskeln, die die Knochen zusammenhalten, und die Muskeln, die für die Bewegung sorgen. Wie die meisten Säuger verfügen Katzen über drei Muskelgewebstypen:

1. Herzmuskulatur, die durch Kontraktion und Entspannung für den Herzschlag sorgt und den Kreislauf in Gang hält.

2. Glatte Muskulatur, die unter Kontrolle des vegetativen (autonomen) Nervensystems steht. Sie sorgt für die unwillkürlichen Bewegungen des Körpers und kontrolliert Funktionen wie Atmung, Blutdruck und Verdauung.

3. Skelettmuskulatur, die durch Sehnen mit dem Knochengerüst verbunden ist. Sie ist für die Willkürbewegungen verantwortlich. Diese Muskeln sorgen dafür, dass ein Tier laufen, rennen, springen oder andere wichtige Bewegungen ausüben kann. Die langen, gut bemuskelten Hinterbeine einer Katze erlauben ihr, sehr hoch zu springen, und verleihen ihr bei kurzen Spurts zur Verfolgung von Beute eine hohe Geschwindigkeit.

KÖRPERFORM

Die durchschnittliche getigerte Hauskatze sieht der heutigen afrikanischen Falbkatze, *Felis lybica lybica*, von der sie abstammt, bemerkenswert ähnlich, auch wenn Letztere längere Beine und einen stärker an einen Gepard erinnernden Gang hat. Durch künstliche Zuchtwahl hat der Körper der Hauskatze verschiedene Formen angenommen. Orientalische Rassen, wie die Siamkatze, sind in der Regel schlank und feinknochig. Einige westliche Rassen, wie die Britisch Kurzhaar, haben eine stämmigere Körperform entwickelt und werden oft als «gedrungen» bezeichnet. Andere neuere «Zwergrassen», wie die Munchkin-Katze, zeichnen sich durch besonders kurze Beine aus; diese Züchtungen sind höchst umstritten (Stichwort «Qualzucht»).

gedrungen (cobby) *orientalisch (oriental)* *Zwergkatze (dwarf)*

getigerte Hauskatze (tabby)

Bewegung & Gleichgewicht

Katzen verändern die Art und Weise, wie sie ihre Beine vorsetzen, in Abhängigkeit von der Geschwindigkeit, mit der sie sich fortbewegen. Eine schreitende Katze benutzt den sogenannten Passgang, bei dem beide Beine einer Körperseite vor denjenigen der anderen Körperseite vorwärtsbewegt werden, und zwar in der Folge: rechtes Hinterbein, rechtes Vorderbein, linkes Hinterbein, linkes Vorderbein. Die eindrucksvolle Koordination dieser Bewegungen erlaubt der Katze, jeden Fuß exakt vor den anderen zu setzen, sodass sie sich in fast gerader Linie vorwärtsbewegt und mit der Grazie schreitet, für die sie bekannt ist. Wenn eine Katze sich schneller, im Trab, fortbewegt, verändert sich die Abfolge der Beinbewegungen so, dass sich diejenigen Beine, die sich diagonal gegenüberstehen, gleichzeitig vorwärtsbewegen. Beschleunigt die Katze zu vollem Galopp, kann sie unterschiedliche Laufstile benutzen, bei denen sie ihre Beinbewegungen jeweils auf andere Weise synchronisiert, und interessanterweise ist sie in der Lage, zwischen diesen verschiedenen Galoppformen zu wechseln, wenn sie lange Strecken in vollem Lauf zurücklegt. Während die Hinterbeine fast die gesamte Kraft für die Vorwärtsbewegung liefern, dienen die Vorderbeine eher zum Bremsen und tragen zudem das Gewicht von Kopf und Schultern.

WIE ES KOMMT, DASS KATZEN (FAST) IMMER AUF DEN FÜSSEN LANDEN

Die bemerkenswerte Fähigkeit einer fallenden Katze, auf ihren Füßen zu landen, ist eingehend untersucht worden. Diese akrobatische Höchstleistung mitten in der Luft – die als «Drehreflex» bezeichnet wird – kommt zwar nicht nur bei Katzen vor, doch sie wäre ohne die ausgeprägte Flexibilität der felinen Wirbelsäule nicht möglich. Beim Fallen wird eine Reflexfolge ausgelöst, beginnend im Gleichgewichtsorgan im Innenohr, das wahrnimmt, dass die Katze fällt. Als direkte Reaktion darauf dreht sich der Kopf der Katze, sodass er nach unten schaut, gefolgt von einer Drehung der Vorderbeine (die in dieser Phase unter dem Kinn verstaut werden) und anschließend der Hinterbeine. Sobald der ganze Körper richtig ausgerichtet ist, wird der Rücken zu einem Buckel gekrümmt, und die Beine werden zum Landen ausgestreckt. Der beträchtliche Aufprall der Landung wird von den flexiblen Schultern und der Wirbelsäule der Katze aufgefangen. All das gelingt schon bei einer Fallhöhe von nur 30 cm und ist eine Sache von Sekunden.

Rechts *Der Passgang der Katze. Während die Katze von rechts nach links über die Seite schreitet, ist das Bein, das gleich bewegt werden soll, hellblau eingefärbt, beginnend mit dem rechten Hinterbein.*

BALANCEAKT

Die Katze besitzt ein eindrucksvolles Talent dafür, auf sehr schmalen Flächen zu balancieren. Neben einem höchst flexiblen Körper und dem Schwanz als Balancierstange verdankt sie diese Fähigkeit im Wesentlichen einem Teil des Innenohrs, der bei der Katze besonders leistungsfähig ist und als Gleichgewichtsorgan oder Vestibularapparat bezeichnet wird. Dieser sammelt Positionsinformationen und leitet sie an das Gehirn weiter (siehe S. 56). Zu diesem Apparat gehören drei mit Flüssigkeit gefüllte Bogengänge. Deren Innenseite ist mit winzigen Härchen bedeckt, die wahrnehmen, wenn sich diese Flüssigkeit verlagert, und der Katze damit ihre Bewegungsrichtung melden. Zwei weitere Kammern im Vestibularapparat – Utriculus und Sacculus – enthalten winzige Kristalle (Otolithen), die sich verlagern, wenn die Katze ihren Kopf bewegt, was dem Gehirn Informationen über die lineare Beschleunigung (wie die Fallbeschleunigung) wie auch Drehbeschleunigung liefert.

Oben *Eine Katze balanciert oft über sehr schmale Stege und verarbeitet dabei Informationen ihres Gleichgewichtsorgans, um ihre Pfoten genau an die richtige Stelle zu setzen, wobei sie ihren Schwanz als Gegengewicht benutzt.*

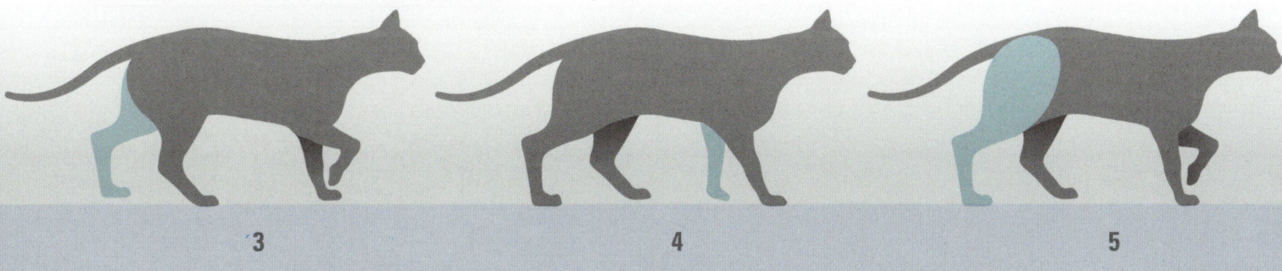

Schädel & Gebiss

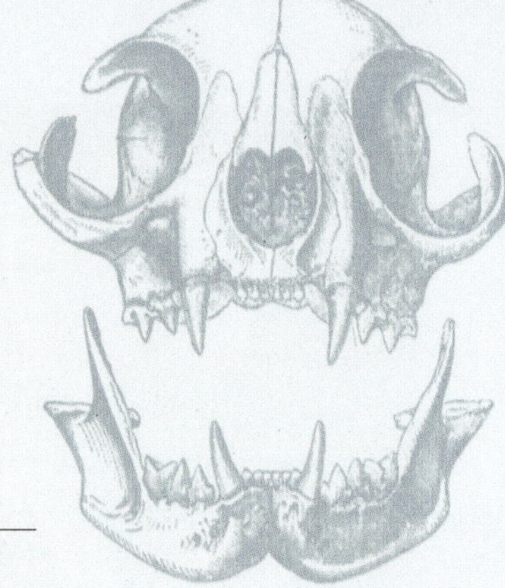

Neben ihrem eindrucksvollen biegsamen Skelett und ihren fließenden Bewegungen weist die Hauskatze auch Anpassungen an Schädel und Gebiss auf, die ihre Lebensweise als obligate Fleischfresserin und höchst effektive Jägerin widerspiegeln.

DER SCHÄDEL

Die Augenhöhlen einer Katze sind groß und nach vorn gerichtet, um auf der Jagd eine gute visuelle Wahrnehmung zu garantieren. Ihr Unterkiefer ist durch ein simples Scharniergelenk mit dem Oberkiefer verbunden, was bedeutet, dass die Katze ihren Unterkiefer nicht von einer Seite zur anderen bewegen kann. Die Maul-auf/Maul-zu-Bewegung wird vom Musculus masseter kontrolliert, einem kräftigen Kaumuskel, der der Katze erlaubt, ihre Beute kraftvoll zu packen und im Maul davonzuschleppen, bevor sie sie in kleinere Stücke zerlegt.

DAS GEBISS

Die Katze hat weniger Zähne als viele andere Raubtiere, und diese Zähne haben sich im Lauf der Evolution auf das Töten von Beutetieren und das Durchtrennen von Fleisch und Knochen spezialisiert.

Katzenjunge werden ohne Zähne geboren, ihre 26 Milchzähne beginnen im Alter von 2–6 Wochen durchzubrechen. Diese ersten Zähne sind nadelspitz, und das könnte dazu

Unten *Normalform eines Katzenschädels. Infolge künstlicher Zuchtwahl weisen einige Katzenrassen einen stärker verkürzten, gestauchten (brachycephalen) oder auch einen schmaleren (dolichocephalen) Schädel auf als den hier abgebildeten.*

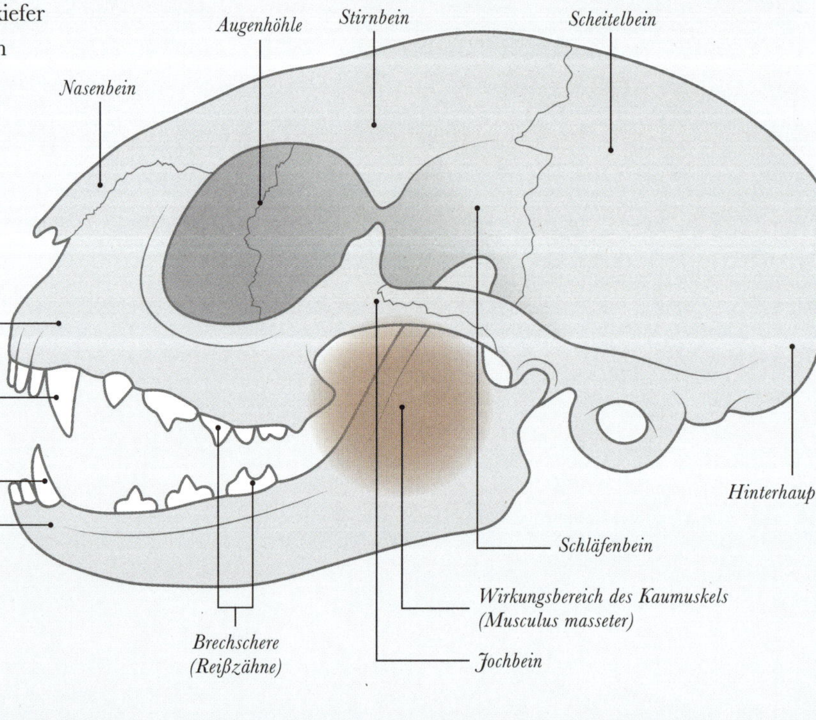

beitragen, dass die Mutter ihre Jungen entwöhnt, wenn diese anfangen, sie beim Säugen zu kneifen. Die Milchzähne werden im Alter von 3–6 Monaten durch 30 bleibende Erwachsenenzähne ersetzt.

Die beiden Eckzähne im Ober- und Unterkiefer sind lang und seitlich leicht zusammengedrückt; sie sind für den sogenannten «Tötungsbiss» zuständig und werden der Beute zwischen die Halswirbel gerammt; Berührungsrezeptoren an der Basis der Eckzähne ermöglichen dabei einen besonders effizienten Zugriff. Vorn im Maul helfen die vergleichsweise kleinen Schneidezähne (6 im Ober- und 6 im Unterkiefer), die Beute festzuhalten, und werden zudem zur Fellpflege (Grooming) eingesetzt. Hinter den Eckzähnen sitzen die Prämolaren (Vorbackenzähne) – 6 im Ober- und 4 im Unterkiefer –, gefolgt von den beiden Molaren (Backenzähnen), die ganz hinten im Kiefer sitzen. Die letzten Prämolaren auf beiden Seiten des Oberkiefers sind die Reißzähne und bilden als solche auf jeder Seite eine «Brechschere». Sie wirken wie Scherenblätter und zerteilen Fleisch in kleinere Stücke, die sich schlucken lassen.

ERNÄHRUNG UND GEBISS

Die Zähne von Wildkatzen und verwilderten Katzen, die vollständig von selbst erlegter Beute leben, werden auf natürliche Weise gesäubert, wenn sie durch Fleisch schneiden und an Knochen entlangschaben. Die Nahrung von Hauskatzen, die mit modernem Fertigfutter – vor allem mit Weichfutter – gefüttert werden, wirkt nicht derart zahnpflegend; daher sind so gefütterte Katzen unter Umständen anfälliger für Zahnsteinbildung, Karies und Zahnfleischentzündungen.

Die Modifikation dieser Zähne ist gemeinsam mit der nur in der Vertikalen möglichen Bewegung des Kiefers der Grund dafür, dass Katzen nicht kauen können.

Einige brachycephale (kurzköpfige) Rassen wie die Perserkatze haben besonders kurze Kiefer und leiden unter Umständen an Prognathie – einer Fehlbildung des Gebisses, bei der Ober- und Unterkiefer in der Länge nicht zusammenpassen, sodass ein ausgeprägter Über- oder Unterbiss entsteht. In manchen Fällen kann das zu Zahnproblemen und Schwierigkeiten beim Fressen führen.

Unten *Die Kiefer einer erwachsenen (adulten) Hauskatze tragen nur 30 Zähne, deutlich weniger als die 42 Zähne beim Haushund. Das Gebiss der Katze ist stark an das Erbeuten und den Verzehr von Beute angepasst, die sie mit ihren paarigen Reißzähnen problemlos zerlegen kann.*

KIEFER UND ZÄHNE EINER HAUSKATZE

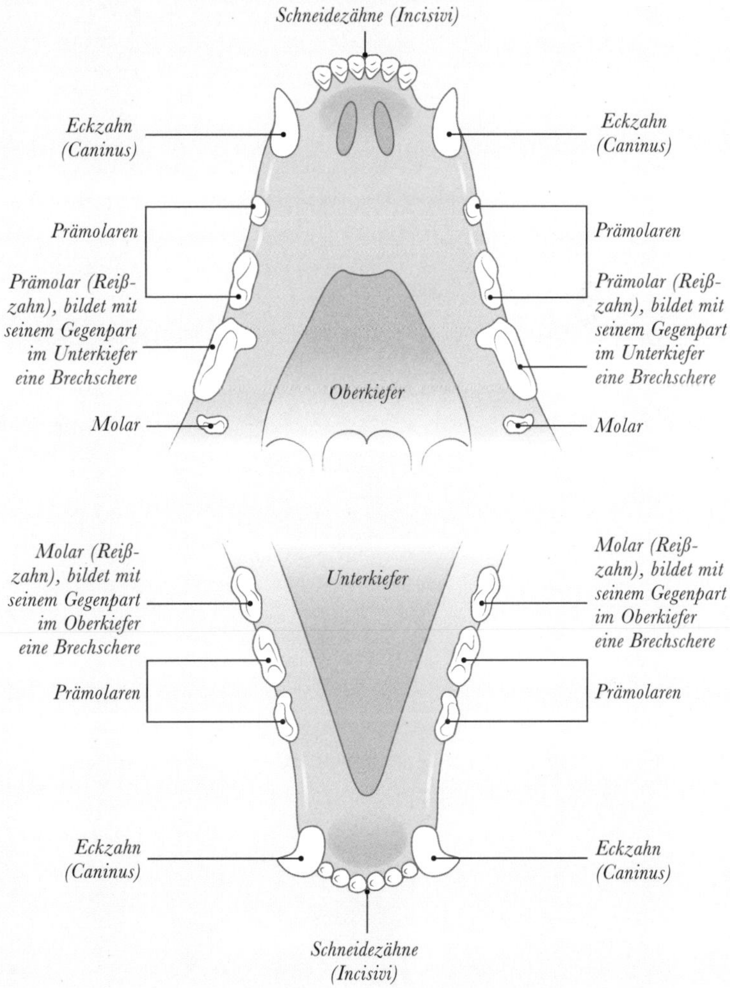

Pfoten & Krallen

Wie Hunde und einige andere Säugetiere sind Katzen Zehengänger, während Menschen oder Bären Sohlengänger sind, das heißt, sie setzen beim Gehen ihren ganzen Fuß auf den Boden auf. Da Zehengänger nur einen kleineren Teil ihres Fußes aufsetzen, können sie geräuschloser laufen und auch rascher beschleunigen, was für jagende Tiere von Vorteil ist. Die meisten Katzen haben an beiden Hinterpfoten jeweils vier und an beiden Vorderpfoten jeweils fünf Zehen. Alle Zehen enden in einer scharfen, sichelförmig gebogenen Kralle, die aus Keratin (Horn) besteht, demselben Material, das die oberste Schicht unserer Haut bildet.

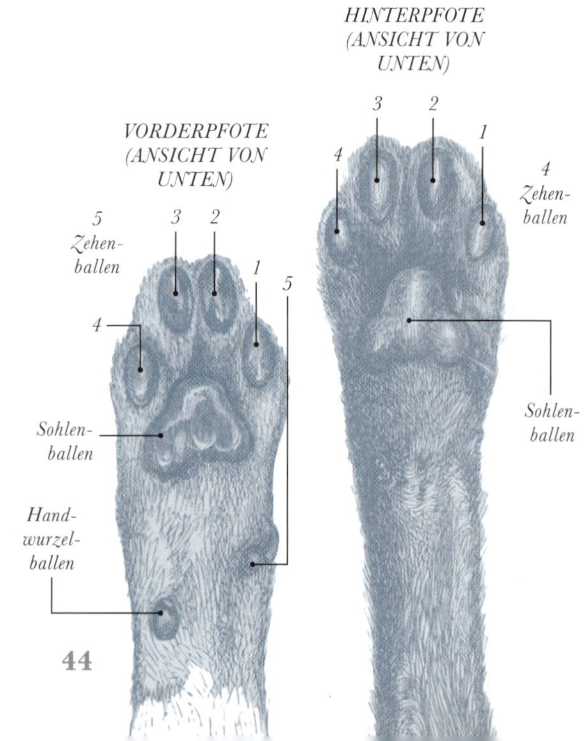

HEMINGWAY-KATZEN

Manche Katzen besitzen mehr als die üblichen 18 Zehen, eine genetische Besonderheit, die man als Polydaktylie bezeichnet. Die Extrazehen sitzen meist an den Vorderpfoten; sie können auch an den Hinterpfoten auftreten, doch gewöhnlich nur, wenn sie auch an den Vorderpfoten präsent sind. Im Aussehen können diese Extrazehen variieren. Manchmal unterscheiden sie sich nicht von den anderen Zehen, sodass die Pfoten lediglich besonders groß aussehen; in anderen Fällen ist die vordere «Afterklauen»-Zehe doppelt vorhanden, was so aussieht, als hätte die Katze einen Daumen. Dieses Merkmal wird von einer dominanten Genmutation hervorgerufen und daher statistisch von der Hälfte der Nachkommen geerbt, die aus der Paarung eines polydaktylen und eines nicht polydaktylen Elternteils hervorgehen. In der Vergangenheit könnte der Aberglaube von Seeleuten, die Katzen mit besonders vielen Zehen für Glücksbringer hielten, zur Verbreitung dieses Merkmals beigetragen haben. Solche Katzen werden auch als «Hemingway-Katzen» bezeichnet, denn der Schriftsteller Ernest Hemingway war ein besonderer Liebhaber solcher Katzen.

HÄNDIGKEIT

Wenn Katzen eine Aufgabe durchführen, wie nach einem versteckten Leckerbissen in einem Behälter («Puzzle Feeder») zu angeln oder über ein erhöhtes Objekt zu steigen, dann, so haben Wissenschaftler herausgefunden, tun sie dies bevorzugt immer mit ein und derselben Vorderpfote. Weibchen bevorzugen generell eher die rechte, Männchen tendieren eher zur linken Pfote.

VERBORGENE KRALLEN

Die sichelförmig gebogenen Krallen von Katzen liegen, wenn sie nicht gebraucht werden, in Hautscheiden verborgen, sodass sie die Fortbewegung nicht behindern. Die Krallen werden mithilfe von Sehnen ausgefahren, die am letzten Zehenglied ansetzen, und dienen dazu, Beute zu packen oder beim Klettern Halt zu geben. Die Krümmung der Krallen nach vorn ist von großem Vorteil, wenn eine Katze einen Baum erklimmt, ist aber weniger hilfreich, wenn es darum geht, auf den Boden zurückzukehren. Wenn die Katze daher versucht, sich umzudrehen, schlittert sie oft ein ganzes Stück den Stamm herunter, bevor ihr dies gelingt und sie das letzte Stück im Sprung nehmen kann. Wie Haare, Hörner oder Nägel wachsen die Krallen kontinuierlich. Katzen lieben es, Oberflächen zu zerkratzen, in die sie ihre Krallen schlagen können, auch um die alten, abgenutzten Außenschichten ihrer Krallen zu entfernen. Dieses Verhalten, das auch als «Schärfen» oder «Wetzen» bezeichnet wird, ist wichtig, um die Krallen intakt und funktionsfähig zu halten, und hat darüber hinaus eine wichtige soziale Funktion (siehe S. 83).

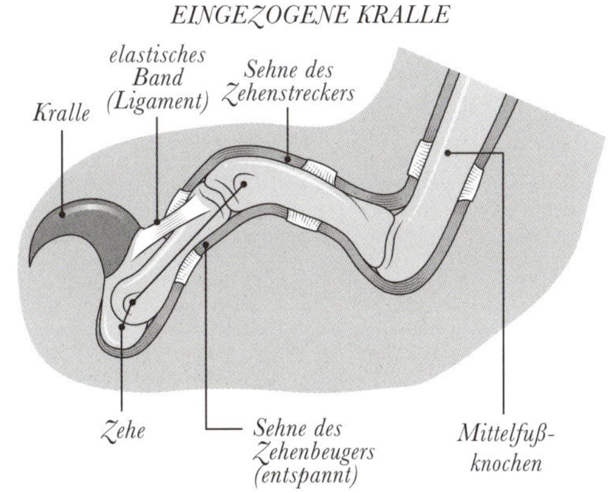

Links *Wenn Katzen laufen, bleiben ihre Krallen in einer Hautscheide verborgen; das schützt sie und hält sie geschärft. Die Außenschichten der Krallen werden vor allem durch das Kratzen an rauen Oberflächen regelmäßig abgewetzt, um die darunter liegenden neuen Schichten freizulegen.*

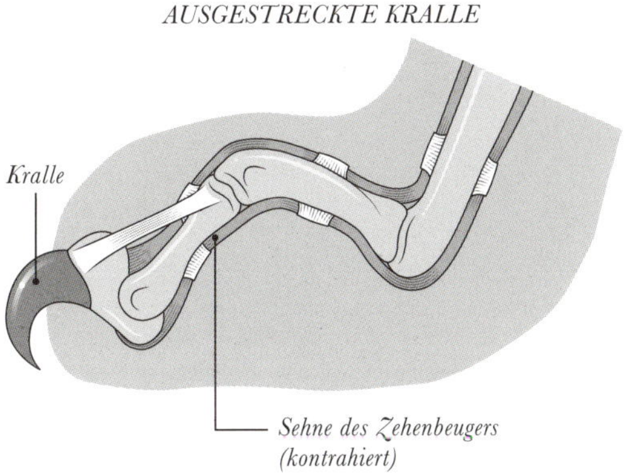

Unten *Manchmal sieht es so aus, als ob Katzen oben im Baum «festsitzen», nachdem sie mit großer Geschwindigkeit bis zur Spitze vorgeprescht sind. Es ist jedoch gar nicht so einfach, auf den Boden zurückzukehren, denn ihre Krallen sind nach vorn gebogen.*

Haut & Fell

Die Bedeutung der Haut wird bei Säugetieren leicht unterschätzt, vor allem wenn sie fellbedeckt ist. Die Haut ist tatsächlich das größte Organ und schützt das Tier vor schädlichen äußeren Einflüssen, hält es trocken und trägt zur Temperaturregulierung bei. Verschiedene sensorische Rezeptoren und Drüsen liegen in der Haut, und sie spielt eine Schlüsselrolle für Gesundheit und Überleben, nicht zuletzt für Wachstum und Erhalt des Fells. Das Fell selbst schützt vor Kälte und dient bei Wildkatzen auch der Tarnung.

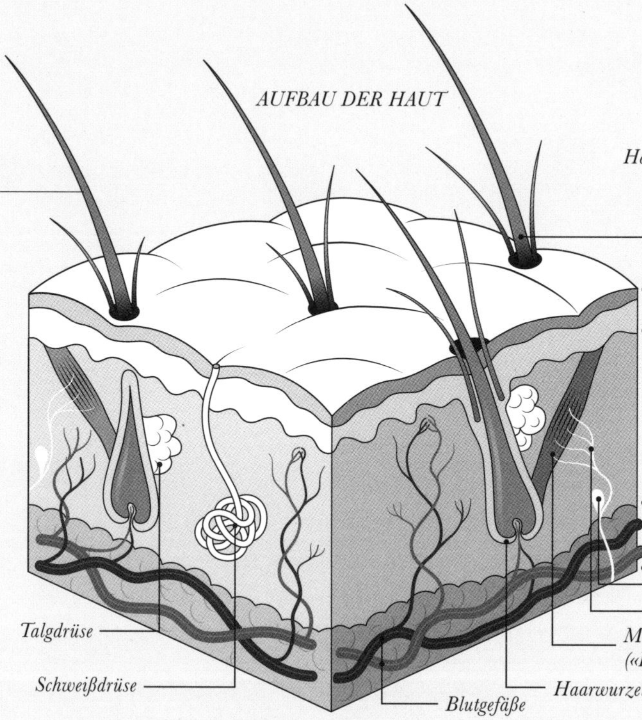

Oben *Die Haut der Katze ist fast völlig von Haaren bedeckt; haarlos sind lediglich Fußballen, Nase, Lippen, Anal- und Genitalregion sowie die Zitzen (Gesäuge).*

DIE HAUTSCHICHTEN

Die Außenschicht, Oberhaut (Epidermis) genannt, hat vorwiegend eine Schutzfunktion. Schichten flacher, wasserabstoßender Keratinzellen, die in der tiefsten Epidermisschicht erzeugt werden, wandern langsam an die Oberfläche, wo sie abgeschilfert und anschließend wieder ersetzt werden. Die Oberhaut enthält zudem Melanin, ein Pigment, das der Haut ihre Färbung verleiht, sowie Immunzellen, die Hautschäden reparieren. Die Lederhaut (Dermis) besteht vorwiegend aus Bindegewebe; sie weist Blutgefäße, Muskeln, Sinnes- und Nervenzellen (siehe S. 58) sowie Drüsen und Haarbälge auf. Die Unterhaut (Hypodermis) enthält hauptsächlich Fettgewebe. Sie dient als Stoßdämpfer und als Wärmeisolator; zudem ist sie Flüssigkeits- und Energiespeicher.

NACKENGRIFF

Die Haut sitzt bei Katzen sehr locker am Körper, sodass eine Katzenmutter ihre Jungen vorsichtig mit dem Maul an der Nackenhaut packen kann. Wenn sie das Junge dann hochhebt, wird es ganz schlaff und verfällt in eine sogenannte Tragestarre, bis die Mutter es wieder auf dem Boden absetzt. Dieses Verhalten kommt nicht nur bei Katzen vor; auch einige andere Säugergruppen, wie Ratten und Hunde, transportieren ihren Nachwuchs gelegentlich auf diese Weise.

Der Nackengriff wird auch bei der Paarung eingesetzt – der Kater packt die Kätzin im Nacken, was sie dazu bringt stillzuhalten, während er sie besteigt.

HAARTYPEN

Das Fell der Katze besteht aus unterschiedlichen Haartypen: Das Deckhaar (Fellhaar bestehend aus Leit- und Grannenhaaren) bildet die obere Lage des Fells und hält es trocken, während das darunter liegende Wollhaar (Flaumhaar) kürzer ist und feine wärmende Haare enthält. Die meisten Katzen weisen eine Kombination dieser drei Haartypen (Leit-, Grannen- und Wollhaar) auf, aber die Zunahme der künstlichen Zuchtwahl hat dazu geführt, dass einigen Rassen ein Haartyp fehlt oder modifiziert ist: Das gekräuselte Fell der Cornish Rex etwa besteht nur aus Leit- und Wollhaaren, während Perserkatzen extra lange Deck- und Wollhaare haben. Felle unterschiedlicher Länge haben sich auch natürlicherweise in verschiedenen Regionen entwickelt. Die Norwegische Waldkatze ist berühmt für ihr langes, dichtes Fell und ihre stark behaarten Pfoten, die sie vor der Kälte schützen, während orientalische Rassen aus wärmeren Klimazonen gewöhnlich nur ein sehr kurzes Fell haben.

DRÜSEN

Die Haarfollikel in der Haut werden von Blutgefäßen, Nerven und verschiedenen Drüsen versorgt. Talgdrüsen scheiden fetthaltigen Talg ab, der den Haaren Glanz verleiht und sie wasserabstoßend macht. Katzen verbringen viel Zeit damit, sich zu putzen; ihr Lecken trägt dazu bei, den Talg gleichmäßig im Fell zu verteilen. Größere spezialisierte Talgdrüsen konzentrieren sich in bestimmten Bereichen des Körpers, man nimmt an, dass sie Duftstoffe oder Pheromone enthalten, die bei der sozialen Kommunikation wichtig sind (siehe S. 83). Einige nicht kastrierte Kater entwickeln aufgrund einer Überaktivität der Talgdrüsen in dieser Region einen besonders fettigen Bereich rund um den Schwanzansatz, der als *stud tail* (wörtlich «Hengstschwanz») bezeichnet wird.

TEMPERATURREGULATION

Auch Schweißdrüsen stehen mit den Haarfollikeln in Verbindung. Bei so viel Fell reicht der Schweiß, den diese Drüsen produzieren, anders als beim Menschen allerdings nicht aus, den Körper der Katze zu kühlen. Bei heißem Wetter hecheln Katzen manchmal, auch wenn dies nicht besonders effizient ist. Stattdessen hilft das Belecken des Fells, den Körper zu kühlen, da der Speichel verdunstet. Zudem besitzen Katzen spezielle Schweißdrüsen an ihren Füßen, die, da die Ballen unbehaart sind, den Körper via Verdunstung abkühlen können. Bei kalter Witterung kontrahieren sich Muskeln an der Basis der Deckhaarschäfte, sodass sich das Fell aufrichtet und eine wärmeisolierende Schicht Luft in Hautnähe festhalten kann. Die Kontraktion dieser Muskeln ruft auch den «Halloween-Cat»-Look hervor, wenn eine Katze erschreckt wird und ihr Fell sträubt, sodass sie viel größer wirkt, als sie tatsächlich ist (siehe S. 50).

Unten *Sekrete aus Drüsen im Gesicht und in der Schwanzregion werden abgesondert, wenn sich Katzen aneinander, an Menschen oder Gegenständen reiben. Auch wenn sie Oberflächen zerkratzen, hinterlassen sie dort aus Drüsen zwischen ihren Zehen Geruchsmarken.*

DUFTDRÜSEN DER KATZE

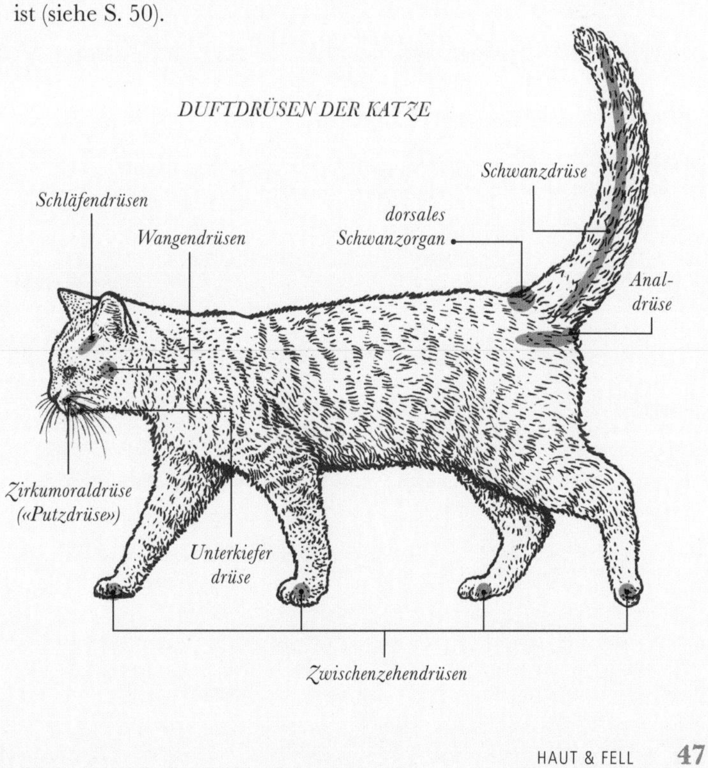

Physiologie

Die verschiedenen physiologischen Prozesse bei der Katze wirken zusammen, um ein konstantes und ausgeglichenes inneres Milieu aufrechtzuerhalten, das man als Homöostase bezeichnet. Kreislauf-, Atmungs- und Nervensystem funktionieren bei Katzen prinzipiell ähnlich wie bei anderen Säugern; die wenigen Unterschiede, die es gibt, spiegeln weitgehend die speziellen Anpassungen von Katzen an ihr Leben als Jäger und obligate Fleischfresser wider.

Links und unten *Bei einer hypertrophen Kardiomyopathie verdickt sich der Herzmuskel, was die Herzleistung beeinträchtigt. Manche Rassen, wie die Maine-Coon-Katze (links), sind anfällig für diese Erkrankung.*

HERZ UND KREISLAUF

Das Herz der Katze pumpt rund 300 ml Blut durch den Körper und schlägt mit 140–180 Schlägen pro Minute fast doppelt so schnell wie das menschliche Herz in Ruhe. Als Hypercarnivoren haben sich Katzen im Lauf ihrer Evolution an die effiziente Verdauung von Fett angepasst, und in ihrem Kreislaufsystem kommt es kaum zu Ablagerungen. Einige Katzen, vor allem Rassekatzen, sind jedoch anfällig für eine Herzmuskelerkrankung, die als hypertrophe Kardiomyopathie (HCM) bezeichnet wird: Dabei verdickt sich die Wand der Herzkammer, und die Herzleistung sinkt. Für einige Rassen, die besonders häufig unter dieser Erkrankung leiden, gibt es inzwischen einen genetischen Test, um zu vermeiden, dass diese Veranlagung von einer Generation zur nächsten weitergegeben wird.

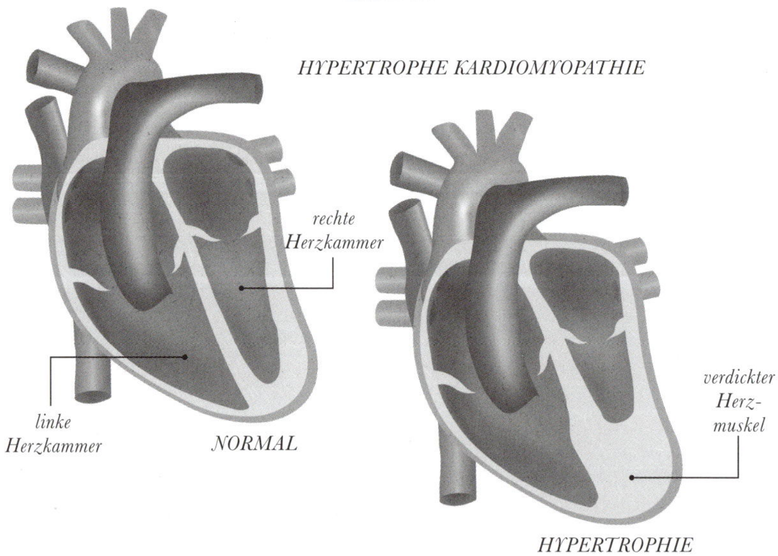

ATMUNG

Eine Katze holt etwa 20–30 Mal pro Minute Luft (beim Menschen sind es nur 10–12 Atemzüge pro Minute). Die Atemfrequenz steigt auch mit zunehmender Temperatur sowie wachsender körperlicher Anstrengung. Eine gestresste Katze beginnt manchmal zu hecheln. Im Gegensatz zu Hunden neigen Katzen normalerweise nicht zum Hecheln, wenn ihnen warm ist, auch wenn man gelegentlich beobachtet, dass sie kurze Zeit hecheln, wenn es besonders warm ist, sie schnell gelaufen sind oder intensiv gespielt haben. Anhaltendes Hecheln ist jedoch meist ein Zeichen für ein zugrunde liegendes medizinisches Problem.

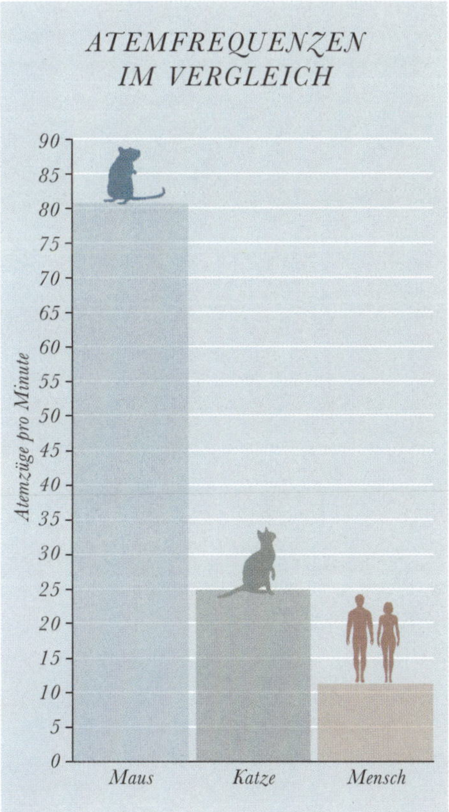

DAS GEHIRN

Wie bei anderen Karnivoren sind bestimmte Bereiche in der Großhirnrinde von Katzen besonders gut entwickelt, vor allem diejenigen, die an der Verarbeitung sensorischer Information beteiligt sind (namentlich die Areale für Sehen und Hören). Ihr Riechkolben (Bulbus olfactorius) ist groß, aber nicht so groß wie beispielsweise beim Hund, der sich im Alltag vorwiegend auf seinen Geruchssinn verlässt. Das Kleinhirn (Cerebellum), das für Bewegungskoordination und Gleichgewicht zuständig ist, ist bei der Katze stark vergrößert; darin spiegelt sich die besondere Bedeutung einer präzisen Koordination für einen jagenden Karnivoren wider, der nicht nur rasch läuft, sondern auch klettert und springt. Interessanterweise ist das Gehirn der Hauskatze um rund ein Viertel kleiner als das ihrer wilden Verwandten – ein häufiges Phänomen bei domestizierten Tieren.

Unten *Bei sehr großer Hitze oder nach intensiver körperlicher Anstrengung kann es vorkommen, dass Katzen ein wenig hecheln. Aber Hecheln kann auch ein Zeichen für Stress oder eine Erkrankung sein.*

ZENTRALNERVENSYSTEM

Gehirn und Rückenmark bilden gemeinsam das Zentralnervensystem (ZNS). Vom ZNS zweigen Nerven ab und ziehen in alle Körperregionen; sie bilden das periphere Nervensystem (PNS). Katzen können einen Teil des PNS bewusst kontrollieren, was ihnen ein eindrucksvolles Repertoire motorischer Fertigkeiten verleiht, wie sie für den akrobatischen Sprung auf schmale Zäune, Anschleichen an Beutetiere und gründliches Putzen (Grooming) erforderlich sind.

WIE DAS NERVENSYSTEM HILFT, WENN GEFAHR DROHT

Im Körper der Katze laufen zudem zahlreiche automatische Prozesse ab, deren sich die Katze kaum bewusst ist und über die sie keine willkürliche Kontrolle hat, wie Herzschlag und Atmung. Diese lebenswichtigen Prozesse werden vom sympathischen und parasympathischen Teil ihres vegetativen Nervensystems kontrolliert. Solange sich die Katze in einem ruhigen Zustand befindet, sorgt das parasympathische Nervensystem dafür, dass alle physiologischen Prozesse ihren gewohnten Gang gehen. Ist eine Katze jedoch Stress ausgesetzt, übernimmt das sympathische Nervensystem die Zügel, und via Gehirn werden die Nebennieren dazu angeregt, Adrenalin auszuschütten, was die «Kampf-oder-Flucht»-Reaktion auslöst (siehe Kasten). Sobald die Krise vorüber ist, übernimmt das parasympathische Nervensystem wieder die Kontrolle der Körperfunktionen.

KAMPF ODER FLUCHT

Wenn eine Katze Stress empfindet oder sich bedroht fühlt, wird automatisch die «Kampf-oder-Flucht»-Reaktion ausgelöst.

Ein plötzlicher Adrenalinschub führt zu einem sofortigen Anstieg der Herzschlagfrequenz, einer Erweiterung der Pupillen sowie einer stärkeren Durchblutung der Muskulatur. Die Katze sträubt ihre Haare und ist bereit, der Gefahr zu trotzen. Je nach Individuum und Situation bedeutet dies, so rasch wie möglich die Flucht zu ergreifen oder nicht zu weichen und zu kämpfen.

Eine dritte Taktik besteht im «Erstarren»: völlig still zu liegen, bis die Krise vorbei ist.

ZENTRALNERVENSYSTEM DER KATZE

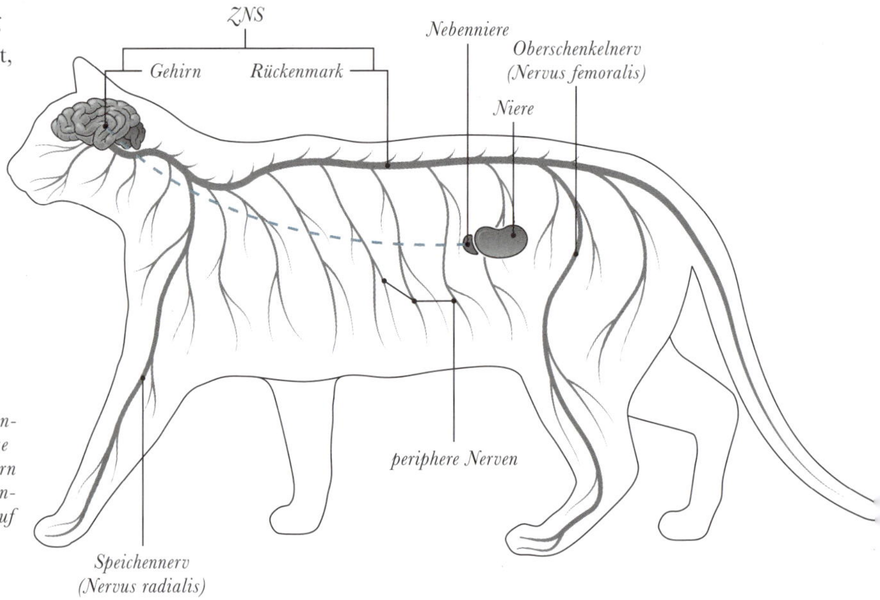

Rechts *Das Nervensystem interagiert mit dem Hormonsystem, um Veränderungen in der Umgebung der Katze zu erkennen und darauf zu reagieren. Wenn das Gehirn beispielsweise eine Gefahr entdeckt, weist es die Nebenniere an, Adrenalin auszuschütten und die Katze so auf rasches Reagieren vorzubereiten.*

IMMUNSYSTEM

Viren, Bakterien und andere Pathogene bedrohen tagein, tagaus die Gesundheit einer Katze. Zum Glück besitzen Katzen wie andere Säuger ein Immunsystem; dazu gehören unter anderen die weißen Blutzellen (Leukozyten), die in dem ausgedehnten lymphatischen System im ganzen Körper und im Blutstrom zu finden sind. Dennoch sind Katzen für viele Erkrankungen anfällig, unter denen auch Menschen zu leiden haben. So kann es beispielsweise zu Allergien kommen, wenn das Immunsystem zu stark auf Auslöser aus der Umwelt reagiert. Zu diesen Auslösern gehören Pollen, Flohbisse und verschiedene Nahrungsmittel (siehe beispielsweise S. 65); sie können Symptome wie Niesen, Asthma, Jucken und Verdauungsprobleme auslösen. Einige schwere Infektionen können das feline Immunsystem schwächen und dauerhaft schädigen, was eine Katze anfällig für Folgeerkrankungen macht. Dazu gehören das Feline Immundefizienz-Virus (FIV) und das Feline Leukämie-Virus (FeLV).

SCHLAF

Schlaf ist ein wichtiger Vorgang zum Erhalt gesunder Körperfunktionen, und Katzen schlafen rund 70 % des Tages. Wer aber schon mal eine «schlafende» Katze beobachtet hat, während in der Küche ein bestimmtes Futter zubereitet wird, wird an ihrer Reaktion feststellen, dass Katzen die meiste Zeit eher dösen als tief schlafen. Wie Menschen kennen Katzen verschiedene Schlafstadien, von sehr leichtem Schlaf, bei dem ihr Körper weiterhin rasch auf Reize reagiert, bis zum Traumschlaf, der durch rasche Augenbewegungen (*rapid eye movement*, REM-Schlaf) gekennzeichnet ist. Der Unterschied ist, dass Katzen flexibler sind, was ihr Schlafmuster angeht, und den ganzen Tag hindurch gern öfter einmal ein Nickerchen machen, statt lange Schlafphasen einzulegen, wie sie für den Menschen typisch sind.

Oben *Katzen suchen sich gern ein warmes Plätzchen zum Schlafen – viele haben ein bevorzugtes Bett, einen Stuhl oder eine Fensterbank, wo sie sich tagsüber immer wieder für ein kurzes Nickerchen niederlassen.*

Links *Eine Katze mit Flohallergie leidet unter einer ständigen Hautreizung, was zu häufigem Kratzen, Putzen und manchmal auch zu Haarausfall führt. Katzen sollten daher das ganze Jahr hindurch vorbeugend gegen Flohbefall behandelt werden.*

Der Sehsinn

Anatomisch sind die Augen von Katzen denen des Menschen sehr ähnlich, doch sie verfügen über Anpassungen, die sie die Welt ein wenig anders sehen lassen als wir. Menschen haben ein besseres Auge für Details und Farben als Katzen, doch das Dämmerungssehen der Katzen ist dem unsrigen weit überlegen.

WIE KATZEN NACHTS SEHEN

Katzen sind dämmerungsaktive Tiere, die wie ihre Beutearten im Halbdunkel der Morgen- und Abenddämmerung besonders aktiv sind. Ihre Augen weisen Modifikationen auf, um die Lichtausbeute möglichst zu steigern. Die Netzhaut (Retina) am hinteren Augenpol weist zwei Typen lichtempfindlicher Zellen (Fotorezeptoren) auf: Stäbchen, die nur auf Hell und Dunkel reagieren, allerdings bereits bei sehr geringen Lichtstärken, und Zapfen, die farbtüchtig sind, aber nur bei höheren Lichtstärken funktionieren. Das Katzenauge weist fast dreimal so viele Stäbchen wie das menschliche Auge auf, sodass Katzen bei schlechten Lichtverhältnissen viel besser sehen als wir. Im Gegenzug haben Katzenaugen deutlich weniger Zapfen, die für das Farbensehen bei hellerem Licht zuständig sind. Menschen sind Trichromaten, denn unsere Netzhaut besitzt drei Zapfentypen für die Wahrnehmung von Blau, Grün und Rot; Katzen fehlen Rot-empfindliche Zapfen; sie werden daher als Dichromaten bezeichnet. Obwohl Katzen also nicht farbenblind sind, sehen sie die Welt in anderen Tönen als Menschen.

Im Vergleich zum menschlichen Auge ist jeder Nerv im Katzenauge mit mehr Stäbchen und Zapfen verbunden, was die Licht-

DAS AUGE

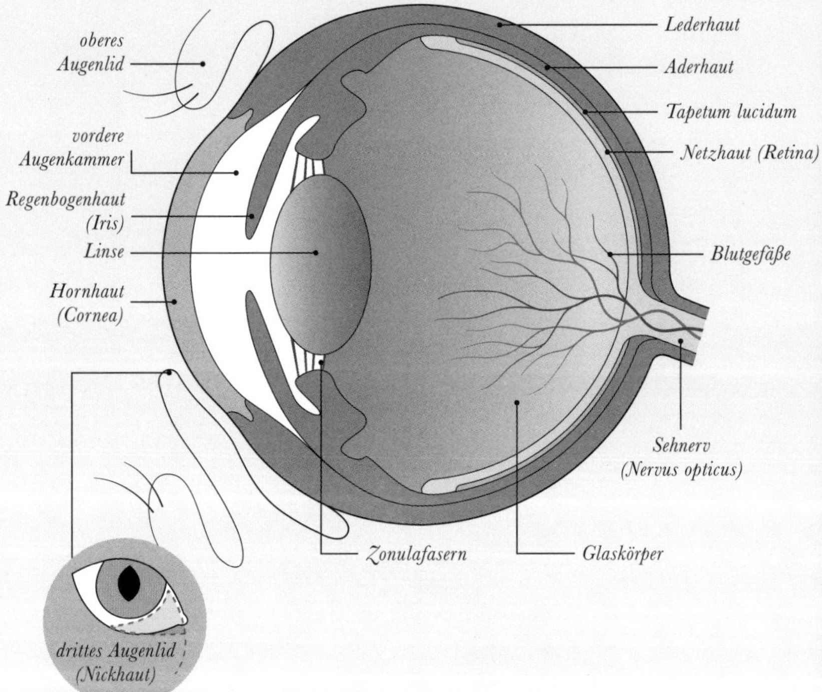

Oben *Auch wenn das Auge der Katze ähnlich wie das menschliche Auge aufgebaut ist, weist es Anpassungen an das Sehen bei schwachem Licht auf, wenn ihre Beute besonders aktiv ist.*

empfindlichkeit bei Schwachlicht erhöht. Eine dritte Anpassung ist eine spezielle spiegelähnliche Zellschicht im hinteren Augenbereich, die als Tapetum lucidum bezeichnet wird. Diese Schicht reflektiert Licht zurück ins Auge, sodass die Lichtausbeute steigt, was der Katze erlaubt, «im Dunkeln» zu sehen.

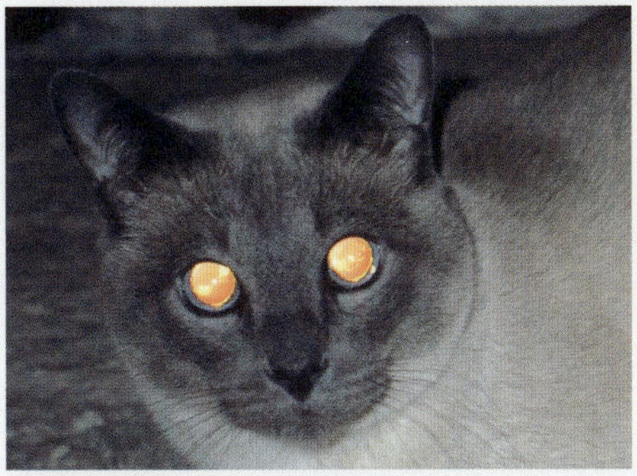

DIE PUPILLE

Die Pupille im Katzenauge kann sich weiter öffnen als ihr Pendant im menschlichen Auge – eine weitere Anpassung, die ermöglicht, dass bei schwachem Licht mehr Licht ins Auge fällt. Um die Netzhaut bei hellem Licht zu schützen, verengt sich die Pupille – bei der Hauskatze eher zu einem Schlitz als zu einem kleinen Kreis, wie bei vielen anderen Säugern. Interessanterweise haben einige wilde Katzenarten, wie Tiger und Löwen, runde Pupillen. Diese Großkatzen jagen nicht nur in der Dämmerung, sondern als Opportunisten auch tagsüber, falls ihre Beute dann aktiv ist – offenbar sind runde Pupillen für Prädatoren von Vorteil, die bei besseren Lichtverhältnissen jagen.

EIN DRITTES AUGENLID

Vögel, Reptilien und einige Säuger, einschließlich Katzen, besitzen ein «inneres» drittes Augenlid, eine sogenannte Nickhaut, das vom nasenseitigen Augenwinkel schräg nach außen über das Auge wischt und die Hornhaut feucht hält. Diese Nickhaut ist manchmal zu sehen, wenn sich die äußeren Augenlider der Katze öffnen; sie kann teilweise geschlossen sein, wenn eine Katze krank oder sehr schläfrig ist.

Oben *Die berühmten leuchtenden Augen von Katzen bei Nacht werden vom Tapetum lucidum hervorgerufen, das einfallendes Licht reflektiert; das steigert die Lichtausbeute für die Fotorezeptoren in der Retina.*

Unten *Die Pupillen von Katzen können sich unterschiedlich stark erweitern, von einem schmalen Schlitz (bei hellem Licht und wenn eine Katze ruhig und entspannt ist) bis zu vollen Kreisen (bei schwachem Licht oder bei Stress, Furcht oder Aufregung).*

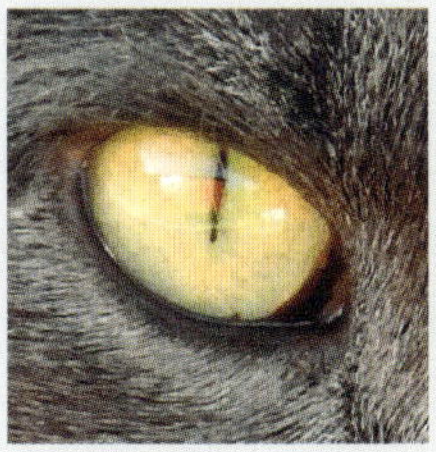

WAS KATZEN SEHEN

Katzen können schlechter als Menschen zwischen Nah- und Fernsicht wechseln, und es fällt ihnen schwer, Objekte näher als 30 cm scharf zu stellen. In diesem Nahbereich kommen möglicherweise andere feline Sinne ins Spiel, beispielsweise der Geruchssinn oder der Berührungssinn via Tasthaare. Auch wenn Katzen in diesen Sehschärfebereichen schlechter abschneiden als Menschen, sind ihre Augen an die Verfolgung sich bewegender Reize angepasst. Sie können auch Unterschiede in Form, Textur und Größe eines Objekts wahrnehmen und ebenso, ob ein Objekt zum Teil verdeckt ist – schlechte Nachrichten für größere Beutetiere, die versuchen, sich hinter einem kleinen Stein zu verstecken. Insgesamt umfasst das Sehfeld der Katze rund 200°. Binokulares (beidäugiges) Sehen, was eine für erfolgreiches Jagen wesentliche räumliche Wahrnehmung erlaubt, ist, wie unten zu sehen, nur in einem Zentralbereich von 90–100° möglich.

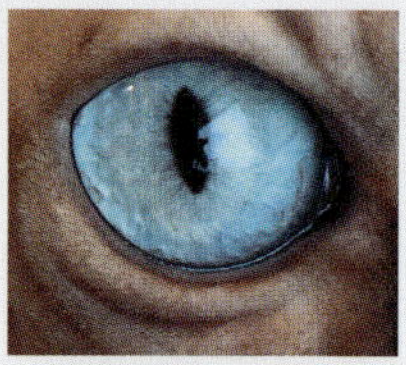

Blau

Grün

Orange

Gelb

Links *Einige der wichtigsten Augenfarben, die man bei Katzen findet. Blaue Augen kommen bei Katzen deutlich seltener vor als andere Augenfarben und gehen oft mit einem weißen oder siamfarbenen (Seal-Point) Fell einher. Anders als Menschen weisen Katzen keine sehr dunklen Augenfärbungen auf.*

AUGENFARBE

Die Augenfarbe wird von Pigment produzierenden Zellen, den Melanozyten, in der Iris bestimmt. Zahl und Aktivitätsniveau der Melanozyten entscheiden über die Grundfärbung des Auges. Die meisten wilden Katzenarten haben haselnuss- oder kupferfarbene Auge, während die Hauskatze ein viel breiteres Spektrum an Augenfarben aufzuweisen hat, darunter Blau, Grün, Orange und Gelb in vielen Variationen und Schattierungen. Intensiv gefärbte Augen findet man besonders häufig bei Rassekatzen, bei denen spezifische Farben entwickelt und von Züchtern geför-

SEHFELD DER KATZE

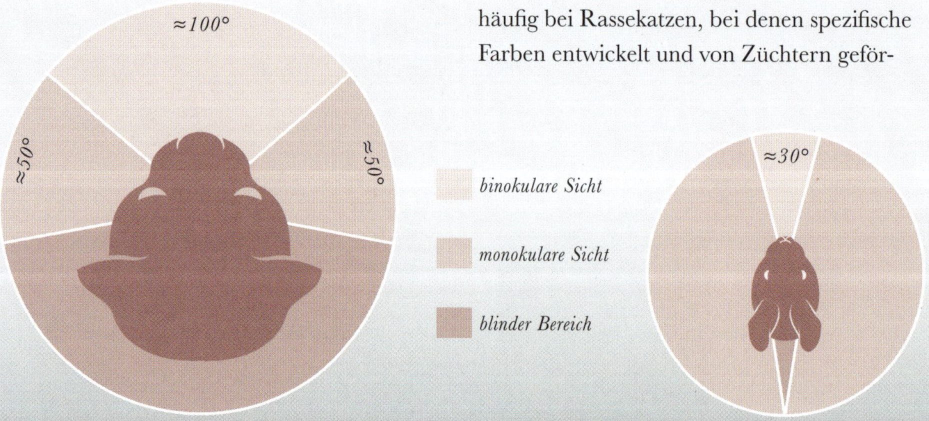

Katze **Kaninchen**

Unten *Die großen, nach vorn gerichteten Augen einer Katze liegen so, dass sich ein großes binokulares Sehfeld ergibt, das ihnen erlaubt, sich bewegende Beute gut zu erkennen und zu verfolgen. Beutetiere wie Kaninchen müssen hingegen in der Lage sein, sich nähernde Raubfeinde zu sehen, ganz gleich, aus welcher Richtung sie kommen. Ihre seitlich gelegenen Augen ermöglichen Kaninchen weitgehend eine nur monokulare Sicht, doch ihr Sehfeld umfasst im Gegenzug fast 360°.*

Oben *Bei einigen Rassen ist Heterochromie ein sehr geschätztes Merkmal. So gelten Türkisch Angoras mit verschiedenfarbigen Augen beispielsweise in der Türkei als nationales Kulturgut; dort gibt es ein Zuchtprogramm für sie.*

Unten *Bei allen Hauskatzentypen kann die Augenform enorm variieren, nicht nur bei Rassekatzen, wo eine bestimmte Augenform zum Zuchtstandard gehören kann.*

dert wurden, um die Fellfärbung optimal zu ergänzen. Zwischen verschiedenen Rassen variieren die Augenfarben beträchtlich; das reicht vom Blau der Siamkatze zum Gold/Kupfer der Burmakatze. Interessanterweise hat die Kreuzung beider Rassen, die Tonkanese, eine Augenfarbe, die in der Mitte zwischen denjenigen der Stammrassen liegt – ein auffälliges Aquamarinblau.

Wo Melanozyten entweder fehlen oder inaktiv sind, wie bei neugeborenen Katzenjungen, erscheinen die Augen blau. Wenn das Jungtier älter wird, beginnen die Melanozyten mit der Pigmentproduktion, und die Augen beginnen ab einem Alter von rund sechs Wochen, allmählich ihre adulte Färbung anzunehmen.

Einige Katzen haben verschiedenfarbige Augen (Heterochromie), wobei ein Auge gewöhnlich blau und das andere gelb, grün oder bernsteinfarben ist. Dieses Phänomen tritt am häufigsten bei Katzen mit völlig weißem Fell oder einem hohen Weißanteil im Fell auf, darunter Türkisch Van und Türkisch Angora wie auch bei Perserkatzen. Und dann gibt es gelegentlich auch noch Katzen, deren Iris zweifarbig ist (dichromatische Augen).

AUGENFORM

Im Rahmen der Katzenzucht hat sich auch die Augenform von der ovalen Form bei Wildkatzen zu der deutlich schrägeren, mandelförmigen Form verändert, wie man sie bei orientalischen Rassen wie der Balinesenkatze findet, und runden Formen, die beispielsweise bei Chartreux (Kartäuserkatze) und Perser vorkommen.

Das Gehör

Katzen verfügen über ein bemerkenswert breites Hörspektrum. Viele Arten haben die Fähigkeit entwickelt, entweder sehr niederfrequente Schallsignale (beispielsweise Elefanten) oder sehr hochfrequente Schallsignale (Delfine) wahrzunehmen, doch Katzen – die sich nicht so schnell übertreffen lassen – können beides. Sie können hohe Töne von 60–65 kHz im Ultraschallbereich hören; das hilft ihnen bei der Jagd auf Beutetiere wie Mäuse, die solche Laute ausstoßen, ermöglicht aber auch Mutterkatzen, die Schreie ihrer Jungen wahrzunehmen. Am anderen Ende der Skala können Katzen tiefe Töne bis zu einer Frequenz rund 45 Hz hören, so auch tiefe menschliche Stimmen, eine Fähigkeit, die vermutlich die Domestikation von Katzen erleichterte. Abgesehen von ihrem eindrucksvoll breiten Hörbereich haben Katzen auch ein ausgesprochen feines Gehör. Im Vergleich zum Menschen können Katzen weitaus schwächere Geräusche wahrnehmen, wie das Rascheln von Vögeln oder Mäusen, was ihnen ebenfalls bei der Jagd hilft.

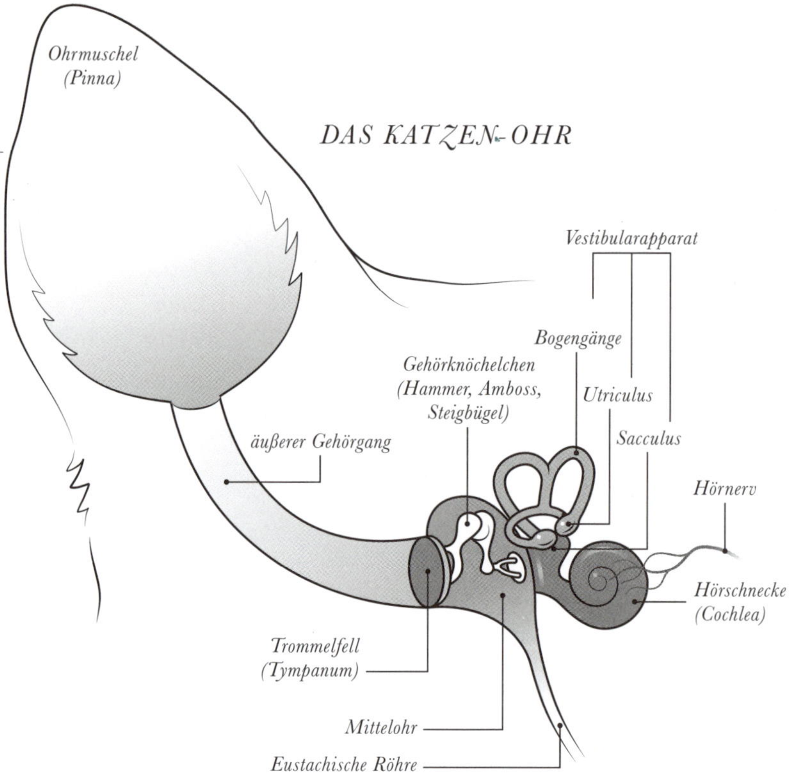

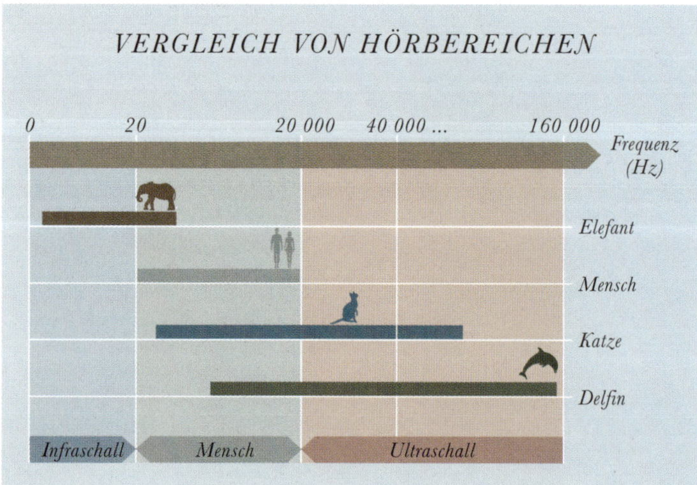

Rechts und oben *Zum Teil liegt das ausgezeichnete Hörvermögen der Katze daran, dass sie ihre Ohrmuscheln so gut drehen kann. Abgesehen von wenigen Rassen ist diese Fähigkeit von der selektiven Zuchtwahl weitgehend unbeeinflusst geblieben.*

WIE KATZEN HÖREN

Schallwellen aus der Umgebung werden von der trichterförmigen Ohrmuschel aufgefangen und wandern den äußeren Gehörgang entlang bis zum Trommelfell (Tympanum). Dieses leitet die Schwingungen über drei Gehörknöchelchen im Mittelohr weiter an die flüssigkeitsgefüllte Hörschnecke, wo je nach Tonhöhe des Signals Sinneszellen in unterschiedlichen Bereichen erregt werden. Die Hörschnecke sendet dann die gewonnene Information via Hörnerv zum Gehirn.

BEUTE AUFFINDEN

Es reicht nicht, dass Katzen die Geräusche, die ihre Beute von sich gibt, hören können, sondern sie müssen die Geräuschquelle darüber hinaus auch lokalisieren. Die Ohrmuscheln fangen Schallwellen nicht nur auf und verstärken sie, sie lassen sich auch unabhängig voneinander um 180° drehen. Katzen analysieren die unterschiedlichen Lautstärken in jedem Ohr und können auf diese Weise sehr effizient die Position der Schallquelle ermitteln. Aus einer Entfernung von 90 cm gelingt es ihnen sogar, zwischen zwei unterschiedlichen Schallsignalen zu unterscheiden, die von zwei nur 8 cm voneinander entfernten Quellen emittiert werden.

TAUBHEIT

Wie es bei allen Säugerarten vorkommt, werden einige Katzen taub geboren oder verlieren im Lauf ihres Lebens ihr Hörvermögen, sei es vollständig oder nur auf einem Ohr. Katzen, die auf einem Ohr taub sind, fällt es schwer, Schallquellen zu lokalisieren; sie lernen aber in der Regel bis zu einem gewissen Grad, dieses Handicap mit ein paar Anpassungen und zusätzlichen Kopfbewegungen zu kompensieren. Weiße Katzen mit blauen Augen haben ein erhöhtes Risiko, taub geboren zu werden, denn die Genmutationen, die für das weiße Fell und die blauen Augen verantwortlich sind, rufen auch Anomalien im Ohr hervor. Einige weiße Katzen werden mit einem blauen und einem andersfarbigen Auge geboren – und sie sind gewöhnlich auf der Seite mit dem blauen Auge taub.

Taube Katzen lernen, ihr Manko zu kompensieren, indem sie sich vermehrt auf ihre anderen Sinne verlassen. Man sollte sie dennoch im Haus halten, denn draußen ist das Leben für sie doch sehr gefährlich (siehe S. 142, was die Bereicherung des Lebens für Katzen angeht, die ausschließlich im Haus gehalten werden).

Unten *Katzen können Beutetiere noch bei schwachem Licht bis zu einem gewissen Grad optisch lokalisieren, doch vor allem verlassen sie sich dabei auf ihr sehr feines Gehör.*

Der Tastsinn

Links *Potenziell heiße Flächen sollten vom Halter stets sorgfältig überwacht werden, denn Katzen können darüber laufen, ohne zu erkennen, dass sie zu heiß sind.*

Katzen haben einen wohl entwickelten Tastsinn, denn sie sind am ganzen Körper reichlich mit Rezeptoren ausgestattet, die Druck wahrnehmen. Diese Tast- oder Berührungsrezeptoren konzentrieren sich an den kaum behaarten Stellen der Katzenhaut, vor allem an der Nase und den Fußballen. Die meisten Katzen mögen es nicht, wenn man ihre Füße streichelt, weil diese so empfindlich sind. Tastrezeptoren an ihren Pfotenballen, die als Paccinische Körperchen bezeichnet werden, reagieren auf Druck – nützlich, wenn die Katze neue Flächen erforscht oder mit Beute bzw. Spielzeug hantiert. Ähnliche Sinneszellen konzentrieren sich im Bereich der Nase auf dem Nasenspiegel.

TEMPERATURREZEPTOREN

Katzen habe eine hohe Schmerzschwelle, wenn sie auf heiße Objekte treffen, obwohl sie über Thermorezeptoren (zur Wahrnehmung von Temperaturen und Temperaturveränderungen) und Schmerzrezeptoren (die eine Schädigung des Gewebes anzeigen) in der Haut verfügen. Katzen spüren offenbar erst Schmerzen, wenn ihre Hauttemperatur 52 °C erreicht, während bei Menschen die Schmerzschwelle bei 44 °C liegt. Da sie warme Plätze lieben, werden Katzen manchmal von Wärmequellen wie Herdmulden angelockt, die zu heiß sind, und verbrennen sich.

DIE SCHNURRHAARE

Schnurrhaare oder Vibrissen sind abgewandelte Haare – länger, dicker, recht steif und am Ende zugespitzt – und gehören zu den wichtigsten Sinnesorganen der Katze. Sie kommen gebündelt an verschiedenen Stellen auf dem Gesicht und hinter den Vorderbeinen vor und reagieren empfindlich auf Luftströmung, Vibration und Berührung.

Die größten und auffälligsten sind die mysticalen Vibrissen, die so genannt werden, weil sie wie ein Schnurrbart (engl. *mustache*) auf der Oberlippe sitzen, rund zwölf auf beiden Seiten der Nase. Die mysticalen Vibrissen helfen Katzen, in engen Räumen zu navigieren – eine Katze mit beschädigten Vibrissen bewegt in einer solchen Situation den Kopf hin und her, um die nötige Information mit ihren Schnurrhaaren zu sammeln. Zwar enthalten die Schnurrhaare selbst keine Sinneszellen, doch sie wurzeln tief in der Haut (dreimal tiefer als normale Haare), wo Tastrezeptoren detaillierte Informationen über die Bewegungen der Schnurrhaare beim Kontakt mit nahe gelegenen Objekten empfangen und an das Gehirn übermitteln. Vermutlich sind diese Vibrissen so empfindlich, dass sie die Störung von Luftströmungen durch Objekte wahrnehmen können; so kann die Katze Hindernisse meiden, wenn sie rennt oder im Dunklen herumläuft.

Wenn eine Katze auf der Jagd nahe an ihre Beute herangelangt ist, werden die mysticalen Vibrissen nach vorn gerichtet und fächerartig vor dem Gesicht ausgebreitet, um die Beute zu berühren und die Schnauze der Katze dorthin zu lenken.

Oben ***Die Schnurrhaare oder Vibrissen – besonders die mystacalen Vibrissen – helfen Katzen, sich durch enge Spalten zu manövrieren.***

SCHNURRHAARE BEI KATZENJUNGEN

Katzenjunge entwickeln bereits im Mutterleib Vibrissen – tatsächlich, bevor ihnen andere Haare wachsen – und können sie schon direkt nach der Geburt zur Orientierung einsetzen. Es ist bekannt, dass Mutterkatzen manchmal die Schnurrhaare ihrer Jungen abbeißen, vielleicht eine Folge von allzu enthusiastischer Fellpflege, und die Wurfgeschwister kauen unter Umständen auch gegenseitig an ihren Schnurrhaaren. Zum Glück wachsen die Schnurrhaare nach.

Der Geruchssinn

Katzen nähern sich kaum einem neuen Objekt, ohne zunächst daran zu schnüffeln: Ihr Geruchssinn (olfaktorischer Sinn) ist sehr wichtig für sie. Seine Bedeutung spiegelt sich in der Größe des Riechkolbens (Bulbus olfactorius) im Gehirn der Katze (siehe Zeichnung unten) und der Ausdehnung der Riechschleimhaut wider, die die Nasenhöhle auskleidet – bis zu 50 cm² im Vergleich zu nur etwa 6,5 cm² beim Menschen. Auch wenn Sehen und Hören die wichtigen Sinne für eine Katze auf der Jagd sind, braucht sie ihre Nase, um die Nahrung zu prüfen, bevor sie zu fressen beginnt; eine Katze, die nicht riechen kann, zum Beispiel, weil sie eine Atemwegsinfektion hat, weigert sich unter Umständen zu fressen.

Unten *Wie die beiden Pfeile hier zeigen, kann eine Katze Gerüche auf zweierlei Weise wahrnehmen. Der normale Weg ist das Einatmen von Geruchsstoffen durch die Nase. Katzen können Geruchsstoffe aber auch via Mundöffnung ins Vomeronasalorgan lenken.*

DAS OLFAKTORISCHE SYSTEM DER KATZE

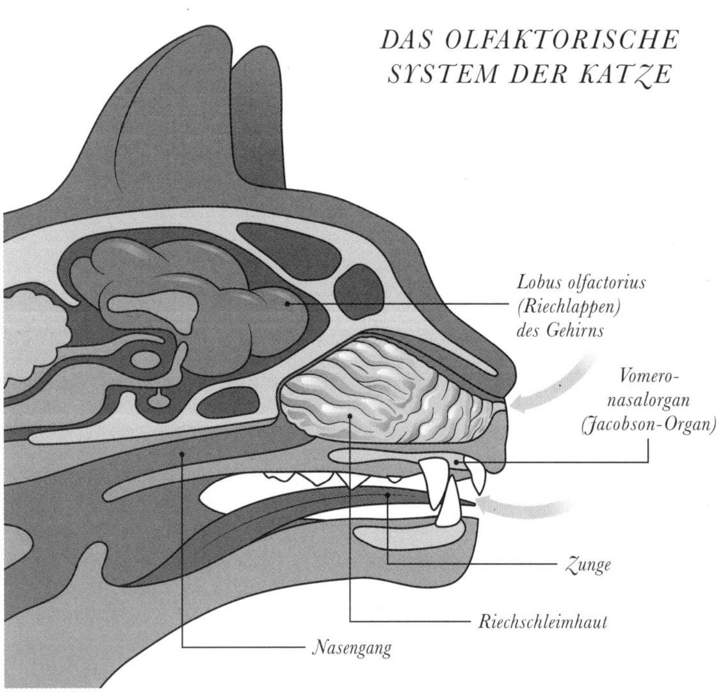

Von Geburt an setzt eine Katze ihren Geruchssinn ein. Neugeborene Katzen sind blind und finden das Gesäuge ihrer Mutter mithilfe ihres Geruchssinns. Ziemlich rasch entwickeln sie eine Vorliebe für eine bestimmte Zitze und suchen sie zum Trinken immer wieder auf. Ebenso finden Jungtiere, die sich aus dem Nestbereich entfernt haben, den Rückweg per Geruchssinn. Katzen stützen sich auch bei der allgemeinen Kommunikation stark auf olfaktorische Schlüsselreize (siehe S. 82), ein Erbe ihrer stärker solitär lebenden Vorfahren.

DAS VOMERONASALORGAN

Wie Amphibien, Reptilien und viele Säugerarten besitzt auch die Katze ein sekundäres olfaktorisches Organ, das als Vomeronasal- oder Jacobson-Organ bezeichnet wird. Diese Struktur, die sowohl mit dem Mund- wie auch mit dem Nasenraum verbunden ist, liegt im Munddach; seine schlitzförmige Öffnung kann man direkt hinter den oberen Schneidezähnen erkennen. Statt allgemeine Gerüche wie die von Futter oder Beute wahrzunehmen, dient das Vomeronasalorgan zur Wahrnehmung und Analyse von Gerüchen sozialerer Natur, wie Urinspuren oder Duftmarkierungen anderer Katzen sowie sexueller Pheromone. Eine Katze, die einen solchen Geruch untersucht, öffnet das Maul ein wenig, als wolle sie gähnen, und «schleckt» den Geruch mit ihrer Zunge ein, um die Moleküle zur Öffnung des Vomeronasalorgans im Munddach zu transportieren – ein Verhalten, das man als «Flehmen» bezeichnet (ein Begriff, der so viel wie «die oberen Zähne entblößen» bedeutet).

SPEZIELLE GERÜCHE

Einige Nahrungsgerüche können Katzen dazu bringen, sehr rasch herbeizulaufen, etwas, das Menschen verstehen und nachempfinden können, doch es gibt auch ein paar Gerüche, auf die Katzen sehr überraschend reagieren. Das wohl berühmteste Beispiel ist der Duft von Katzenminze, das man bei Hauskatzen wie auch einigen wilden Katzenarten, zum Beispiel Löwen und Tigern, beobachten kann. Einige Katzen reagieren auf Extrakte, getrocknete oder frische Blätter von *Nepeta cataria* (Katzenminze) mit einer erstaunlichen Sequenz von Verhaltensweisen, wie Schnüffeln, Rollen, Gesichtsreiben, Kauen, Im-Kreis-Herumlaufen und Lautäußerungen. Zusätzlich zeigen viele Katzen die Flehmen-Reaktion und scheinen wie in Trance zu sein. Einige Elemente dieses Verhaltens erinnert an weibliches Sexualverhalten, doch die Reaktion hat offenbar keinerlei sexuelle Basis und tritt bei männlichen wie weiblichen Katzen auf, ob kastriert oder nicht. Allerdings reagieren nicht alle Katzen derart auf Katzenminze, denn es handelt sich um ein erbliches Verhalten, das offenbar nur bei zwei Dritteln aller Hauskatzen vorkommt.

Unten *Eine «flehmende» Katze kann wie in Trance erscheinen, während sie einen Geruch über ihr Vomeronasalorgan wahrnimmt.*

Der Geschmackssinn

Geruchs- und Geschmackssinn sind eng miteinander verknüpft, vor allem bei Säugern wie Katzen mit einem Vomeronasalorgan, das ihnen erlaubt, Geruchsstoffe buchstäblich mit der Zunge zu «schmecken». Auf der Zunge liegen auch die Geschmackknospen der Katze. Rezeptoren für unterschiedliche Geschmäcker sitzen in kleinen, pilzförmigen Papillen an den Seiten und an der Spitze der Zunge sowie in umwallten Papillen am Zungengrund.

DIE ZUNGE

Die Zunge ist für die Katze ein sehr wichtiges Werkzeug. Neben den Geschmacksknospen ist sie von zahlreichen, stachelartigen Papillen bedeckt, wie jeder weiß, der schon einmal von einer Katze abgeleckt wurde. Diese Papillen weisen nach hinten und sind perfekt dazu geeignet, die letzten Fleischreste vom Knochen eines Beutetiers zu schaben und Richtung Kehle zu transportieren; außerdem leisten sie gute Dienste beim Fellputzen. Wie sich herausgestellt hat, sind die Papillen an der Spitze zudem schaufelförmig geformt und können als Mini-Speicher für Speichel dienen, den die Katze bei der Fellpflege auf ihrem Fell verteilt.

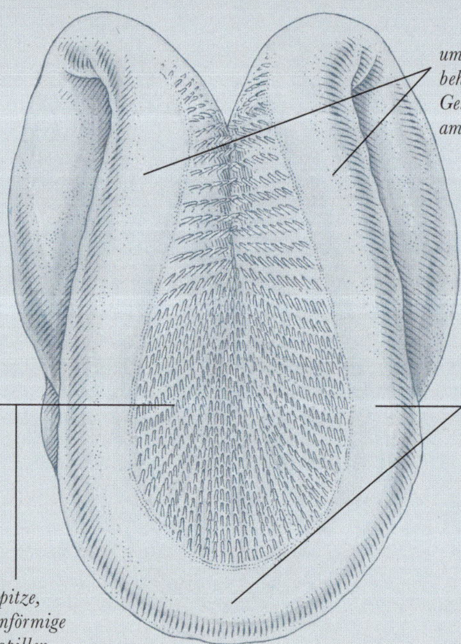

Unten *Die muskulöse Zunge der Katze ist lang und sehr beweglich; sie dient mit ihrer rauen Oberfläche zum Putzen (Grooming) und weist zudem zahlreiche Geschmacksknospen auf.*

DIE BITTERSÜSSE WAHRHEIT

Während Menschen fünf verschiedene Geschmacksrichtungen – süß, sauer, bitter, salzig und umami (würzig oder fleischartig) – wahrnehmen können, sind Katzen insofern ungewöhnlich, als ihre Geschmacksknospen nicht auf Süße reagieren. Ihnen fehlt eines der beiden Gene, die erforderlich sind, um Süße wahrzunehmen, während das andere «stumm» bleibt; das könnte mit ihrer Konzentration auf Fleischnahrung zusammenhängen; Kohlenhydrate spielen für ihre Ernährung keine Rolle. Die vier anderen Geschmacksrichtungen können Katzen jedoch wahrnehmen, wenn auch im Vergleich zum Menschen ein kleineres und vielleicht etwas anderes Spektrum von Bitterstoffen. Zudem können Katzen mindestens einen Stoff schmecken, den Menschen nicht schmecken können – Adenosintriphosphat (ATP), die Energiequelle lebender Zellen; das bestätigt ihnen möglicherweise, dass das, was sie fressen, Fleisch ist.

GESCHMACKSVORLIEBEN

Katzenwelpen und Jungkatzen lernen aus Beobachtung und kopieren ihre Mutter bei der Nahrungswahl und der Vorliebe für bestimmte Geschmacksrichtungen, ob es sich um Beute handelt, die die Mutter zurück zum Nest bringt, oder im häuslichen Rahmen, welches schmackhafte Katzenwelpenfutter auch immer im Angebot ist. Möglicherweise beginnt die Geschmacksprägung bereits im Mutterleib, wo sie durch die Amnionflüssigkeit Geschmacksstoffen ausgesetzt sind, und setzt sich nach der Geburt via Muttermilch fort. Nichtsdestoweniger scheinen junge Katzen neue Geschmacksrichtungen eher zu akzeptieren als ältere Semester.

GESCHMACK UND NÄHRWERT

Wie eine interessante Studie aus dem Jahr 2011 zeigte, wählten Hauskatzen, denen drei Futtersorten angeboten wurden, die sich in Nährstoffgehalt und Schmackhaftigkeit (Fisch-, Kaninchen- und Orangengeschmack) unterschieden, anfangs diejenige, die ihnen am besten schmeckte. Mit der Zeit passten die Katzen jedoch ihre anteilige Aufnahme der drei Futtersorten so an, dass sie eine möglichst effiziente Balance an Proteinen und Fetten zu sich nahmen. Das spricht dafür, dass Katzen in der Lage sind, auf ernährungsphysiologische Schlüsselreize jenseits des Geschmacks zu reagieren.

Rechts *Katzen zeichnen sich durch eine natürliche Vorsicht aus, wenn es darum geht, was sie fressen, und beschnüffeln jede Nahrung zunächst sorgfältig. Erst wenn sie ihnen genießbar erscheint, probieren sie das Angebotene.*

Nahrung & Trinken

Die Katze ist obligater Karnivore, das heißt, ihre Ernährung basiert *vollständig* auf Fleisch. In freier Natur ernähren sich Katzen ausschließlich von Beutetieren, aus denen sie all die Nährstoffe beziehen, die sie benötigen. Im Lauf ihrer Evolution hat die Katze die Fähigkeit verloren, bestimmte Nährstoffe im Bedarfsfall aus alternativen, nicht fleischlichen Quellen selbst herzustellen. Daher können Katzen weder die Vitamine A und D noch Niacin synthetisieren, ebenso wenig die Aminosäuren Arginin, Methionin, Cystein und Taurin. Ein Mangel an diesen Verbindungen kann zu ernsten Gesundheitsproblemen führen, ein anhaltender Mangel an Taurin beispielsweise zu Blindheit und Herzerkrankungen. Zum Glück für moderne Hauskatzen enthalten die allermeisten kommerziell angebotenen Katzenfutter inzwischen alle nötigen Nährstoffe.

EINE PROTEINREICHE ERNÄHRUNG

Wie viele andere Säuger brauchen Katzen Eiweiß (Protein) in ihrer Nahrung zum Körperaufbau und -unterhalt. Katzen nutzen Proteine jedoch auch unmittelbar als Energiequelle; darin unterscheiden sie sich von manchen anderen Säugern, auch Menschen, die ihre Energie vornehmlich aus Kohlenhydraten gewinnen. Daher haben Katzen einen besonders hohen Proteinbedarf – bei einer erwachsenen Katze muss der Proteinanteil der Nahrung mindestens zwölf Prozent betragen. Wenn Protein knapp ist, kann die Katze es nicht für den Unterhalt des Körpers reservieren. Stattdessen wird Protein zur Deckung des unmittelbaren Energiebedarfs abgebaut; daher ist eine hohe Proteinauf-

Unten links *Eine Ernährung, die aus Beutetieren oder rohem Fleisch besteht, deckt den hohen Proteinbedarf der Katze. Im Lauf ihrer Evolution haben Katzen die Fähigkeit entwickelt, den mit dieser Ernährung einhergehenden hohen Fettanteil zu verstoffwechseln.*

Unten rechts *Auch wenn die kommerziell angebotenen Katzenfutter in der Regel alle nötigen Nährstoffe bieten, enthalten sie viel größere Mengen an Kohlenhydraten, als Katzen brauchen. Daher muss man darauf achten, dass sie nicht zu viel Gewicht zulegen.*

SPEISEZETTEL WILDER KATZEN

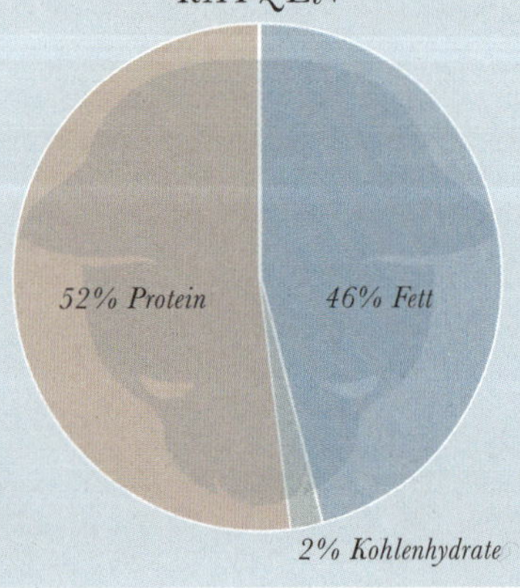

nahme für die Gesundheit von Katzen unverzichtbar. Fett macht bei der natürlichen Beute der Katze ebenfalls einen hohen Prozentsatz aus, daher haben sie eine effiziente Fettverstoffwechslung entwickelt. Da so viel Energie aus Proteinen stammt, braucht die Katze nur wenige Kohlenhydrate, obgleich viele kommerzielle Katzenfutter viel davon enthalten.

Einige Nahrungsmittel und Getränke sind gefährlich für Katzen. Dazu gehören Zwiebeln, Knoblauch, Schokolade, Trauben und Rosinen, Alkohol, koffeinhaltige Getränke und Avocados, aber auch roher Fisch und rohe Eier. Milch und Milchprodukte sollten ebenso vermieden werden, denn Katzen besitzen nur wenig Laktase, ein Enzym, das Milchzucker (Laktose) abbaut, und sind daher laktoseintolerant. Auch gewisse Pflanzen stellen eine Gefahr dar (siehe S. 145).

TRINKEN

Katzen trinken auf vornehme Weise. Sie tauchen ihre Zunge kaum ins Wasser. Wenn eine Katze Wasser schleckt, berührt sie mit nach unten gebogener Zungenspitze sanft die Oberfläche. Beim Zurückziehen der Zunge transportiert sie eine Wassersäule ins Maul, das dann geschlossen wird, um das Wasser an der Spitze der Säule im Inneren der Mundhöhle zu halten. Die Katze wiederholt dieses Manöver drei oder vier Mal pro Sekunde, bis sich genug Wasser im Mund befindet, um es hinunterzuschlucken.

WASSERBEDARF

Eine Ernährung, die nur aus Beutetieren besteht, hat einen hohen Wassergehalt, und wilde Katzen (insbesondere die Sandkatze, *Felis margarita*) können häufig allein mit dem Stoffwechselwasser auskommen, das sie aus ihrer Beute gewinnen, ohne dass sie trinken müssten. Modernes kommerzielles Feuchtfutter für Katzen liefert ebenfalls genügend Wasser, und derart gefütterte Hauskatzen trinken vielleicht nur sehr selten. Katzen, die halbfeuchtes Futter oder Trockenfutter bekommen, benötigen jedoch einen ständigen Zugang zu Wasser. Je nach Ernährung brauchen Hauskatzen 40–50 ml Wasser pro 1 kg Körpergewicht.

GEFÄHRLICHES FROSTSCHUTZMITTEL

Eine besondere Gefahr, die im Winter vielen Katzen unnötigerweise das Leben kostet, sind Frostschutzmittel, die giftiges Ethylenglykol enthalten. Leider werden Katzen offenbar davon angelockt – ob es der Geschmack ist oder einfach die Tatsache, dass es bei sehr kaltem Wetter draußen oft die einzige nicht gefrorene Trinkmöglichkeit ist, ist ungewiss. Manchmal trinken Katzen Frostschutzmittel, das verschüttet wurde oder aus Autos gesickert ist, oder laufen einfach durch eine solche Pfütze, um es später von ihren Pfoten zu lecken. Selbst die Aufnahme einer nur kleinen Menge führt zu einer schweren Erkrankung und Nierenversagen.

Unten *Katzen haben oft sehr spezifische Trinkgewohnheiten. Viele weigern sich zu trinken, wenn ihre Wasserschüssel zu nahe am Fressnapf steht, andere trinken lieber an einem tropfenden Wasserhahn oder einem Springbrunnen, und wieder andere wünschen fließendes statt stehendes Wasser.*

Genetik

Ein Pionier der modernen Genetik war der österreichische Mönch Gregor Mendel (1822–1984). Er entdeckte durch seine Kreuzungsexperimente mit Erbsen, dass zwei Individuen zwar gleich aussehen können (was als «Phänotyp» bezeichnet wird), aber dennoch nicht die gleiche genetische Ausstattung (Genotyp) aufweisen müssen. Das lässt sich durch die Art und Weise erklären, wie alle Merkmale, sichtbare oder nicht sichtbare, vererbt werden. Seitdem hat die Forschung aufgeklärt, wie das genetische System im Detail funktioniert, von der Aufklärung der DNA-Struktur durch Watson und Crick in den 1950ern bis zur Decodierung des Katzengenoms in jüngerer Zeit.

Links *Abessinierkatzen sind anfällig für eine erbliche Augenkrankheit, Retinitis pigmentosa, unter der auch Menschen leiden. Inzwischen ist das Gen, das diese Krankheit hervorruft, aufgrund von Genomanalysen identifiziert worden.*

Rechts *Als homologe Chromosomen bezeichnet man ein Paar von Chromosomen (eines von jedem Elternteil) von gleicher Länge und mit Genen in denselben Positionen (Genort oder Genlocus). Genorte tragen identische oder ähnliche Gensequenzen, die wir als Allele dieser Gene bezeichnen.*

WIE MERKMALE BEI KATZEN VERERBT WERDEN

Die Basiseinheit der Vererbung sind bei allen lebenden Organismen die Gene. Gene bestehen aus DNA. DNA ist ein fadenförmiges Molekül, in dem zwei Stränge komplementär verbunden sind. Die DNA-Doppelstränge bilden die Chromosomen, die im Zellkern einer jeden Körperzelle vorhanden sind. Eine Katze hat 19 Chromosomenpaare mit insgesamt mehr als 20 000 Genpaaren, die miteinander interagieren und so die Katze zu einem Individuum machen. Wenn sich Katzen fortpflanzen, erben die Jungen von jedem Elternteil ein Chromosom eines jeden Chromosomenpaars und damit eine Kopie eines jeden Gens. Es gibt unterschiedliche Varianten eines

DEN CODE ENTSCHLÜSSELN

Das Katzengenom wurde bereits 2007 teilweise sequenziert; zugrunde lag die DNA einer vierjährigen Abessinierkatze namens Cinnamon aus Missouri. 2014 und 2017 sequenzierten Wissenschaftler das Katzengenom weiter, wobei sie die DNA von Cinnamon und jene zweier weiterer Katzen nutzten.

Dieser große Schritt vorwärts hat die Möglichkeit eröffnet, die Domestikation und Evolution der Katze detaillierter zu untersuchen und Katzenkrankheiten, von denen rund 250 denjenigen des Menschen ähneln, genauer zu erforschen.

HOMOLOGE CHROMOSOMEN

jeden Gens (sogenannte Allele), und die Kombination der beiden von den Eltern geerbten zwei Allele entscheidet darüber, welche Form des Gens bei den Nachkommen exprimiert wird.

Wenn das Jungtier zwei identische Allele des Gens erbt, wird es als «homozygot» für dieses Merkmal bezeichnet; erbt es zwei unterschiedliche Kopien, als «heterozygot». Einige Allele sind dominant und setzen sich durch, und wenn ein dominantes Allel vorhanden ist, wird das Merkmal, für das es codiert, ohne Rücksicht auf das andere Allel des Allelpaars exprimiert. Ein einfaches Beispiel ist die Vererbung von langem oder kurzem Haar bei Katzen, bei dem das Allel für kurzes Haar dominant ist. Damit eine rezessive Version des Gens exprimiert wird, müssen beide rezessiven Allele vererbt werden.

TRÄGER

Katzen, die heterozygot für ein Merkmal sind, besitzen die rezessive Form des Merkmals. Sie exprimieren das rezessive Merkmal zwar nicht, können es aber an die nächste Generation weitergeben. Wenn zwei Träger beide identische rezessive Allele an einen Nachkommen weitergeben, wird das rezessive Merkmal bei diesem Nachkommen exprimiert, da das dominante Merkmal fehlt. Wie im Beispiel der beiden kurzhaarigen Eltern gezeigt, die beide Träger des Allels für langes Haar sind, wird dieses Merkmal an ihre Nachkommen weitergegeben.

Vaterr (kurzhaarig, heterozygot) \ Mutter (kurzhaarig, heterozygot)	L	l
L	LL (kurzhaarig)	Ll (kurzhaarig)
l	Ll (kurzhaarig)	ll (langhaarig)

L = dominantes Allel für kurzes Haar

l = rezessives Allel für langes Haar

LL = homozygot dominant – Katze kurzhaarig

Ll = heterozygot – Katze kurzhaarig

ll = homozygot rezessiv – Katze langhaarig

Oben *Dieses sogenannte Punnett-Quadrat zeigt die Vererbung des Allels für langes Haar. Hier sind beide Eltern heterozygote Träger des Allels für langes Haar, obwohl beide phänotypisch kurzhaarig sind. Daher können sie dieses Merkmal an ihre Nachkommen weitergeben. Bei einem Wurf von vier Katzenwelpen wird durchschnittlich ein Jungtier langhaarig sein.*

Links *Wenn in einem Wurf ansonsten kurzhaariger Geschwister ein langhaariges Katzenjunges geboren wird und beide Eltern kurzhaarig sind, wissen wir, dass beide Eltern Träger des Allels für lange Haare sowie heterozygot für das dominante Merkmal «kurze Haare» sein müssen.*

Rechts *Dank der Sequenzierung des Katzengenoms 2014 entdeckten Forscher, dass die weißen Handschuhe, die charakteristisch für die Birma-Katze sind, auf eine bestimmte Mutation des White-Spotting-Gens (Weißscheckungs-Gens) zurückgehen.*

Unten *Eine Falbkatze mit gestreiftem Fell, wie es für diese Art typisch ist.*

DER EINFLUSS VON GENEN AUF FELLFARBEN UND -ZEICHNUNGEN

Bei *Felis lybica lybica*, dem glatthaarigen Vorfahren der Hauskatze, gab es nur eine einzige Zeichnung: *mackerel* oder getigertes Tabby – Tigerstreifen lieferten wahrscheinlich die beste Tarnung bei der Jagd in freier Wildbahn. Heute noch verfügen alle Hauskatzen über das Tabby-Gen, auch wenn sich dies in ihrem Phänotyp nicht zeigt. Durch genetische Variation, natürliche Selektion und künstliche Zuchtwahl (siehe Kap. 6) findet man inzwischen bei Katzen ein breites Spektrum von Fellzeichnungen und -färbungen. Das Gesamtbild des Fells ist gewöhnlich das Resultat einer ganzen Reihe von Genen, die zusammenwirken. Einige davon codieren für unterschiedliche Farben, während andere die Verteilung der Farben über den Körper und auch in den einzelnen Haarschäften bestimmen, sodass unterschiedliche Muster entstehen. Auf den folgenden Seiten wird erklärt, wie einige dieser Gene interagieren, um die unterschiedlichen Kombinationen von Fellfarben und -zeichnungen zu erzeugen, die man bei Hauskatzen findet.

FELLFARBEN/-ZEICHNUNGEN UND DIE IHNEN ZUGRUNDE LIEGENDEN GENE

Links *Britisch-Kurzhaar-Jungtiere mit lilacfarbenem Fell – sie sind homozygot rezessiv für das Verdünnungs- oder Dilute-Gen.*

Rechts *Schematische Darstellung einiger häufiger Fellfarbenverdünnungen, die vor allem bei Rassekatzen auftreten, weil sie von Züchtern selektiert werden.*

Unten *Diese erwachsene Thaikatze zeigt die klassische Seal-Point-Färbung – die Points können auch in anderen Farben oder Mustern auftreten.*

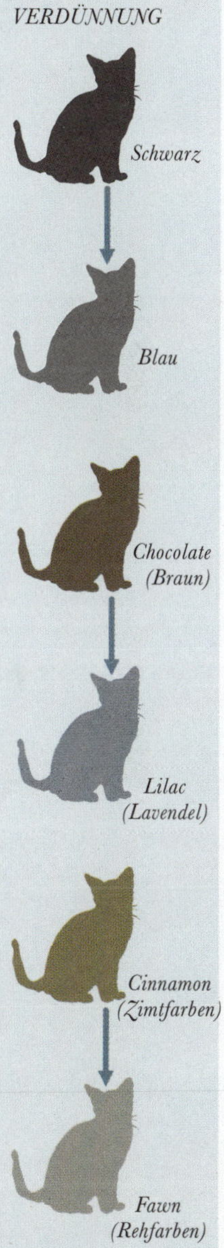

INTENSITÄT/VERDÜNNUNG

Das «Dilute-Gen» beeinflusst die Intensität und Dunkelheit der Fellfarbe. Wo es in seiner homozygoten rezessiven Form (dd) auftritt, erscheint die Fellfarbe wie eine hellere, verdünnte (engl. *dilute*) Form der dunkleren Farbe. Zu den beliebten Verdünnungen gehören Schwarz zu Blau oder Grau, Rot zu Cremefarben sowie Zimtfarben (cinnamon) zu Rehfarben (fawn).

POINT-FÄRBUNG

Die Point-Färbung ist ein Merkmal, bei dem die sogenannten Points, das heißt die kühleren Körperstellen (Akren) wie Gesicht, Schwanz, Hodensack und Pfoten, dunkler gefärbt sind als der Rest des Körpers. Dafür verantwortlich ist eine spezielle Mutation des Typrosinase-Gens, die erstmals in der Zucht von Siamkatzen auftrat und inzwischen auch bei vielen anderen Rassen vorkommt, wie Ragdoll und Britisch Kurzhaar. Die Entwicklung des Merkmals ist temperaturabhängig und auf die kühleren Körperregionen beschränkt. Die Jungen werden ohne diese Zeichnung («Abzeichen») geboren, da im Uterus gleichmäßige Wärme herrscht; die dunklen Points entwickeln sich erst mit der Zeit.

AGOUTI-, TABBY- UND SCHWARZ-GENE IN AKTION

getigertes (mackerel) Tabby	*gestromtes (blotched) Tabby*	*schwarz*
AA oder Aa T^mT^m *oder* T^mt^b *BB, Bb oder bb*	*AA oder Aa* t^bt^b *BB, Bb oder bb*	*aa* T^mT^m, T^mt^b *oder* t^bt^b *BB oder Bb*
Das dominante Agouti-Allel (A) führt zum Sichtbarwerden der Tabby-Zeichnung, in diesem Fall der dominanten getigerten Tabby-Zeichnung (T^m). Die Allele für «schwarz» werden nicht exprimiert, wenn das dominante Agouti-Allel präsent ist.	*Das dominante Agouti-Allel (A) führt zur Expression der Tabby-Zeichnung. Die homozygote rezessive Form (t^bt^b) des Tabby-Gens resultiert in einem gestromten Tabby. Die Allele für «schwarz» werden nicht exprimiert, wenn das dominante Agouti-Allel präsent ist.*	*Das rezessive Allel des Agouti-Gens (a) ist in homozygoter Form präsent; daher wird das dominante Allel für «schwarz» (B) exprimiert, wenn es vorhanden ist.*

AGOUTI

Das dominante Allel des Agouti-Gens (A) führt zur abwechselnd hellen und dunklen Bänderung jedes Einzelhaars, was zur Ausbildung einer getigerten oder Tabby-Zeichnung führt. Katzen mit der homozygoten Agouti-Kombination AA oder dem heterozygoten Aa zeigen stets ein Tabby-Muster. Tiere, die reinerbig für das rezessive Allel Nonagouti (a) sind, besitzen einfarbige Haare, was zu durchgehend einfarbigem Fell führt; am häufigsten kommen Schwarz, Blau oder Weiß vor. Einfarbige Katzenjunge zeigen manchmal eine schwache Tabby-Zeichnung, die als «Geisterzeichnung» bezeichnet wird und verschwindet, wenn die Tiere älter werden.

Tabbys zeigen zudem eine typische M-förmige Stirnzeichnung.

TABBY

Katzen mit Agouti-Fell besitzen unterschiedliche Fellzeichnungen; dies liegt an einem eigenen Gen, dem Tabby-Gen. Tiere mit einer oder zwei Kopien des dominanten Allels T^m haben ein getigertes *(mackerel)* Fell, das an ihren wilden Vorfahr *Felis l. lybica* erinnert. Katzen mit zwei Kopien des rezessiven Alleles t^b zeigen hingegen die klassische gestromte Tabby-Zeichnung *(blotched)*, auch als Räderzeichnung bekannt. Je nach Allel eines weiteren Tabby-Gens namens «Spotted» können die Tabby-Streifen oder -Flecken unterbrochen sein, was eine getupfte Tabby-Zeichnung bewirkt. Ein drittes Gen namens «Ticked» führt zu getickten Haaren, wodurch das Tabby-Muster (wie bei Abessinierkatzen) völlig aufgelöst wird und das Tier einfarbig erscheint.

Oben links *Dieses vierwöchige Jungtier zeigt schwache Tabby-Streifen («Geisterzeichnung») auf Beinen und Rumpf.*

Oben *Diese Grafik zeigt, wie die Wechselwirkungen der Gene für Agouti, Tabby und Schwarz zu unterschiedlichen Fellfarben und Fellzeichnungen führen.*

Links *Alle Katzen tragen das Tabby-Gen, aber ob es exprimiert wird – und in welcher Form –, hängt von der Interaktion mit anderen Genen ab.*

SCHWARZ (BLACK)

Das Gen für schwarze Fellfärbung ist verantwortlich für die Produktion des schwarzen Pigments Eumelanin. Das dominante Allel dieses Gens führt zu einem schwarzen Fell, selbst wenn die Katze nur eine Kopie davon besitzt (heterozygot). Die rezessive Version resultiert in einem braunen (*chocolate*-farbenen) Fell; eine weitere Alternative ist ein zimtfarbenes *(cinnamon)* Fell. Das schwarze Fell trifft nur dann auf, wenn die Katze zudem zwei rezessive Nonagouti-Allele besitzt (siehe gegenüberliegende Seite), was verhindert, dass die Tabby-Zeichnung sichtbar wird.

WEISS (WHITE)/WEISSE SCHECKUNG (WHITE SPOTTING)

Das sogenannte KIT-Gen hat drei Varianten (Allele), darunter das Allel «Dominant White», das bei Vorhandensein alle anderen Gene für Fellfarben und Fellzeichnung außer Kraft setzt oder maskiert und zu einer reinweißen Katze führt. Alternativ resultiert die Präsenz von einem oder zwei «White Spotted»-Allelen zu einer Katze mit weißen Fellpartien; dies kann von zahlreichen kleineren Flecken bis zu einem smarten «Smoking» (weißem Latz und Bauch) reichen. Zwei rezessive Versionen bewirken, dass es keine weißen Haare gibt. Einfarbige oder Tabby-Katzen mit weißen Fellpartien werden manchmal auch als *bicolour* (zweifarbig) bezeichnet.

ORANGE (ROT/RED)

Das Orange-Gen weist zwei Allele auf – O, das für orangefarbenes (rotes) Haar, und o, das für nicht orangefarbenes Haar codiert – und verhält sich anders als andere Gene für Fellfarben und Fellzeichnungen. Es liegt auf dem weiblichen Geschlechtschromosom (X), von dem weibliche Katzen zwei (XX) und männliche Katzen nur eines (X) haben; man spricht darum von einem geschlechtsgebundenen Gen. Kater können daher nur eine einzige Kopie des O-Gens erben, und wenn das der Fall ist, haben sie rotes Fell. Weibchen mit ihren zwei X-Chromosomen erben zwei Kopien des Gens und sind daher entweder homozygot OO, in welchem Fall ihr Fell rot ist, homozygot oo (zwei Non-Orange-Allele des Gens), in welchem Fall ihr Fell kein Rot aufweist, oder heterozygot Oo.

DAS ORANGE-GEN IN AKTION

rotes Weibchen	*rotes Männchen*	*Schildpatt-Weibchen*
OO *XX*	*O* *XY*	*Oo* *XX*
Rotes Weibchen mit zwei geschlechtsgebundenen Orange-Allelen (OO)	*Rotes Männchen mit einem geschlechtsgebundenen Orange-Allel (O)*	*Schildpatt-Weibchen mit einem geschlechtsgebundenen Orange-Allel (O) und einem Non-Orange-Allel (o)*

Im Gegensatz zu anderen Merkmalen unter heterozygoten Bedingungen ist das O-Allel nicht so dominant, dass ein völlig rotes Weibchen resultiert. Stattdessen werden sowohl das Orange- als auch das Non-Orange-Allel im Fell exprimiert, was zu Fell mit diffusen roten und schwarzen Anteilen führt. Derart gemusterte Katzen nennt man Schildpattkatzen (*tortoiseshell* oder *tortie*). Die roten Fellpartien zeigen manchmal ein Tabby-Muster, und auch die schwarzen können eher tabby-artig als einfarbig schwarz erscheinen; diese Färbung wird *torbie* (aus *tortie* und *tabby*) genannt. Oft enthält das Fell des Weibchens neben den roten und schwarzen Anteilen auch unterschiedliche Mengen an Weiß – diese dreifarbigen Katzen werden als «Schildpatt mit Weiß» oder «Calico» bezeichnet, und ihre Farben können in schärfer abgegrenzten Flecken auftreten, als dies bei Schildpattkatzen mit diffuser vermischten Rot- und Schwarzanteilen der Fall ist. Aufgrund der Geschlechtsgebundenheit des Orange-Gens sind *Torties* und *Torbies* fast immer weiblich. Katzen mit rotem Fell sind meist männlich, doch auch rote Kätzinnen kommen vor.

Oben *Diese Grafik zeigt, wie unterschiedliche Kombinationen des Orange-Gens bei männlichen und weiblichen Katzen exprimiert werden.*

Unten *Ein Schildpatt-Weibchen mit gestromtem Fell, das aus diffusen Anteilen von rotem und nicht rotem Haar besteht.*

WIE GENE DEN FELLTYP BESTIMMEN

Die Vorfahren der modernen Hauskatze waren wahrscheinlich überwiegend kurzhaarig, denn das Gen, das die Haarlänge bei einer Katze bestimmt, führt in seiner dominanten Form zu kurzem Haar. Aufgrund natürlicher Mutationen und weil Menschen mit der Zeit eine Vorliebe für Katzen mit einem bestimmten Aussehen entwickelten, tauchten in der breiteren Katzenpopulation unterschiedliche Felllängen und -beschaffenheiten auf. Heutzutage sind viele Katzenrassen durch bestimmte Felltypen gekennzeichnet, darunter solche mit kurzem, langem, halblangem und gelocktem sowie drahtigem Haar.

Langhaar

Da das Allel für Kurzhaar dominant ist, haben nur Katzen mit zwei rezessiven Allelen langes Haar (siehe Grafik auf S. 67).

Rex-Katzen

Weil die Genmutation, die zu Katzen mit gelocktem Fell führt, spontan an verschiedenen Orten der Welt aufgetreten ist, gibt es unterschiedliche Versionen dieses Typs. Bei den Rassen Cornish Rex und Devon Rex handelt es sich um ein rezessives Merkmal, während bei der Rasse Selkirk Rex gelocktes Haar dominant gegenüber nicht gelocktem Haar ist.

Drahthaar

Das gekräuselte und drahtige Haarkleid von Rassen wie der American Wirehair (Amerikanischen Drahthaarkatze) wird von einem unvollständig dominanten Gen hervorgerufen; daher variiert das Haarkleid im Aussehen beträchtlich.

Haarlos

Wie bei den Rex-Katzen kann eine Mutation auf verschiedenen Genen für die Haarlosigkeit verantwortlich sein. Streng genommen ist die Haut dieser «haarlosen» Katzenrassen wie der Sphynx-Katze nicht völlig nackt, sondern von sehr feinem Haarflaum bedeckt.

Unten *Das Fell der heutigen Katzen zeigt ein breites Spektrum an Längen und Texturen. Diese Varianten entstanden auf natürliche Weise und wurden dann durch künstliche Zuchtwahl weiterentwickelt.*

WIE GENE DAS VERHALTEN BEEINFLUSSEN

Die Steuerung des Verhaltens einer Katze ist genetisch weitaus komplexer als das Aussehen. Wahrscheinlich gibt es bestimmte Charakterzüge, wie «Mut», die Katzen von ihren Eltern erben. Zusammen mit den Einflüssen der Umwelt, in der die Katzenwelpen aufwachsen, führen diese Eigenschaften dazu, dass sie als erwachsene Katzen mehr oder minder gesellig oder kontaktfreudig sind und daher eher gewisse Verhaltensweisen zeigen (siehe S. 122). Manche Verhaltensweisen werden inzwischen auch mit bestimmten Rassen verknüpft: So neigen Siamkatzen und andere orientalische Rassen beispielsweise zu mehr Lautäußerungen als viele andere Rassen.

LETALFAKTOREN

Die Manx-Katze (siehe S. 202) ist ein Beispiel dafür, dass sorgfältige Zuchtwahl entscheidend ist, um potenziell negative Konsequenzen zu vermeiden. Das Manx-Gen ist unvollständig dominant, und Katzen mit einer Kopie davon haben keinen Schwanz oder einen Schwanzstummel variierender Länge, der durch eine anomale Entwicklung der Wirbelsäule hervorgerufen wird. Deshalb können einige Individuen – gewöhnlich die völlig schwanzlosen – unter Problemen wie Spina bifida («offenem Rücken») leiden. Die Zucht von Katzen mit einem Schwanzstummel statt gar keinem Schwanz reduziert das Risiko für solche Fehlbildungen bis zu einem gewissen Grad.

Mit dem Manx-Gen geht ein weiteres Problem einher. Aufgrund der Dominanz des Manx-Gens (M) sind alle heterozygoten Individuen (ein Manx-Gen und ein Non-Manx-Gen, Mm) schwanzlos oder tragen einen Schwanzstummel. Katzen mit der reinerbigen Gen-Kombination MM sterben jedoch schon vor der Geburt – es handelt sich um ein Letal-Gen. Aufgrund des Risikos, zwei Kopien des Manx-Gens zu vererben, vermeiden Züchter die Paarung zweier völlig schwanzloser Individuen.

Drahthaar

Haarlos

Manx-Katze

KAPITEL 3

Ökologie, Sozialstruktur & Verhalten

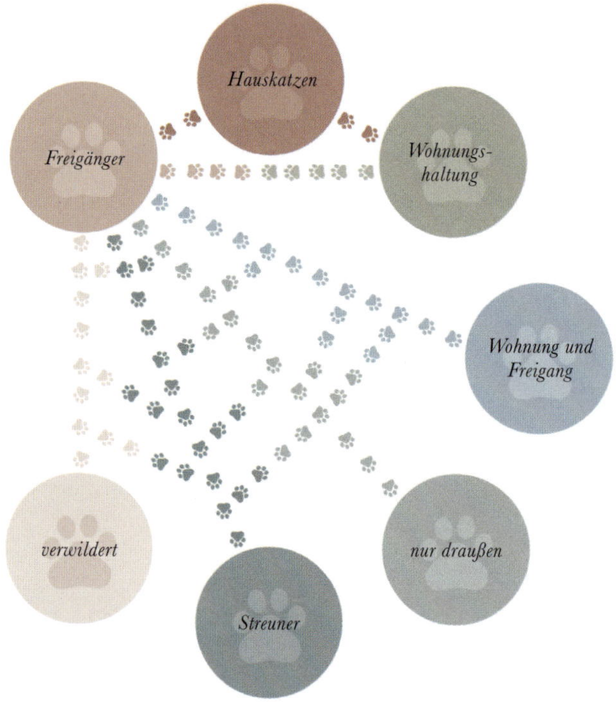

Ökologie

Seit die Hauskatze als Begleiter des Menschen existiert, hat sie eine enorme Fähigkeit, neue Umgebungen zu besiedeln und sich veränderten Bedingungen anzupassen, gezeigt. Die Art *Felis catus* umfasst nicht nur zahme Hauskatzen (die ihrerseits unter unterschiedlichsten Bedingungen leben), sondern auch verwilderte und streunende Tiere, deren Leben sich sehr von dem einer normalen Hauskatze unterscheidet.

VERWILDERTE KATZEN

Als «verwildert» bezeichnet man Haustiere, die wieder wie Wildtiere leben. Solche Tiere haben von Geburt an kaum oder keinen Kontakt zum Menschen und sind nicht mit ihm sozialisiert; sie sind meist scheu und leben so unabhängig wie möglich. Obwohl Katzen als Haustiere extrem beliebt sind, existieren in und um menschliche Ansiedlungen und auch in ländlichen Gebieten zahllose verwilderte Hauskatzen, die kaum Kontakt zum Menschen haben.

STREUNER & HALBWILDE KATZEN

Viele Katzen stehen irgendwo zwischen verhätschelten und verwilderten Haustieren. Manche gehen verloren, werden ausgesetzt oder entlaufen. Diese Tiere werden ihren Instinkten folgen, um zu überleben, so wie es in früheren Zeiten die wilden Exemplare von *Felis lybica lybica* taten. Am Rande einer gastlichen menschlichen Ansiedlung leben Streuner oft halb wild, halb zahm und nutzen Nahrung und Unterschlupfe, wo immer sie können. Katzen zeigen nicht nur in der Interaktion mit Menschen, sondern auch im Leben mit Artgenossen eine erstaunliche Flexibilität, je nachdem, unter welchen Umweltbedingungen sie sich wiederfinden.

Oben *Bei Hauskatzen variieren die Lebensbedingungen und das Ausmaß des Kontakts mit dem Menschen enorm. Oft verändert sich dies im Lauf ihres Lebens, etwa bei Besitzerwechseln oder wechselnden Angeboten an Nahrung und Unterschlüpfen.*

EINZELGÄNGER UND GRUPPEN

Die Falbkatze *Felis l. lybica*, Urahnin unserer Hauskatze, war (und ist) ein territorialer Einzelgänger, der nur zur Paarungszeit oder während der Aufzucht der Jungen durch die Mutter Kontakt zu Artgenossen hat. Dasselbe gilt heute noch für manche Hauskatzen: In entlegenen Regionen wie etwa dem australischen Busch durchstreifen verwilderte Katzen große Reviere, um genügend Beute zu finden. Die Bestandsdichte ist in solchen Gebieten niedrig, und die Tiere nutzen Duftmarken (siehe S. 82), um einander möglichst aus dem Weg zu gehen. In der Paarungszeit ist das allerdings anders; dann überschneiden sich die Reviere der Männchen oft, weil diese auf der Suche nach möglichst vielen Weibchen größere Territorien durchstreifen.

In weniger entlegenen Regionen ist das Nahrungsangebot oft so gut, dass mehrere Individuen davon leben und dieses teilen können. Im Zuge der Domestikation entwickelten Hauskatzen eine größere Toleranz gegenüber Artgenossen sowie die Fähigkeit, sich reichere (meist vom Menschen geschaffene) Nahrungsquellen zu erschließen als ihre Vorfahren. Verwilderte oder streunende Katzen finden oft genug Nahrung – entweder dank Katzenfreunden, die Futterstellen eingerichtet haben, oder auf Mülldeponien, in Häfen, auf Märkten und an vergleichbaren Orten. Dann entstehen nicht selten Gruppen oder regelrechte Kolonien von Katzen; in manchen Großstädten, aber auch etwa Krankenhausanlagen oder Brachflächen, wo sie ausreichend Wasser und Schutz finden, sind sie kein seltener Anblick. Auch auf Bauernhöfen leben manchmal ganze Katzenkolonien.

Unten *Nach Auswertung von 28 Studien über streunende Katzen identifizierten Forscher drei Kategorien der Populationsdichte, abhängig von der Menge und Verteilung der vorhandenen Nahrung. (Tabelle nach Liberg et al., in: Turner/Bateson, «The Domestic Cat: The Biology of its Behaviour»)*

POPULATIONSDICHTE

GRÜNLAND ODER HEIDEFLÄCHEN
(nur vereinzelte Beutetiere)

bis zu 5 Katzen pro km²

AGRARFLÄCHEN UND GEHÖFTE
(viele Beutetiere, etwa brütende Vögel)

bis zu 50 Katzen pro km²

STÄDTISCHER RAUM
(reiches Nahrungsangebot durch Fütterung oder Abfälle)

bis zu 2000 Katzen pro km²

Kolonien & Streifgebiete

Katzenkolonien bilden sich meist um eine Nahrungsquelle herum; bei Bedarf streifen die Tiere weiter umher, um diese zu ergänzen. Zwar finden sich die Katzen vor allem wegen der Nahrung zusammen, doch ergaben Studien, dass die Kolonien mehr sind als reine Ansammlungen um eine Nahrungsquelle. Es besteht eine erkennbare Sozialstruktur; die Individuen haben oft komplexe Beziehungen untereinander und zeigen in der Interaktion Vorlieben für bestimmte Artgenossen. Die Sozialstruktur entwickelt sich meist unter weiblichen Individuen derselben Abstammungslinie und ihren Nachkommen, ähnlich wie bei Löwen.

MATRILINEARITÄT & KOOPERATION

In Kolonien mit zwei oder mehr verwandten Katzen – Schwestern, Müttern und Großmüttern –, die ungefähr zur selben Zeit werfen, ist es nicht selten, dass die Muttertiere ihre Würfe zusammenbringen und gemeinsam säugen, ohne dabei die eigenen Jungen zu bevorzugen. Dies bietet den Vorteil, dass jede Mutter auf die Jagd gehen kann, ohne ihre Jungen unbewacht zurücklassen zu müssen. Obwohl zugleich die Gefahr besteht, dass sich Krankheiten unter allen Jungkatzen ausbreiten, überwiegen

Links *Zwei Muttertiere kümmern sich gemeinsam um ihre Jungen. Die Mütter sind vermutlich verwandt, und die Jungtiere haben möglicherweise denselben Vater.*

doch offenbar die Vorteile dieser Arbeitsteilung.

Nach dem Entwöhnen der Jungen bleiben die jungen Weibchen meist in der Gruppe; diese ist also eine matrilineare Gemeinschaft. Die jungen Kater halten sich, manchmal mehrere Jahre, eher am Rande der Population, bis sie mit Erreichen der Geschlechtsreife auf der Suche nach Partnerinnen abwandern.

Insgesamt streben die Weibchen eine friedliche Kooperation innerhalb der Kolonie an. Bei ausreichend Nahrung und Unterschlupfmöglichkeiten kann die Kolonie durch Nachkommen anwachsen, wobei die Ressourcen gegen fremde Eindringlinge verteidigt werden. Sind die Ressourcen knapp, bewirkt die Nahrungskonkurrenz aggressivere Interaktionen innerhalb der Kolonie, aus der sogar einzelne Tiere vertrieben werden können.

Größere Kolonien umfassen oft mehrere Abstammungslinien von Weibchen, die sich fortpflanzen und meist verwandt sind. Die größeren Linien besetzen meist den zentralen Bereich nahe der Nahrungsquelle, der auch die besten Unterschlupfe und Wurfplätze bietet. Die ebenfalls zur Kolonie gehörigen Nebenlinien dürfen zwar auch die Futterstelle aufsuchen, halten sich aber sonst eher am Rande des Koloniebereichs. Das Leben im Zentrum der Kolonie verschafft den Weibchen offenbar einen Fortpflanzungsvorteil; sie haben mehr Junge pro Jahr, und deren Überlebensrate ist höher.

Oben *Besonders in städtischen Gebieten mit hoher Katzendichte umfasst das Streifgebiet mancher Katzen oft nur den heimischen Garten.*

Unten *Auf dem Land werden Katzen oft nicht intensiv gefüttert; sie durchstreifen dann auf der Suche nach Beute große Gebiete – Aufzeichnungen zufolge können diese bei Katern bis zu 10 km² umfassen.*

STREIFGEBIETE

Das Areal, in dem sich eine Katze regelmäßig bewegt, nennt man Streifgebiet. Seine Größe ist je nach Lebensraum (städtisch oder ländlich) und Lebenssituation der Katze (Streuner in einer Kolonie, verwildert oder Hauskatze) sehr unterschiedlich. Manche Katzen verlassen ihr Zuhause überhaupt nicht, um ihre Bedürfnisse zu stillen; andere legen auf der Suche nach Nahrung weite Strecken zurück. Untersuchungen ergaben, dass bei weiblichen Katzen das Nahrungsangebot für sie und ihre Jungen die Größe des Streifgebiets bestimmt. Bei Katern dagegen ist das Vorkommen von Partnerinnen für die Fortpflanzung entscheidend; daher ist ihr Streifgebiet oft mehr als dreimal so groß wie das von weiblichen Katzen im selben Areal.

Soziale Strukturen bei Hauskatzen

Auch unter Hauskatzen ist soziale Toleranz und Interaktion von großer Bedeutung. Als Haustiere leben Katzen unter unterschiedlichsten Bedingungen, von der reinen Wohnungshaltung bis hin zur Haltung in größeren Gruppen mit Freigang. Zudem verändert sich ihre Lebenssituation nicht selten, etwa wenn ihre Besitzer umziehen, die Familie wächst oder schrumpft oder die Tiere abgegeben werden.

EINZELKATZEN

Die meisten Katzen fühlen sich in Einzelhaltung wohl, da niemand ihnen Futter oder Schlafplätze streitig macht. Sozial kommunizieren müssen solche Katzen nur mit den Menschen ihres Haushaltes (siehe Kap. 4) und – bei Freigang – mit den Nachbarskatzen.

Links *Viele Katzen ziehen die Gesellschaft von Menschen derjenigen von Artgenossen vor und haben ihren Halter gern für sich allein.*

GRUPPENHALTUNG

Mehrere Studien befassen sich mit der Sozialstruktur und der Rangordnung in Haushalten mit mehreren Katzen. Manche Studien untersuchten nur Haushalte mit zwei, andere auch solche mit mehr Katzen. Folgerungen daraus fallen jedoch schwer, da manchmal je nach Ressource unterschiedliche Rangordnungen bestehen; die eine Katze hat beim Fressen die Nase vorn, während sich die andere stets den besten Schlafplatz sichert. Auch wie die Verhaltensweisen registriert werden, kann das Ergebnis beeinflussen, und nicht zuletzt ist das Konzept der Rangordnung für den Menschen womöglich wichtiger als für die Katzen selbst. Ein zuverlässiger Anhaltspunkt bei gemeinsam gehaltenen Katzen ist beispielsweise das gegenseitige Meiden bei bestehender Abneigung; die Tiere haben dann etwa getrennte Ruheplätze oder nutzen diese abwechselnd. Katzen, die früh eine enge Bindung eingegangen sind, ruhen oft zusammen.

Oben *In Haushalten mit mehreren Katzen setzt sich die eine vielleicht beim Fressen durch, während sich eine andere den Lieblingsplatz sichert.*

Unten *Katzen und Hunde im selben Haushalt sind oft gut Freund, wenn sie vorsichtig miteinander bekannt gemacht wurden.*

NACHBARSCHAFT

Hauskatzen mit regelmäßigem Freigang treffen früher oder später auf andere Katzen. Wie streunende Tiere versuchen auch sie, einander mithilfe von Duftmarken aus dem Weg zu gehen. Direkte Begegnungen verlaufen oft feindselig, doch gibt es auch Freundschaften zwischen Nachbarn.

KATZEN & HUNDE

Der verbreiteten Vorstellung zum Trotz können Katzen und Hunde enge Bindungen entwickeln, wenn der Hund entsprechend sozialisiert und gut erzogen ist und beide vorsichtig miteinander bekannt gemacht werden. Oft zeigen Katzen dann bestimmte Verhaltensweisen nicht nur dem Menschen, sondern auch dem Hund gegenüber (siehe Kap. 4).

Olfaktorische Kommunikation

Katzen verlassen sich stark auf ihren Geruchssinn, besonders wenn es um soziale Informationen geht. Gerüche sind beständigere und über größere Distanzen wirkende Kommunikationsmittel als visuelle, taktile oder akustische Signale; für die einzelgängerischen wilden Vorfahren der Hauskatze waren und sind sie essenziell.

URIN

Katzenurin, besonders der von Katern, riecht auch für menschliche Nasen äußerst penetrant. Katzen entnehmen dem Geruch weit mehr Informationen, als wir es je könnten. Jede Katze, ob Männchen oder Weibchen, die auf eine Duftmarke stößt, wird diese ausgiebig beschnüffeln, besonders wenn sie von einer fremden Katze stammt. Katzen setzen Urin auf zwei Arten ab: Sie kauern sich nieder (vor allem adulte Weibchen, Welpen und Jungkatzen) oder verspritzen ihn stehend (meist bei adulten Katern, seltener bei adulten weiblichen Katzen, manchmal bei kastrierten Tieren). Hat die Katze kauernd uriniert, scharrt sie meist Erde oder Laub darüber. Das Verspritzen von Urin dient eindeutiger dem Markieren meist einer vertikalen Fläche. Die Katze stellt sich mit dem Hinterteil davor und verspritzt mit hochgerecktem, zitterndem Schwanz ihren Urin.

Mit solchen Marken unterstreichen Katzen in ihrem gesamten Revier ihre Anwesenheit, nicht nur an dessen Rändern. Diese Duftmarken werden von anderen Katzen aufmerksam registriert, die darauf oft mit Flehmen (siehe S. 61) reagieren. So verarbeiten die Tiere soziale Gerüche. «Rollige» Katzen im Östrus sowie werbende Kater verspritzen vermehrt Urin; vermutlich übermitteln sie damit sexuelle Informationen.

Unten *Eine Katze untersucht alle neuen und interessanten Düfte in ihrem Streifgebiet und stellt so fest, welche anderen Katzen vor ihr dort waren.*

Oben *Katzen reiben sich an Objekten und hinterlassen so Duftmarken in ihrem Streifgebiet. Das Reiben dient manchmal auch als visuelles Signal für andere Katzen oder den Menschen.*

Rechts *Kratzen an Baumstämmen oder Zaunpfählen hinterlässt ein Duftsignal und schärft die Krallen; an bevorzugten Stellen entstehen deutlich sichtbare Kratzmarken.*

KOT

Die Rolle des Kots in der Kommunikation der Katze ist unklar, doch wie beim Urin erregt der Kot einer fremden Katze mehr Aufmerksamkeit als der einer bekannten; offenbar enthält also auch er bestimmte soziale Informationen. In Gruppen lebende Katzen vergraben ihren Kot im inneren Bereich ihres Reviers, lassen ihn in dessen Randbereich jedoch eher offen liegen. Ob dies der Hygiene oder als Signal dient, ist noch unbekannt.

KRATZEN

Katzen kratzen aus unterschiedlichen Gründen, nicht nur, um ihre Krallen zu schärfen. Oft tun sie dies immer wieder an denselben Stellen, was mit der Zeit eine deutlich sichtbare Kratzmarke entstehen lässt. Beim Kratzen hinterlassen sie auch Sekret aus den Drüsen zwischen ihren Zehen, eine olfaktorische Information für andere Katzen.

HAUTDRÜSEN

Die Katze verfügt über zahlreiche Duftdrüsen in der Haut, die an bestimmten Körperstellen – besonders dem Kopf (siehe S. 47) – besonders konzentriert sind. Sekrete von Drüsen an den Mundwinkeln, den Stirnseiten und Wangen sowie am Kinn werden bei Interaktionen an andere Katzen und auch Objekte in der Nähe gerieben. Solche Markierungen an Objekten werden von anderen Katzen beschnüffelt und oft mit eigenen Marken überdeckt; dies lässt auf den Austausch sozialer Informationen schließen. Gegenseitiges Reiben überträgt vermutlich Gerüche, doch ist unklar, ob so ein «Gruppenduft» (wie man ihn bei manchen Fleischfressern, darunter Dachsen, beobachtet) entstehen soll oder ob es sich um ein Berührungssignal handelt.

Taktile Kommunikation

Adulte Katzen, die in einer fest etablierten Gruppe zusammenleben, ruhen manchmal in engem Körperkontakt, wobei sie nicht weiter interagieren, sondern einfach gemeinsam dasitzen oder schlafen. Dass sie diese Nähe wählen und nicht etwa Abstand zueinander halten, entspricht offenbar einer sozialen Kommunikation; vielleicht suchen sie Wärme oder Sicherheit – oder sie genießen einfach die Nähe. Meist beschnüffeln sich die Tiere vorher, vielleicht um einander auf neue, auf Streifzügen aufgenommene Gerüche zu prüfen.

GEGENSEITIGE FELLPFLEGE

Zwei beieinanderliegende Katzen lecken sich manchmal gegenseitig das Fell, betreiben also «Allogrooming». Katzen können sich (abgesehen von sehr jungen Welpen, die die Hilfe der Mutter brauchen) bestens selbst pflegen; die gegenseitige Fellpflege erfüllt somit wohl eher einen sozialen als einen praktischen Zweck. In manchen Situationen sieht man sie bei Katzen, die bei anderer Gelegenheit aggressiv interagieren; sie dient also wohl dem Abbau von Spannungen innerhalb der Kolonie. Bei manchen Kolonien mit hoher Individuendichte beobachtet man mehr Allogrooming und weniger Aggression – zwischen den Verhaltensweisen besteht also vermutlich ein Zusammenhang.

Ansprechender ist allerdings das Bild von zwei sehr vertrauten, entspannten Katzen, die aneinandergekuschelt mit Allogrooming ihre soziale Bindung verstärken.

REIBEN

Das gegenseitige Reiben («Allorubbing»), bei dem Katzen die Köpfe sowie Flanken und Schwänze aneinanderreiben, ist eine wichtige soziale Verhaltensweise. Eine Katze, die dies vorhat, reckt ihren (nicht gesträubten) Schwanz aufrecht empor und zeigt so ihre freundlichen Absichten (siehe S. 87 und 124). Anschließend reibt sie sich in der genannten

Unten *Katzen mit enger Bindung ruhen oft dicht beieinander; sie genießen die Wärme und Behaglichkeit und bestärken ihre Freundschaft durch gegenseitige Fellpflege (Allogrooming).*

Abfolge an der anderen Katze. Reagiert diese positiv, reiben sich beide mit Kopf und Körper aneinander; manchmal verschlingen sie sogar ihre Schwänze. Je nach Ausgangsposition gehen die Katzen dabei in entgegengesetzte Richtungen oder aber nebeneinander her. Manchmal führt eine Katze das Kopfreiben nicht mit der Wange, sondern mit der Stirn wie einen sanften Kopfstoß aus – sie «gibt Köpfchen».

In einer Streunerkolonie erfolgt das Reiben nach einem eher asymmetrischen Muster; jüngere Tiere initiieren das Verhalten öfter als ältere, und Weibchen initiieren häufigeres Allorubbing mit Männchen als umgekehrt. Besonders Katzenwelpen reiben sich sehr oft an der Mutter. Das Sich-Reiben von kleineren, schwächeren Individuen an größeren, stärkeren bestärkt vielleicht affiliative Bindungen zwischen den Angehörigen der Kolonie und vermeidet Aggressionen; dies lässt sich daraus ableiten, dass solches Allorubbing nur selten mit aggressivem Verhalten quittiert wird.

Oben *Diese Katzen haben sich gerade angenähert und nehmen olfaktorische Informationen voneinander auf, bevor sie interagieren; Verhaltenskundler sprechen von «Nasenkontakt».*

NASENSTUPSEN

Besonders liebenswert wirkt es auf menschliche Beobachter, wenn sich zwei Katzen einander nähern und sich «zärtlich» mit den Nasen berühren, während sie sich gegenseitig beschnüffeln.

Links *Mit aufgestelltem Schwanz zeigen beide Katzen ihre freundliche, entspannte Haltung, während sie die Köpfe aneinanderreiben. Vielleicht reiben sie auch die Flanken aneinander oder verschlingen ihre Schwänze.*

Visuelle Kommunikation

Anders als ihre einzelgängerischen Vorfahren haben es heutige Hauskatzen – nicht immer freiwillig – oft täglich mit Artgenossen zu tun, und dabei braucht es visuelle Informationen. Die visuelle Kommunikation erfolgt über Körperhaltung, Mimik und Schwanzposition.

KONFRONTATIONEN

Viele der visuellen Signale kommen bei potenziell feindseligen Interaktionen mit anderen Katzen zum Einsatz und sollen nach Möglichkeit verhindern, dass es zu einem ernsthaften Kampf kommt. Eine Katze übermittelt ihre Botschaft in solchen Situationen mit dem gesamten Körper (siehe S. 151). Der Aggressor stellt meist sein Fell komplett auf (Piloerektion), macht sich so groß wie möglich, legt die Ohren an, richtet die Tasthaare nach vorn und senkt den Schwanz. Eine solchermaßen bedrohte Katze nimmt manchmal eine defensive Haltung ein, indem sie sich flach niederkauert, die Ohren und Tasthaare flach anlegt und den Schwanz einklemmt. Bleibt die Bedrohung bestehen und löst sich die Situation nicht auf, verändert sich das Emotionsspektrum der defensiven Katze manchmal hin zu einer aggressiveren Haltung: Sie positioniert sich mit aufgekrümmtem Rücken und nach hinten gelegten Ohren. Der Schwanz kann sich sträuben und im Bogen wölben. Katzenwelpen zeigen diese Haltung oft im Spiel (siehe S. 100).

ROLLEN

Rollt sich ein Hund auf den Rücken, zeigt er sich unterwürfig. Bei Katzen ist das Auf-den-Rücken-Rollen nicht so eindeutig.
Weibchen im Östrus sind im Wortsinn «rollig» als Teil ihres Sexualverhaltens. Auch Männchen rollen sich gelegentlich auf dem Boden, jedoch nicht bei aggressiven Interaktionen und somit nicht zur Beschwichtigung. Das Sich-Rollen geht in Anwesenheit anderer Katzen oft mit dem Sich-Reiben an Objekten einher, offenbar als visuelles Signal zusätzlich zum Absetzen eines Geruchs am betreffenden Objekt.
Manche Katzen rollen sich auch bei der entspannten Interaktion mit Menschen (siehe Kap. 4).

SCHWANZHALTUNG

Das vielleicht eindeutigste visuelle Signal der Katze ist der emporgereckte Schwanz. Eine Katze, die sich einer anderen nähert, hebt oft den Schwanz von der normalen horizontalen oder leicht herabhängenden Ruheposition senkrecht empor. Dieses Begrüßungssignal zeigt ihre freundlichen Absichten; oft schließt sich Allorubbing einer oder beider Katzen an (siehe S. 85). Andere Schwanzhaltungen sind schwieriger zu deuten – Zucken oder Hin-und-her-Peitschen des Schwanzes bei horizontaler Haltung kann von leichter Frustration oder Verärgerung bis zur Warnung vor einer ernsthaften Attacke so ziemlich alles bedeuten. Manchmal sträubt sich der Schwanz wirkungsvoll zur «Flaschenbürste», manchmal wird er defensiv eingeklemmt (mehr zum Thema auf S. 124).

BLICKKONTAKT

In der Interaktion mit Artgenossen muss die Katze gut abwägen, ob sie Blickkontakt sucht oder meidet. Das intensive Fixieren einer anderen Katze interpretiert diese als Bedrohung, und es wird wahrscheinlich Aggression nach sich ziehen. Eine nervöse Katze meidet den Blickkontakt durch Wegschauen; ihre Pupillen sind meist geweitet. Bei der aggressiven Katze sind sie verengt. Entspannte Katzen betrachten einander (oder einen Menschen) manchmal mit halb geschlossenen Lidern und blinzeln langsam, um den Blickkontakt zu unterbrechen – gegenseitiges langsames Anblinzeln ist ein häufiges Signal für friedliche Absichten (zu bereicherndem Umgang mit der eigenen Katze siehe S. 130).

OHRSTELLUNG

Die Ohren der Katze sind extrem beweglich und können Aggression (nach hinten angelegt) oder Defensivität (flach angelegt) signalisieren, ohne dass ein anderer Teil des Körpers bewegt werden müsste.

Oben *Die Ohrstellung verrät viel über die Gefühle der Katze. Es treten auch Zwischenformen auf, wenn sich der emotionale Status des Tieres verändert.*

Unten *Verschiedene Schwanzhaltungen, die Katzen gegenüber Artgenossen und Menschen häufig zeigen.*

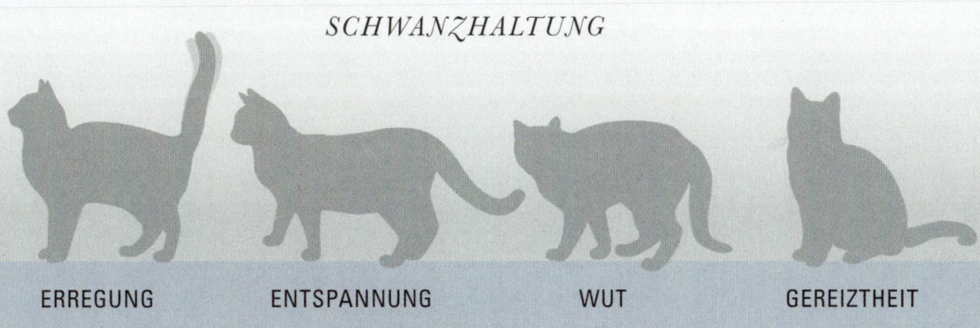

Vokale Kommunikation

Katzen verfügen über eine enorme Vielzahl von Kommunikationslauten. Besonders in der Wohnung gehaltene Tiere entwickeln oft ein beachtliches Repertoire an Lautäußerungen, über die sie mit ihren menschlichen Gefährten kommunizieren (siehe S. 126). Wildkatzen sind meist weniger «gesprächig» und äußern nur in bestimmten Situationen Laute, etwa zwischen Mutter- und Jungtieren sowie bei aggressiven oder sexuellen Kontakten.

MIAUEN & TRILLERN

Junge Katzenwelpen miauen, wenn sie frieren, desorientiert sind oder irgendwo festsitzen. Jeder Laut ist ein wenig anders, sodass die Mutter erkennt, worin das Problem besteht. Sie antwortet oft mit einem hohen Gurren oder Trillern («Zwitschern»).

Adulte, frei umherstreunende Katzen, die weder mit Menschen noch im Hause leben, miauen kaum.

AGONISTISCHE LAUTE

Bewohner von Städten kennen die Laute kämpfender Katzen oft sehr gut, denn dort ist die Katzendichte manchmal hoch und die Streifgebiete überlappen. Lang gezogenes Kreischen und tiefes Grollen sind typisch für solche Begegnungen. Diese agonistischen (aggressiven) Laute werden bei geöffnetem Maul geäußert, unterbrochen von Fauchen und Spucken. Die Tiere versuchen so, das Gegenüber rein vokal zu vertreiben, bevor es tatsächlich zum Kampf kommt.

PAARUNGSRUFE

Eine Katze im Östrus äußert wiederholt ein lautes Jaulen, um einen Partner zu finden. Auch Kater jaulen manchmal auf der Suche nach paarungswilligen Weibchen. Nach der Paarung äußert das Weibchen oft einen lauten «Deckschrei», verursacht beim schmerzhaften Herausziehen des Penis, der stachelartige Widerhaken trägt.

Unten *Aggressionslaute wie Kreischen, Grollen oder Fauchen sind oft erstaunlich laut, verstärkt durch das mehr oder weniger weit geöffnete Maul.*

Oben *Hauskatzen sitzen oft stundenlang am Fenster und beobachten die Nachbarskatzen und andere Aktivitäten aus sicherer Distanz. Wenn sie einen Vogel oder andere unerreichbare Beute entdecken, «schnattern» sie manchmal.*

SCHNURREN

Das Schnurren ist ein für uns besonders liebenswerter Laut der Katze und wird erzeugt, indem die Stimmlippen im Kehlkopf durch Muskeln kontrolliert zum Schwingen gebracht werden. So entsteht das typische Geräusch. Katzen können beim Ein- und Ausatmen schnurren, sodass der Laut (abgesehen von kurzen Pausen zwischen Ein- und Ausatmen) fast durchgängig ertönt. Katzenwelpen schnurren schon mit wenigen Tagen, während sie aneinandergekuschelt von der Mutter gesäugt werden, die oft ebenfalls schnurrt. Auch adulte Katzen schnurren, etwa wenn sie entspannt nebeneinander ruhen.

Obwohl Schnurren eigentlich ein Laut des Wohlbefindens ist, schnurren Katzen manchmal auch in unangenehmen Situationen, etwa bei starken Schmerzen.

SCHNATTERN

Katzen geben ein sehr markantes Geräusch von sich, wenn sie Beute erblicken, die für sie unerreichbar ist – etwa einen Vogel, den sie durchs Fenster sehen. Dieses «Schnattern» ist im Grunde ein Zähneklappern und drückt Erregung, Frustration oder beides zugleich aus.

BRÜLLEN

Löwe, Tiger, Leopard und Jaguar – also vier der fünf Angehörigen der *Panthera*-Linie – können brüllen, jedoch im Gegensatz zu anderen Katzen (siehe S. 18–19) nur beim Ausatmen schnurren. Der Grund dafür ist der Bau ihres Zungenbeins und Kehlkopfes. Bei diesen Großkatzen ist das Zungenbein elastisch und dehnbar; außerdem sind die Stimmlippen lang, breit und elastisch gepolstert. Dies erlaubt ihnen das Brüllen. Bei fast allen anderen Katzenarten ist das Zungenbein verknöchert und somit starr, und die Stimmlippen sind kürzer; so entsteht das leisere Schnurren. Die Nebelparder der *Panthera*-Linie haben verknöcherte Zungenbeine und können deshalb nicht brüllen; beim ebenfalls zur *Panthera*-Linie gehörenden Schneeleoparden ist das Zungenbein zwar elastisch, doch kann er ebenfalls nicht brüllen, sondern äußert unter anderem ein charakteristisches Prusten.

Partnerwerbung & Paarung

Hauskatzen werden heute meist routinemäßig kastriert (siehe S. 136) – eine notwendige und vernünftige Maßnahme angesichts der Unzahl ungewollter Katzen und Katzenwelpen, die unseren Planeten bevölkern. Bei Rassekatzen unterliegt die Fortpflanzung der sorgfältigen Überwachung durch die Züchter. In Kolonien lebende nicht kastrierte Katzen jedoch pflanzen sich äußerst effizient fort, sodass der Katzenbestand in einem solchen Gebiet rasant ansteigt.

GESCHLECHTSREIFE DER WEIBCHEN

Eine weibliche Hauskatze erreicht normalerweise mit 6–9 Monaten die Geschlechtsreife; bei manchen tritt diese jedoch schon mit 4–5 Monaten ein. Mit steigender Temperatur und Tageslichtlänge kommt die Katze meist im Frühjahr in den Östrus oder die «Rolligkeit». Aufgrund der hormonellen Veränderungen wird sie unruhig, reibt sich an Objekten und rollt sich schnurrend am Boden. Dies verstärkt sich noch in den folgenden Tagen, wobei sie charakteristische jaulende Rufe ausstößt. Davon und von dem Duft ihres nun häufiger abgesetzten Urins werden Kater auch aus der ferneren Umgebung angelockt.

INDUZIERTE OVULATION

Bei Katzenweibchen wird der «Eisprung» durch die Kopulation ausgelöst, man spricht von induzierter Ovulation. Die Katze muss sich drei- bis viermal innerhalb von 24 Stunden paaren, damit die Ovulation erfolgreich abläuft. Dies ist vermutlich eine Anpassung an die stark vereinzelte, einzelgängerische Lebensweise ihrer Wildform und stellt sicher, dass das Weibchen nur ovuliert, wenn ein Männchen zur Verfügung steht und es tatsächlich trächtig werden kann.

Unten *Eine Katze im Östrus zeigt besondere, recht lautstarke Verhaltensweisen, etwa das Sich-Rollen am Boden.*

Oben *Eine Katze paart sich im Östrus nicht selten mit mehreren Katern, besonders in Gegenden mit hoher Katzendichte, wo die Kater eher kein Weibchen für sich allein beanspruchen.*

DIE PAARUNG

Ein nicht kastrierter Kater wird zunächst die Genitalregion der Katze beschnüffeln und dabei flehmen (siehe S. 61). Die Katze signalisiert ihre Paarungsbereitschaft, indem sie sich flach auf den Boden kauert, ein «Hohlkreuz» macht und das Hinterteil leicht anhebt, wobei sie den Schwanz zur Seite hält und von einer Hinterpfote auf die andere tritt. Beim Zurückziehen des Penis bereiten dessen stachelartige Widerhaken dem Weibchen Schmerzen, vielleicht als Stimulus für die Ovulation. Die Katze reagiert aggressiv, kratzt und faucht nach dem Kater; dann leckt sie wiederholt ihren Genitalbereich und rollt sich erneut am Boden. Den Schmerzen zum Trotz wird sie sich in den folgenden Tagen noch mehrfach paaren, wenn verfügbar, auch mit verschiedenen Katern.

DER SEXUALZYKLUS

Weibliche Katzen sind saisonal polyöstrisch, will sagen: Sie durchlaufen in den wärmeren Monaten des Jahres jeweils mehrere Brunst- oder Östruszyklen. Bei Katzen, die Gelegenheit zur Paarung haben, dauert der Östrus 4–6 Tage, bevor sie für 2–3 Wochen wieder sexuell inaktiv werden; im Falle einer Trächtigkeit tritt der nächste Östrus erst nach dem Entwöhnen der Welpen auf. Paart sich ein empfängnisbereites Weibchen nicht, kann der Östrus mit seinem typischen Verhalten bis zu zehn Tage andauern – für Katze und Besitzer gleichermaßen entnervend.

MÄNNLICHE STRATEGIEN

Kater variieren ihre Fortpflanzungsstrategie je nach Verfügbarkeit empfänglicher Weibchen; sie passen ihr Streifgebiet so an, dass sie so viele Katzen wie möglich ansteuern können. Im ländlichen Raum muss ein Kater oft lange nach einem Weibchen im Östrus suchen, doch dafür hat er bessere Chancen, sich allein mit ihm zu paaren oder Mitbewerber zu vertreiben. In städtischen Gebieten mit vielen Katzen beiderlei Geschlechts dagegen hat eine Katze oft mehrere Sexualpartner. Das gilt besonders für Gruppen gesunder Weibchen, deren Zyklus sich synchronisiert hat – ein Kater, der sich hier mit Konkurrenzkämpfen aufhielte, würde manche Gelegenheit zur Paarung verpassen. Daher tragen die Kater in so dicht besetzten städtischen Kolonien weniger Kämpfe aus, und auch mancher weniger dominante Jungkater kommt zur Paarung. Weibchen in solchen dichten Populationen bringen oft Würfe von mehreren Vätern zur Welt. An der Aufzucht der Jungen beteiligen sich die Kater nicht.

TRÄCHTIGKEIT & GEBURT

Die Trächtigkeit dauert bei der Hauskatze durchschnittlich 63 Tage (neun Wochen), während derer der Anstieg des Hormons Progesteron in Vorbereitung auf das Säugen die Milchdrüsen anschwellen lässt. In den Tagen vor der Geburt sucht die Katze einen

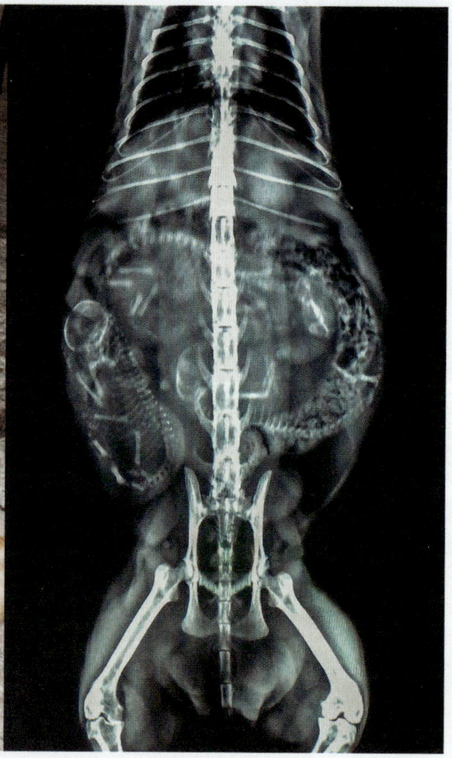

Links *Die Trächtigkeit kann für die Katze beschwerlich sein, so wie die Schwangerschaft für die Frau. Die Zitzen dieser roten Katze sind bereits angeschwollen, die Geburt steht kurz bevor.*

Rechts *Ab dem 40. bis 45. Trächtigkeitstag sind die Knochen der Föten ausreichend mineralisiert, um auf dem Röntgenbild sichtbar zu sein. Das erlaubt eine sichere Diagnose der Trächtigkeit und das Abschätzen der Wurfgröße.*

geeigneten Ort für ihr Nest. Im Hause gibt es viele gute Stellen zur Auswahl, doch für eine streunende Katze ist es oft sehr schwer, einen warmen, geschützten und sicheren Ort zu finden, der das Überleben ihrer Jungen sichert.

Unmittelbar vor der Geburt leckt sich die Katze sehr intensiv, vor allem die Zitzen und den Genitalbereich. Sie reinigt so die Körperstellen, mit denen die Jungen in Kontakt kommen, und bedeckt sie mit antibakteriellem Speichel. Dies schützt die empfindlichen Neugeborenen beim Saugen. Die eigentliche Geburt kann eine bis mehrere Stunden dauern, so wie es bei vielen Tieren der Fall ist. Jedes Junge wird in seiner Fruchthülle geboren, die die Katze durch Lecken entfernt, währen das Junge seine ersten Atemzüge macht. Dies ist zugleich eine Nährstoffquelle für die bald säugende Mutter, besonders wenn diese auf sich gestellt lebt und dann einige Tage ohne Nahrung auskommen muss. Dieser Prozess wiederholt sich, bis alle Jungen geboren sind. Die Wurfgröße liegt bei 1–10 Jungen, im Durchschnitt sind es 3–5. Mehrere Faktoren beeinflussen dies, darunter die Gesundheit und das Alter der Mutter (jüngere Tiere und Erstgebärende haben kleinere Würfe) sowie deren Rasse.

Unten *Die Mutterkatze legt sich nach der Geburt zu ihren Jungen, ermuntert sie zum Saugen und hält sie warm.*

Jungenaufzucht

Sind alle Jungen geboren, legt sich die Katze zu ihnen auf die Seite, sodass ihre Zitzen zum Saugen zugänglich sind. In den ersten Tagen bleibt sie fast ununterbrochen bei den Welpen und verlässt sie nur kurz, um zu fressen oder ihr Geschäft zu verrichten. In dieser Phase bilden ihre Milchdrüsen die antikörperreiche Erstmilch, das Kolostrum. Die Neugeborenen sind blind und können kaum hören oder sich bewegen; zudem können sie ihre Körpertemperatur noch nicht selbst regeln. Gelockt vom Geruch und von der Wärme der Mutter nähern sie sich deren Gesäuge und suchen, bis sie eine Zitze finden und saugen können. Zwischendurch schlafen sie. Nach dem nährstoffreichen Kolostrum bildet die Mutter normale Milch, deren Fluss vom Jungen durch den «Milchtritt» angeregt wird.

SAUGVERHALTEN

Eine Studie zum Saugen bei Katzenwelpen ergab, dass diese in den ersten Lebenstagen an nur einer oder zwei Zitzen trinken und rasch eine «Saugordnung» entwickeln. Dennoch rangeln die Wurfgeschwister heftig um die Zitzen. Sie bevorzugen diejenigen im unteren Bauchbereich der Mutter, obwohl nicht belegt ist, dass diese mehr Milch geben. Eine weitere Studie ermittelte, dass Katzenwelpen ihre bevorzugte Zitze immer wiederfinden; wahrscheinlich orientieren sie sich dabei am Geruch der Mutter oder am Geruch ihres eigenen, beim Saugen zurückgelassenen Speichels.

ZEIT DES SÄUGENS

In den ersten Wochen ist es die Mutter, die das Trinken anregt, indem sie die Jungen weckt und ermuntert, falls sie zu schläfrig sind. Etwa nach der dritten Woche sind die Welpen mobiler und aktiver; nun suchen sie selbst die Mutter auf, um zu saugen. Rund vier Wochen nach der Geburt beginnt die Mutter, die Jungen zu entwöhnen, indem sie sie seltener säugt, sich dabei hinsetzt oder so legt, dass die Zitzen weniger zugänglich sind, oder indem sie sich einfach vom Wurf fernhält.

ENTWÖHNUNG

Ab der fünften Woche ist der Verdauungsapparat der Jungen so ausgereift, dass sie feste Nahrung vertragen; sie nehmen nun immer weniger Milch und immer mehr Fleisch (oder, im Falle von Hauskatzen, Katzenfutter) zu sich. Streunende oder verwilderte Mutterkatzen bringen ihren Jungen nun allmählich das Jagen bei. Zunächst bringen sie Beute ans Nest, die sie in mundgerechte Happen zerteilen.

Später bringt die Mutter halbtote Beutetiere als «Übungsobjekte» herbei. Lernen die Jungen zu langsam, demonstriert sie den Tötungsbiss selbst und zerteilt die Beute vor ihren Augen. Wilde Katzenjunge lernen schnell durch Beobachtung der Mutter, und mit dem Ausreifen ihrer motorischen Fähigkeiten sind sie bald agil und koordiniert genug, selbst Beute zu machen.

Oben *Verwilderte Katzenjunge, die nicht gefüttert werden, müssen rasch von der Mutter lernen, wie man Beute macht.*

Unten *Ab einem Alter von etwa vier Wochen interessieren sich Jungkatzen für feste Nahrung. Welpen, die im Haus aufwachsen, sollte man dann zunächst kleine Portionen von speziellem Futter für Jungkatzen anbieten.*

Heranwachsen der Jungen

Katzenwelpen sind in den ersten vier Lebenswochen komplett abhängig von der Mutter. In dieser Zeit entwickeln sie sich rasant. Der Tastsinn prägt sich bereits im Mutterleib aus und ist schon vor der Geburt voll entwickelt. Der Geruchssinn ist vom ersten Lebenstag an sehr wichtig, um die Zitzen zu finden; er entwickelt sich in den nächsten drei Wochen noch weiter. Der Geschmackssinn spielt in dieser Phase vermutlich eine untergeordnete Rolle.

SEHEN

Katzen kommen blind zur Welt und öffnen die Augen etwa 7–10 Tage nach der Geburt, doch ist dies je nach Katze unterschiedlich. Oft braucht es 2–3 Tage, bis die Augen ganz geöffnet sind. Weibchen öffnen die Augen meist früher als Männchen, ebenso die Welpen jüngerer Mütter. Überdies hat der Vater starken genetischen Einfluss darauf, wann die Jungen ihre Augen öffnen. Am Ende der dritten Lebenswoche lokalisieren die Jungen ihre Mutter mehr mit dem Sehals mit dem Geruchssinn.

HÖREN

Neugeborene Katzen hören schlecht, weil die Ohrmuscheln flach anliegen und die Gehörgänge noch nicht frei sind. Sie öffnen sich allmählich, und binnen 3–4 Wochen können die Tiere ihre Ohrmuscheln frei bewegen.

Unten *In den ersten Lebenswochen machen Katzen eine rasante körperliche und geistige Entwicklung durch. Sie wachsen heran und erwerben die Fähigkeiten, die sie als Erwachsene brauchen.*

Oben *Junge Katzenwelpen sind auf das schützende Nest und die Wärme der Mutter angewiesen.*

KÖRPERWÄRME

In den ersten drei Lebenswochen können Katzenjunge ihre Körperwärme noch nicht selbst regulieren; sie sind darauf angewiesen, dass die Mutter sie wärmt und ihre Temperatur konstant hält. Später regulieren sie die Körpertemperatur selbst; mit etwa sieben Wochen ist diese Fähigkeit voll entwickelt.

FLEHMEN

Der Geruchssinn ist zwar schon bei der Geburt ausgeprägt, doch das von adulten Katzen bei der olfaktorischen Kommunikation eingesetzte Flehmen (siehe S. 61) zeigen die Jungen erst im Alter von etwa fünf Wochen. Mit sieben Wochen ist es voll entwickelt.

FORTBEWEGUNG

Das Gleichgewichtsorgan (Vestibularapparat, siehe S. 41) der Katzenjungen ist schon vor der Geburt voll entwickelt, ihre Bewegungsfähigkeit jedoch nicht. In den ersten zwei Lebenswochen können sie nur kriechen; mit dem Laufen beginnen sie erst in der dritten Woche, in der vierten entfernen sie sich dann kurz vom Nest und beginnen, mit den Wurfgeschwistern zu spielen. Dieses soziale Spiel bleibt bestehen, solange die Geschwister beisammen sind (siehe S. 100).

Etwa in der fünften Woche beginnt das schnelle Laufen, und mit sechs oder sieben Wochen führen die Jungtiere alle Bewegungen genauso aus wie Adulttiere. Der Drehreflex, dank dessen Katzen sich im Fallen drehen und auf den Füßen landen können (siehe S. 40), entwickelt sich ab der vierten bis zur sechsten Woche.

Sozialisation & Spiel

Die meisten Studien zur Sozialisation von Katzen widmeten sich der bewussten Sozialisation zwischen Katze und Mensch, die idealerweise zwischen der zweiten und siebten Lebenswoche der Katze (in der sensitiven Phase, siehe S. 121) erfolgt. Die Sozialisation mit anderen Katzen erfolgt natürlich vom ersten Lebenstag an mit den Wurfgeschwistern, die miteinander um Zugang zu den Zitzen rangeln und beim Saugen zufrieden schnurrend beieinanderliegen. Später beginnen sie, im sicheren Nestbereich mehr miteinander zu interagieren und zu spielen, wobei sie soziale Fertigkeiten erwerben, die sie im Erwachsenenleben brauchen. Auch die einzelgängerische Wildform der Hauskatze muss als Jungtier soziale Erfahrungen sammeln: mit den Geschwistern, um Verhaltenssignale deuten zu lernen, und mit der Mutter, um die später benötigten Jagdfertigkeiten zu erwerben.

Unten *Das Erlernen der richtigen Interaktion mit Artgenossen ist ein wichtiger Teil der Entwicklung. Diese beiden Jungkatzen spielen Fangen, ein Element des sozialen Spiels (siehe S. 100).*

Oben *Einzelwelpen fehlt die Sozialisation mit Wurfgeschwistern; so sind sie stärker darauf angewiesen, soziale Fertigkeiten von der Mutter zu erlernen.*

EINZELWELPEN

Durch Krankheit oder Raubfeinde kann es dazu kommen, dass nur ein Welpe des Wurfs überlebt. Solche «Einzelkatzen» treten viel stärker mit der Mutter in soziale Interaktion als solche mit Wurfgeschwistern. Die Mutter spielt meist häufiger mit solchen Welpen und kompensiert so das Fehlen von Spielgefährten, doch hat sie weniger Toleranz für das ungestüme Spielverhalten des Jungen als Gleichaltrige.

SPIEL

Das Spielverhalten von Tieren steht seit Jahren im Fokus der Wissenschaft, weil es keinen so offensichtlichen Zweck erfüllt wie andere Verhaltensweisen, etwa Fressen oder Fellpflege – Tiere scheinen einfach aus Spaß zu spielen. Eine umfassende Erklärung ist kaum möglich, aber das Spiel hilft den Katzenjungen wahrscheinlich dabei, Fertigkeiten zu trainieren, die sie im Umgang mit Artgenossen oder bei der Jagd brauchen. Allerdings besteht keine Korrelation zwischen der Spielaktivität von Katzenwelpen und ihren späteren Jagdkünsten.

Man unterscheidet drei Formen des Spielens: solches mit Artgenossen (Sozialspiel), solches mit Objekten (Objektspiel) und ungerichtetes Spiel ohne Interaktion (Solitär- oder Alleinspiel). Viele dieser Verhaltensweisen wechseln vom Sozial- zum Objektspiel und sind dann später Teil des Jagdverhaltens.

Beim Spiel haben die Jungen engen Körperkontakt, und da manche Verhaltensweisen Elementen des Kampfes zwischen Adulttieren ähneln, ist es wichtig, dass das Spiel der Welpen nicht in einen Kampf umschlägt. Das «Spielgesicht» mit halb geöffnetem Maul gilt als Signal dafür, dass dies lediglich ein Spiel ist – die Katzenjungen wechseln sich oft darin ab, Angreifer oder Verteidiger zu spielen.

Unten *Zwei Jungen beim Sozialspiel – das getigerte beim «Rückenstrampeln» (siehe Kasten), das schwarze im «Vierfüßerstand».*

SOZIALSPIEL

Mit der vierten Lebenswoche ist die Motorik ausgereifter, und die Jungkatzen werden agiler; sie spielen nun mit ihren Geschwistern. Obwohl ihr Gerangel chaotisch wirkt, umfasst es spezifische Verhaltensmuster, die (je nach Reaktion des Spielgefährten) in ritualisierten Abfolgen miteinander verknüpft werden:

- Rückenstrampeln: Das Junge liegt rücklings da, strampelt mit den Hinterbeinen und schlägt mit den Vorderpfoten nach dem Spielkameraden.
- Vierfüßerstand: Gegenstück zum Rückenstrampeln, der «Gegner» steht über dem Partner und schlägt mit der Pfote nach ihm.
- Sich-groß-Machen: Das Junge macht einen Katzenbuckel, krümmt den Schwanz bogenförmig auf und geht im Seitschritt auf den Spielpartner zu.
- Attacke: Das Junge kauert sich mit trippelnden Hinterbeinen nieder und macht einen plötzlichen Satz vorwärts.
- Aufrechter Stand: Die Jungkatze richtet sich auf den Hinterbeinen auf.
- Fangen: Ein Junges «jagt» ein anderes.
- Vorwärtssprung: Rücken und Schwanz sind wie beim Sich-groß-Machen aufgekrümmt, bevor das Junge springt.
- Anstarren: Zwei dicht nebeneinander befindliche Junge starren sich intensiv an und richten die Vorderpfoten auf das Gesicht des anderen.

Links *Bälle und andere kleine Spielzeuge, die sich beim Antippen bewegen, sind für energiegeladene Jungkatzen herrliche Objekte, um das Jagen zu üben.*

Unten *Interaktive Spielzeuge sind für das Spiel zwischen Besitzer und Jungkatze gut geeignet; zugleich bleiben Hände und Füße von den Attacken der Kleinen verschont.*

OBJEKTSPIEL

Mit echtem Objektspiel beginnen Katzen erst im Alter von etwa sieben Wochen. Dann spielen sie häufiger mit Objekten, weil ihre Pfote-Auge-Koordination viel feiner wird und sie auch kleine Objekte manipulieren können. Mit unstillbarer Neugier untersuchen sie ein unbekanntes, unbewegliches Objekt. Zunächst umkreisen und beschnüffeln sie es zögernd. Irgendwann fassen sie den Mut, es mit den Vorderpfoten anzutippen; oft schleudern sie es dann in die Luft, fangen es mit dem Maul auf und werfen es erneut, um hinterherzujagen. Die meisten Jungkatzen verlassen mit rund acht Wochen die Mutter und oft auch die Geschwister. Die neuen Besitzer können ihr Vertrauen gewinnen, indem sie mit interaktivem Spielzeug mit ihnen spielen, etwa einer improvisierten Angel oder Spielzeug an einer Schnur (beides sollte nach dem Spiel sicher verstaut werden, damit sich die Katze nicht verheddern kann).

Katzenwelpen spielen sehr stürmisch miteinander und mit Spielzeug, doch auch viele adulte Katzen spielen gern. Die Besitzer sind oft erfreut und überrascht, wenn eine ältere Katze plötzlich wild hinter einem Spielzeug an der Schnur herjagt. Viele Katzen spielen gern mit ihrem Besitzer; die Spieltherapie wird oft eingesetzt, um Verhaltensprobleme zu beheben (siehe S. 142–145).

SOLITÄRSPIEL

Gelegentlich rennt ein Junges oder eine adulte Katze auch allein plötzlich spielerisch los, manchmal in wilder Jagd auf ein nicht vorhandenes Objekt oder den eigenen Schwanz, manchmal ziellos. Dies nennt man auch Alleinspiel.

Weitere Entwicklung

FELLPFLEGE (GROOMING)

Als Neugeborene im Nest werden Katzen ständig von der Mutter gepflegt – sie putzt sie, um ihre Augen und ihr Fell sauber zu halten; zudem stärkt dies ihre soziale Bindung. Mit zunehmendem Alter lecken die Jungen auch ihre Mutter und ihre Wurfgeschwister. Zuletzt lernen sie, selbst ihr Fell zu pflegen.

Katzen verwenden viel Zeit auf ihre Fellpflege und betreiben diese oft, wenn sie aus einem ihrer vielen Schläfchen erwacht sind. Dabei beginnen sie meist am Vorderkörper, lecken die Vorderpfoten und reiben sich dann damit das Gesicht ab. Dann arbeiten sie sich – teils unter beachtlichen Verrenkungen – weiter nach hinten vor und reinigen ihr Fell mit der rauen Zunge. Mit ihren kleinen Schneidezähnen knabbern sie zudem Schmutz aus dem Fell.

Oben *Katzen sind für ihre Reinlichkeit bekannt und verbringen viel Zeit mit der Fellpflege – besonders Muttertiere, denn sie putzen sowohl sich selbst als auch ihre Jungen.*

ÜBERSPRUNGHANDLUNGEN

In einer verwirrenden oder schwierigen Situation – vielleicht im Konflikt mit einem Artgenossen im Hause oder nach einem überraschenden Sturz – putzt sich eine Katze manchmal unvermittelt hastig. Solches Verhalten nennt man «Übersprunghandlung»; es erscheint unpassend für die aktuelle Situation und dient dazu, innere Anspannung oder Konflikte zu mildern.

KOT UND URIN

Bei der Pflege der Jungen widmet sich die Mutter deren Anogenitalregion besonders gründlich. In den ersten Lebenswochen können die Jungen nur Kot und Urin absetzen, wenn die Mutter sie durch Lecken dazu anregt. Die Katze frisst die Hinterlassenschaften ihrer Jungen und hält so das Nest sauber. Nach etwa drei Wochen urinieren und defäkieren die Jungkatzen spontan, der Einfluss der Mutter geht zurück. Hauskatzen graben oft eine Mulde zum Koten und scharren diese dann wieder zu. Mit 7–8 Wochen fangen junge Katzen von allein an, in der Katzentoilette oder weichem Substrat zu scharren.

SCHLAFEN

In den ersten 6 Lebenswochen verbringen Katzenwelpen rund 60 % ihrer Zeit schlafend. Studien ergaben, dass sich in dieser Phase zwar die Schlafdauer nicht verändert, die Art des Schlafes aber sehr wohl. Anfangs handelt es sich stets um REM-Schlaf (von englisch *rapid eye movement*; Traumschlaf). Nach etwa 4 Wochen nimmt dieser nur noch die Hälfte der Schlafzeit ein, der Rest ist der überwiegend flachere Non-REM-Schlaf. Mit etwa 6 Wochen verschlafen die Jungen nur noch rund 40 % ihrer Zeit; zugleich nehmen ihre Beweglichkeit und Aktivität zu. Mit 7–8 Wochen ähneln ihre Schlafphasen denen adulter Tiere.

SCHLAFKÜNSTLER

Katzen sind beeindruckend ausdauernde Schläfer. Mehrfach täglich halten sie kurze Nickerchen; dies kommt der natürlichen Lebensweise eines Raubtiers entgegen, da so zwischen Phasen des Jagens, Erlegens und Fressens von Beute Energie getankt wird. Für wohlgenährte Hauskatzen spielt das weniger eine Rolle, doch auch sie schlafen gern und viel. Junge Katzen schlafen ausgiebig, wenn sie nicht gerade gesäugt werden.

Jäger & Beute

Hauskatzen haben in der Gesellschaft des Menschen so viele soziale Fertigkeiten erworben, dass sie zur Not auch in Gruppen leben können; dennoch jagen sie bevorzugt allein. Manche Katzen einer Kolonie oder eines Haushalts haben überlappende Streifgebiete und somit Jagdreviere, doch meist meiden sie einander mithilfe von Duftmarken und anderen Signalen, sodass sie ungestört bleiben.

Die Wildform der Hauskatze ist dämmerungsaktiv und jagt meist morgens und abends oder in der Nacht. Heutige Hauskatzen passen ihre Jagdzeiten den jeweiligen Bedingungen an; während der Sommerhitze jagen sie nachts, bei Kälte, wenn die Jagd bei Tageslicht lohnender ist, sind sie tagsüber unterwegs, oder sie begeben sich einfach vor oder nach der Fütterung durch ihre Besitzer auf die Pirsch.

WARUM BEUTE ERSTARRT

Manchmal laufen kleine Nager, die von einer Katze gejagt werden, nicht etwa davon, sondern «erstarren» und bewegen sich überhaupt nicht mehr. Erstarren ist eine instinktive Reaktion auf eine Bedrohung («Kampf, Flucht oder Erstarren»).

Es mag abwegig erscheinen, doch das Erstarren kann die Katze, deren Sehsinn auf rasche Bewegungen eingestellt ist, verwirren. Hält das Beutetier lange genug still, verliert die Katze es vielleicht aus den Augen.

Rechts *Diese Maus ist erstarrt – die Katze lauert darauf, dass sie sich bewegt, doch wenn die Maus lange genug stillhält, wird die Jägerin vielleicht abgelenkt und verliert sie aus den Augen.*

Oben *Den biegsamen Körper eng an den Boden geschmiegt, verharrt eine Katze auf der Jagd mit aufmerksamen Sinnen, bevor sie zum Sprung auf die Beute ansetzt.*

JAGDTECHNIKEN

Katzen passen ihre Jagdtechnik der jeweiligen Beute an. Die meisten favorisieren die «Lauertaktik», die sich vor allem für Kleinsäuger wie Mäuse eignet. Dabei positionieren sie sich z. B. an einem Mauseloch, an dem sich wahrscheinlich irgendwann eine Maus blicken lässt, und warten mit scheinbar unendlicher Geduld, bis eine auftaucht. Dann schlagen sie blitzschnell zu.

Das Fangen von Vögeln erfordert eine ganz andere Technik. Meist pirscht sich die Katze in der Deckung an, wobei sie sich flach an den Boden kauert. Ist sie nah genug, hält sie inne und sammelt sich für die nächste Bewegung. Mit leise trippelnden Hinterbeinen und zuckendem Schwanz macht sie sich bereit, um schließlich loszusprinten und ihr Opfer mit den Vorderpfoten zu packen, während die Hinterpfoten am Boden bleiben.

TÖTEN DER BEUTE

Den Tötungsbiss setzt die Katze meist an der Rückseite des Halses an, manchmal auch an der Kehle oder Brust der Beute. Diese stirbt dann infolge von Verletzungen der Wirbelsäule, durch Ersticken oder die Zertrümmerung von Schädel, Brustkorb oder Wirbeln. Größere Beute stellt manchmal eine Herausforderung dar; manchmal muss die Katze mit allen vieren mit ihrem Opfer ringen, um gezielt zubeißen zu können.

Katzen fressen ihre Beute gern an einem geschützten Ort – das kann bei Hauskatzen durchaus die Küche der Besitzer sein. Säugetiere verspeisen sie vom Kopf her, so wie es die Ausrichtung des Fells vorgibt. Vögeln rupfen Katzen mit den Zähnen so viele Federn aus wie möglich, bevor sie diese Beute fressen.

Oben *Eine Katze im Sprung auf ihre Beute. Plötzliche Bewegungen eines Beutetiers lösen bei der Katze Jagdverhalten aus, selbst wenn diese satt ist.*

WARUM JAGEN KATZEN TROTZ FÜTTERUNG?

Leider geht die Rechnung, dass die Fütterung einer Katze mit schmackhaftem, ausgewogenem Futter sie vom Jagen abhält, nur selten auf. Auch Hauskatzen haben alle Instinkte eines Jägers; der Jagdtrieb wird offenbar von eigenen Arealen des Gehirns gesteuert, sodass typische Beutereize (wie Geräusche oder rasche Bewegungen) das Jagdverhalten auslösen, selbst wenn die Katze satt ist.

SPIELEN MIT BEUTE

Dennoch scheint Hunger Einfluss darauf zu haben, ob die Jagd-Verhaltenssequenz komplett abgeschlossen wird. Katzen gelten oft als gnadenlos, weil sie scheinbar mit ihrer Beute spielen, sie hochschleudern oder gar kurz laufen lassen, bevor sie sie töten. Man vermutet dahinter einen inneren Konflikt zwischen der Furcht, von der Beute verletzt zu werden, und dem Ausmaß des Hungers der Katze. Eine Studie ergab, dass sehr kleine Beutetiere von einer hungrigen Katze sofort getötet wurden, während eine satte Katze längere Zeit damit spielte. Mit einer größeren Beute, etwa einer jungen Ratte, «spielte» jedoch auch eine hungrige Katze längere Zeit, da der Konflikt zwischen Vermeidungs- und Jagdverhalten ausgeprägter war.

FURCHT VOR RATTEN

Viele Katzen sind gute Rattenfänger, doch das Töten einer ausgewachsenen Ratte ist für eine Hauskatze kein leichtes Unterfangen. Manche fürchten Ratten sogar und versuchen niemals, eine zu erlegen. Meist braucht es frühe Erfahrungen mit Ratten und das Beobachten einer Katze (meist der Mutter) beim Töten einer Ratte, damit Katzen selbst diese Jagdkunst erlernen.

Unten *Viele Katzen scheuen die Jagd auf Ratten und erlegen lieber kleinere Beute, wie Mäuse und Vögel.*

FOLGEN DER JAGD

Wissenschaftler und Umweltschützer befassen sich intensiv mit den nachteiligen Auswirkungen der Jagd durch Katzen auf die Bestände der Beutetiere, die mancherorts katastrophal sind. Dies ist zwangsläufig auf kleinen Inseln der Fall, auf denen Hauskatzen versehentlich oder auch bewusst zur «Schädlingsbekämpfung» eingeführt werden. Die endemischen (also nur in diesem begrenzten Gebiet vorkommenden) Arten haben sich ohne Katzen als Raubfeinde entwickelt; da sie diese deshalb oft weder meiden noch abwehren können, sind sie leichte Beute. Ein bekanntes Beispiel ist der Stephenschlüpfer, ein flugunfähiger Vogel, der auf Stephen Island zwischen den Hauptinseln Neuseelands lebte. Er ist seit 1894 ausgestorben, angeblich weil Tibbles, die Katze des örtlichen Leuchtturmwärters, jedes Exemplar erlegte. Ob tatsächlich nur diese Katze die Art auslöschte, ist fraglich, doch wahrscheinlich waren sie oder ihre Nachkommen verantwortlich.

Zweifellos wirken sich Katzen also auf Inselpopulationen verheerend aus, doch auf dem Festland ist ihr Einfluss durchaus variabel. Dort lässt er sich nur schwer von Faktoren wie Habitatverlust oder anderen Beutegreifern abgrenzen.

Zudem ist zu bedenken, was für Katzen dort jagen – verwilderte Exemplare etwa ernähren sich fast nur von erbeuteten Tieren und jagen intensiver als solche mit Besitzern. Mit Sicherheit gehen viele getötete Wildtiere und schrumpfende Bestände mancher Festlandarten auf das Konto von Katzen. Das Ausmaß ist jedoch schwer zu bemessen, denn Studien zum Einfluss von Katzen in bestimmten Gebieten und auf bestimmte Beutetiere lassen sich nicht immer verallgemeinern.

Kognition & Lernen

So gut wir auch unsere Katze zu kennen glauben, ihre Gedanken lassen sich nicht lesen. Kognitionsstudien betrachten stattdessen, wie Katzen Informationen aufnehmen, verarbeiten und erinnern – und wie sie darauf reagieren. In vielen solcher Studien sollten Katzen eine mechanische Aufgabe lösen und erhielten anschließend eine Belohnung, was ihren kognitiven Fähigkeiten vielleicht nicht ganz gerecht wird. Nützlicher ist es wohl, die Motivationsfaktoren im Leben einer Katze zu untersuchen sowie die Art, wie sie relevante Probleme in ihrem Alltag löst. Dabei haben Individuen einer Art durchaus unterschiedliche Prioritäten: Eine verwilderte Katze etwa konzentriert sich darauf, die beste Beute zu finden und zu fangen, während sich einer wohlgenährten Katze mit Besitzern andere Herausforderungen stellen, etwa das Bedienen einer Katzenklappe.

LERNEN DURCH BEOBACHTUNG

Katzenwelpen lernen, kaum dass sie geboren wurden; so finden sie etwa «ihre» Zitze anhand des Geruchs, an den sie sich erinnern. Nach und nach erlernen sie durch Beobachten der Mutter neue Fertigkeiten. So zeigte eine frühe Studie, dass Jungkatzen

Unten *Es entspricht nicht der Natur der Katze, eine transparente Katzenklappe mit der Nase aufzustoßen – sanftes Training und so manche Belohnung helfen ihr dabei, es zu erlernen.*

lernten, einen Hebel zu drücken, um Nahrung zu erhalten, wenn sie ihre Mutter dabei beobachtet hatten. Allein gelang ihnen dies nur selten. Unter natürlichen Bedingungen findet Lernen durch Beobachtung oder soziales Lernen statt, wenn die Mutter ihren Jungen das Jagen beibringt und beispielsweise halbtote Beutetiere vor ihren Augen tötet.

Auch adulte Katzen lernen durch Beobachtung, besonders wenn sie eine andere Katze beobachten, die die Aufgabe selbst erlernt (und nicht schon beherrscht).

TRAINING

Zwar haben Katzen den Ruf, kein Interesse am Lernen zu haben, doch lassen sie sich sehr wohl trainieren. Abgesehen von dem einen oder anderen unterhaltsamen Trick lernen sie auch, sich Situationen anzupassen, die eigentlich ihrer Natur widersprechen – etwa im Katzenkorb zum Tierarzt transportiert zu werden. Eine Methode ist das «Klickertraining», bei dem das Geräusch des Klickers zunächst mit dem Geben eines Leckerbissens verknüpft wird und man dann mit Klicken (und Leckerbissen) Verhaltensweisen belohnt, die dem angestrebten Verhalten immer näherkommen.

OBJEKTPERMANENZ

Existiert ein Gegenstand für die Katze auch dann noch, wenn sie ihn nicht mehr sieht? Studien zum Konzept der «Objektpermanenz» ergaben, dass Katzen ein Objekt dann tatsächlich geistig visualisieren und dort nach ihm suchen, wo sie es zuletzt gesehen haben. Diese Eigenschaft ist wichtig für einen Beutegreifer, denn Beutetiere suchen meist schnellstens Deckung. Das Arbeitsgedächtnis der Katze deckt etwa 30 Sekunden ab, daher kann es für sie schwierig sein, einer versteckten Maus auf der Spur zu bleiben.

Unten *Trainingseinheiten machen dem Besitzer und auch der Katze Freude, wenn sie nicht zu lang sind und dann stattfinden, wenn die Katze empfänglich dafür ist.*

KAPITEL 4

Katzen & Menschen

Geliebt & gehasst

Die Hauskatze ist heute in der westlichen Welt das beliebteste Haustier, doch dies war nicht immer so. Ihre Beziehung zum Menschen begann vor Jahrtausenden als geschätzter Mäusefänger im Fruchtbaren Halbmond und im alten Ägypten, wo sie regelrecht verehrt wurde (siehe Kap. 1); seither hat sich die Rolle der Katze mehrfach dramatisch verändert. Sie wurde angebetet, geschützt, aber auch verfolgt.

ZU NEUEN UFERN

Bei ihrer Verbreitung von Ägypten aus fand die Katze auch in anderen Regionen der Welt freundliche Aufnahme. Im alten Indien assoziierte man sie mit der hinduistischen Muttergottheit Shashthi, die ähnlich verehrt wurde wie die Göttin Bastet in Ägypten. In China wurde die Göttin Li Shou als Katze dargestellt; Bauern verehrten sie und erhofften ihre Hilfe, um schädliche Nager in Schach zu halten. Manche Katzenpopulationen erhielten besonderen Schutz; die in burmesischen Tempeln gehaltenen Tiere etwa, Vorfahren der Burmakatze, galten als heilig.

In vielen Regionen finden sich positive Assoziationen mit Katzen; so besaß Freya, die nordische Göttin der Liebe und Fruchtbarkeit, einen Wagen, der von zwei großen Katzen gezogen wurde (in denen man heute Urahnen der Norwegischen Waldkatze vermutet). Die Wikinger verehrten Freya und all ihre Attribute, was Katzen in der Wikingerzeit eine recht sichere Ausbreitung durch Europa ermöglichte.

Links *Der Wagen der nordischen Göttin Freya wurde von zwei Katzen gezogen, die wie Norwegische Waldkatzen aussahen – groß, stark und kräftig gebaut.*

Oben *Illustration von Arthur Rackham für das Märchen «Jorinde und Joringel» aus der Sammlung der Gebrüder Grimm (1909). Sie zeigt eine Hexe, die sich in eine schwarze Katze verwandelt hat.*

DER SCHWARZE TOD

Die Pest war die Geißel des mittelalterlichen Europas, und da man noch kein epidemiologisches Wissen hatte, blieb ihre Ausbreitung rätselhaft. Viele machten die bereits schlecht beleumundeten Katzen auch noch für die verheerenden Pestepidemien verantwortlich, die zwischen dem 14. und 17. Jahrhundert wüteten – ein weiterer Anlass, um die Tiere zu verfolgen und zu töten. Dummerweise aber verschlimmerte man damit die Lage nur: Katzen sind natürliche Feinde der Hausratte *(Rattus rattus)*; weniger Katzen bedeuteten also mehr Ratten und somit mehr Rattenflöhe, die den Pesterreger übertrugen.

SYMBOL DES BÖSEN

Nach und nach verschwanden jedoch die heidnischen Götter. Das Christentum verbreitete sich über Europa, und etwa im 13. Jahrhundert wandte sich das Schicksal der Hauskatze zum Schlechteren. Da man sie mit Zauberkunst, Hexerei und heidnischem Glauben in Zusammenhang brachte, galt sie bald als Helferin des Teufels. Im Mittelalter und in der frühen Neuzeit wurden Hexen hingerichtet, und auch Katzen – besonders schwarze – wurden unablässig gequält und getötet. Manche Menschen glaubten, dass Hexen die Gestalt von Katzen annähmen, um ihre bösen Taten zu verüben; andere sahen in der Katze die böse Helferin oder Vertraute von Hexen.

Man assoziierte Katzen auch mit weiblicher List, weiblichen Reizen und Sexualität. Ganz anders als bei den alten Ägyptern, die ihre Katzen schützten, war es im mittelalterlichen Europa normal, streunende Katzen zu töten oder zu misshandeln. Nicht nur Katzen wurden so grausam behandelt; auch andere Tiere dienten der «Unterhaltung» in Form von Jagd, Kämpfen und Zirkusnummern oder aber als Lasttiere, doch Katzen wurden bei christlichen Zeremonien sogar gefoltert und lebendig verbrannt.

AUSSERHALB VON EUROPA

Zum Glück für die Hauskatze brachte man ihr außerhalb Europas im Mittelalter weiterhin Respekt oder gar religiöse Verehrung entgegen. Der Prophet Mohammed etwa soll einmal den Ärmel seines Gewandes abgeschnitten haben, weil seine Katze Muezza darauf schlief und er sie nicht stören wollte. Diese und andere Geschichten verweisen auf die enge Beziehung zwischen dem Propheten und den Katzen; er schützte sie vor Verfolgung, wie sie sie im christlichen Europa erdulden mussten.

Auch in Fernost blieb die Katze heilig, teils aufgrund der buddhistischen Überzeugung, dass man keinem Tier etwas zuleide tun dürfe, teils weil man glaubte, die Seelen besonders spiritueller Menschen verweilten vorübergehend im Körper einer Katze.

Um das 6. Jahrhundert erreichte die Hauskatze von China aus Japan. Dort jagte sie in

Links *In buddhistischen Kulturen waren Katzen immer geschützt, denn der Buddhismus betrachtet alle Tiere als fühlende Wesen.*

Rechts *Der kolorierte Stich aus dem 19. Jh. zeigt, welchen Respekt die Hauskatze in China genoss. In einem Lokal spielen einige Männer Dame, während auf dem Schoß eines Zuschauers eine Katze schläft.*

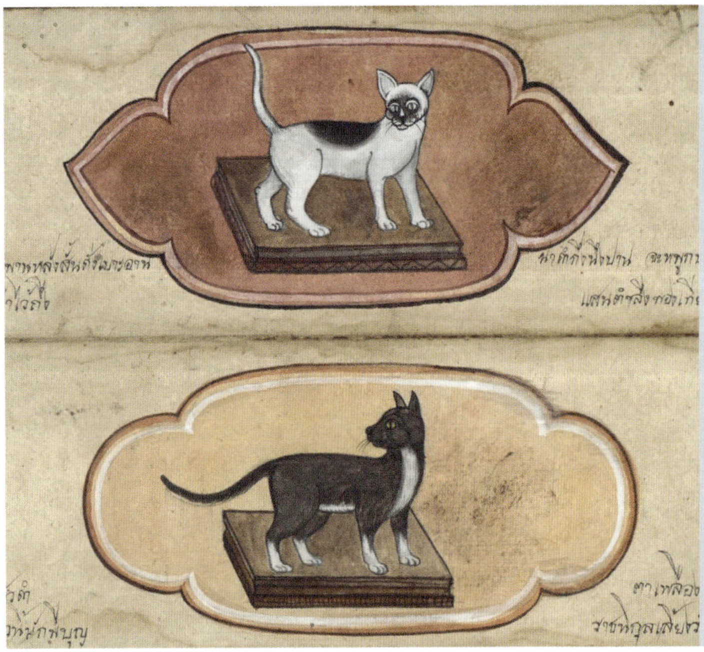

KATZENGEDICHTE

Die Manuskripte des «Tamra Maew» (Katzenlehrbuch oder «Katzengedichte») entstanden vermutlich in Thailand zwischen der Mitte des 13. und des 17. Jahrhunderts. Sie beschreiben Katzenrassen, wobei 17 als «glückverheißend» und nur sechs als «nicht glückverheißend» gelten. Das berühmte Werk hatte sicher großen Anteil daran, dass man Katzen in jener Zeit gut behandelte.

Links *Zwei Illustrationen aus dem «Tamra Maew» mit Beschreibungen in thailändischer Schrift.*

SPRICHWÖRTLICHE KATZEN

In aller Welt gibt es Sprichwörter, in denen Katzen vorkommen. Oft beziehen sie sich auf deren typische Eigenschaften:

Unabhängigkeit/Unnahbarkeit
«Ich gab einer Katze einen Befehl,
und sie gab ihn ihrem Schwanz weiter.» – China

Eleganz/Geschmeidigkeit
«Wenn Sich-Strecken Reichtum wäre,
so wäre die Katze reich.» – Afrika

Jagdkunst
«Besser eine Katze füttern als viele Mäuse.» – Norwegen

Tempeln Nager, um die dortigen buddhistischen Handschriften zu schützen. Lange Zeit waren Katzen kostbare Haustiere, deren Haltung sich nur Wohlhabende leisten konnten; später fanden sie weitere Verbreitung. Anfang des 17. Jahrhunderts wurden auf Erlass der Regierung alle privat gehaltenen Katzen freigelassen, um Nager zu bekämpfen, die die Seidenspinnerplantagen bedrohten.

Andernorts schrieb man Katzen in Legenden und Volksmärchen magische Fähigkeiten zu. Ein persisches Märchen berichtet von der allerersten persischen Jungkatze als magisches Geschenk eines Zauberers, der sich damit bei dem Helden Rostam bedankte; dieser hatte ihn vor Räubern bewahrt.

Katzen in der Kunst

Schon lange ist die Katze ein Quell der Inspiration für Künstler, von altägyptischen Grabmalereien bis zu heutigen Darstellungen in Medien und Werbung. Während ihres Siegeszuges um die Welt tauchte sie nach und nach in unterschiedlichsten Kunstformen auf.

FERNÖSTLICHE KUNST

Während der Edo-Zeit in Japan (1603–1868) waren Katzen häufige Motive in der Malerei, Druckkunst und Kalligrafie. Viele Holzschnitte etwa zeigen Katzen als Haustiere im häuslichen Umfeld. Auch chinesische Darstellungen aus dieser Zeit zeigen Katzen oft einfach als das, was sie sind; dies verdeutlicht, wie sehr man ihre typischen Eigenschaften schätzte.

Rechts *Die chinesische Malerei «Katze und Schmetterling» von Xugu (19. Jh.) zeigt eine Katze, die in einem Garten Schmetterlinge jagt.*

RENAISSANCE IN EUROPA

Gegen Ende des Mittelalters ließ in Europa die Hexenverfolgung nach, und allmählich besserte sich auch die Stellung der Hauskatze. Künstler und Schriftsteller trugen wesentlich dazu bei, dass die Beliebtheit der Katze wieder stieg. Niederländische und französische Meister etwa schufen Porträts adeliger Damen mit ihren Katzen und stellten die Tiere auch häufig in idealisierten häuslichen Szenen dar.

Oben *Das Gemälde des in Italien geborenen Malers Ambrosius Benson (16. Jh.) zeigt eine begüterte Niederländerin, die eine Katze auf dem Schoß hält.*

GLÜCKSBRINGER

Die Maneki-neko oder «Winkekatze» ist ein bis heute beliebter Glücksbringer, der erstmals gegen Ende der Edo-Zeit in Japan auftauchte. Ihr Vorbild ist wahrscheinlich die Japanese Bobtail; sie taucht in vielen japanischen Volksmärchen auf. Ein Märchen erzählt, wie ein Mann, der unter einem Baum Schutz vor einem Gewitter gesucht hat, eine Katze erblickt, die ihm zuwinkt. Er geht zu ihr hinüber, und genau in diesem Augenblick wird der Baum vom Blitz getroffen. Der Mann überlebt.

Traditionell wird die Maneki-neko (wie das abgebildete Exemplar) dreifarbig dargestellt; goldene Exemplare sollen Wohlstand bringen, schwarze wehren böse Geister ab und weiße versprechen Glück und Reinheit.

IN DER LITERATUR

Einflussreiche Schriftsteller – etwa Samuel Johnson mit seinem berühmten, Austern essenden Kater Hodge und Christopher Smart mit seinem Kater Jeoffry – erregten Aufmerksamkeit mit Erzählungen über ihre vierbeinigen Gefährten. Katzen wurden auch für ihre Reinlichkeit geschätzt: «Denn er ist, so wie er seine Vorderpfoten benutzt, der sauberste aller Vierbeiner», so Smart 1763. Man sah Katzen nun als respektable Familienhaustiere, die es wieder zu schützen und zu hegen galt. Dieser Wandel spiegelt sich auch in der populären Literatur wider; immer mehr Schriftsteller und Dichter schrieben über Katzen, und so verbesserte sich deren Stellung immer weiter, wie etwa aus Edward Lears wunderbarem Gedicht «Eulerich und Miezekatz» (1871) hervorgeht. Höchste Anerkennung erfuhr die Katze von Mark Twain, der 1894 vermerkte: «Wenn man den Menschen mit der Katze kreuzen könnte, wäre das zum Vorteil des Menschen, aber zum Nachteil der Katze.»

Zu guter Letzt schätzte man die Katze auch für ihre Rätselhaftigkeit und Individualität, dargestellt etwa von Rudyard Kipling 1902 in seinen «Genau-so-Geschichten»: «Sie wird Mäuse fangen und zu Babys nett sein, wenn sie im Haus ist, solange sie nicht zu fest an ihrem Schwanz ziehen. Aber wenn die Katze damit fertig ist, und außerdem zwischendurch, und wenn der Mond aufgeht und die Nacht kommt, dann ist sie die Katze, die eigene Wege geht, und alle Orte sind ihr gleich.»

Oben *Diese Zeichnung von Rudyard Kipling für seine «Genau-so-Geschichten» (1902) zeigt die rätselhafte «Katze, die eigene Wege geht».*

KÖNIGLICHE KATZEN

Die britische Königin Victoria war eine große Katzenfreundin und hielt zwei blaue Perserkatzen im Buckingham Palace; damit war die Katzenhaltung endgültig geadelt.

Den größten Einfluss auf das Bild von der Hauskatze aber hatte damals wohl die erste English National Cat Show, die 1871 im Londoner Crystal Palace abgehalten wurde. Die Medien berichteten ausgiebig, und die Katzenliebhaberei nahm immer größere Ausmaße an. Immer neue Rassen entstanden, ein Thema, auf das in Kapitel 6 ausführlich eingegangen wird.

SCHWARZE KATZE: GLÜCK ODER UNGLÜCK?

Um schwarze Katzen ranken sich in aller Welt zahlreiche Mythen und Aberglauben, manche gut, manche schlecht, doch alle schreiben ihnen unglaubliche Kräfte zu. Die historische Assoziation von schwarzen Katzen mit Hexen und dem Teufel ließ je nach Weltregion ganz unterschiedliche Aberglauben entstehen.
In Nordamerika und Teilen Europas gelten schwarze Katzen als Unglücksboten, da sie angeblich für das Böse stehen. In Japan (links) und Großbritannien dagegen soll es Glück bringen, wenn eine schwarze Katze den Weg kreuzt, da das Böse vorbeigeht, ohne Schaden anzurichten.

Unten *Verwilderte Katzen wie diese im westaustralischen Outback jagen, um zu überleben, doch vielerorts sind sie damit mitverantwortlich für den starken Rückgang ihrer Beutetiere.*

IMMER NOCH EIN JÄGER

In einigen Teilen der Welt hat die Hauskatze heute leider wieder einen schweren Stand. Quasi als Opfer ihres eigenen Erfolgs gelangte sie in Regionen, in denen sie nicht natürlicherweise vorkommt, etwa Australien und Neuseeland. Hauskatzen haben ihren Jagdinstinkt nie eingebüßt; heute geht der Rückgang oder gar Verlust vieler einheimischer Arten auf ihr Konto. Die Menschen, einst verantwortlich für ihre Einführung in jene Länder, stehen heute vor dem Problem, den Einfluss dieser effizienten Jäger wieder zu verringern (siehe S. 107).

Katzen & Menschen

Die mutualistische Beziehung zwischen Katze und Mensch nahm ihren Anfang in den Kornkammern und Dörfern des Fruchtbaren Halbmondes (siehe S. 22) und hat seither eine lange und wechselhafte Entwicklung durchlaufen. Zwischen Zeiten der Verehrung und der Verfolgung lernten Katzen irgendwann, mit uns zu kommunizieren. Sie legten ihr Einzelgängertum ab und tolerierten Artgenossen, und ebenso passten sie sich an die immer größere Nähe zum Menschen an. Voraussetzung dafür war, dass sie unsere Gesellschaft und die Interaktion mit uns zu schätzen lernten – ein Vorgang, den man als Sozialisation bezeichnet.

Links *Selbst Streuner wie diese beiden von einer Passantin gefütterten Tiere müssen in gewissem Maße mit Menschen interagieren, um an Futter zu kommen und zu überleben.*

SOZIALISATION

Bei vielen Tieren gibt es eine entscheidende Entwicklungsphase, innerhalb derer sie Kontakt zu Artgenossen und Angehörigen anderer Arten haben müssen, um sich mit diesen zu sozialisieren und in ihrer Gesellschaft wohlzufühlen. Forschungen zeigten, dass Katzen im Alter von zwei bis sieben Wochen engen Umgang mit Menschen haben müssen, um diesen als adulte Tiere Zuneigung entgegenzubringen. Diese «sensitive Phase» bei heranwachsenden Katzen ist heute ein entscheidender Punkt bei der Schulung von Haltern und Züchtern, mit dem Ziel, dass möglichst viele Adultkatzen gerne mit Menschen zusammenleben. Eine Jungkatze, die mit acht Wochen noch keinen menschlichen Umgang hatte, wird kaum eine Beziehung zum Menschen aufbauen – solche Katzen verwildern oft. Viele Nachkommen von streunenden Katzen werden leider (besonders wenn die Mutter selbst nicht sozialisiert ist) zu spät entdeckt, um sie mit Menschen zu sozialisieren, sodass auch sie abseits von uns leben.

Die Sozialisation sollte zwar innerhalb der sensitiven Phase beginnen, doch gibt es keinen festen Start- oder Schlusspunkt – wenn die Sozialisation innerhalb dieses Zeitfensters beginnt, wird sie bis ins Erwachsenenalter der Katze fortschreiten und die im Welpenalter erworbene positive Einstellung des Tieres zum Menschen verfestigen.

HABITUATION

Neben der frühen Sozialisation ist es wichtig, junge Welpen an Alltagsreize zu gewöhnen – jene Objekte, Geräusche und Gerüche, denen sie im Heranwachsen und in ihrem neuen Zuhause wahrscheinlich begegnen werden. Im Rahmen dieser Habituation lässt man sie beispielsweise diverse Gerüche kennenlernen, das Geräusch von Staubsauger oder Waschmaschine, verschiedene Bodenbeläge und verschiedenste Haushaltsgegenstände, wie Papiertüten und Kartons.

Unten *Diese jungen Katzenwelpen werden hoffentlich gut sozialisiert, da sie den Menschen schon im frühen Alter kennengelernt haben.*

WEITERE EINFLÜSSE

Selbst wenn Jungkatzen in der sensitiven Phase Kontakt zu Menschen haben, sind für eine erfolgreiche Sozialisation noch weitere Faktoren entscheidend:

1. Je mehr direkten Umgang das Tier mit Menschen hat, desto freundlicher ist es ihnen gesonnen – Katzen, die täglich mindestens 40 Minuten Umgang haben, sind freundlicher als solche mit nur 15 Minuten Umgang. Alles, was über eine Stunde hinausgeht, steigert diesen Effekt jedoch nicht weiter.
2. Auch die Anzahl der Menschen, die mit dem Jungtier umgehen, ist wichtig – je mehr es sind, desto besser akzeptiert es später neue Menschen.
3. Wichtig ist es letztlich auch, Katzenwelpen mit Menschen jeglichen Geschlechts und Alters bekannt zu machen, damit sie lernen, was «ein Mensch» eigentlich ist.

GENETISCHE EINFLÜSSE

Neben der frühen Sozialisation sind noch andere Faktoren für die Beziehung einer Katze zum Menschen von Bedeutung. Das Muttertier etwa beeinflusst die Einstellung zum Menschen nicht nur durch ihr eigenes Verhalten, das von den Welpen in gewissem Maße imitiert wird, sondern auch durch ihre genetische Ausstattung. Forschungen ergaben zudem, dass auch das Wesen des Vaters Einfluss auf das Verhalten der Nachkommen hat: Freundlichere Kater haben freundlichere Nachkommen, vorausgesetzt, die Sozialisation erfolgt in der sensitiven Phase. Da sich Kater nicht an der Jungenaufzucht beteiligen, muss dieser Einfluss über die Gene erfolgen.

WAGEMUTIG ODER SCHEU?

Die Persönlichkeit einer Katze und ihre Beurteilung sind sehr komplex und umstritten. Die meisten Studien sind sich darin einig, dass Jungkatzen von ihren Vätern eher die Tendenz zu «wagemutig» oder «scheu» erben als die zu «freundlich» oder «nicht freundlich». Wagemutige Katzen gehen eher auf Neues (auch Menschen) zu; als Welpen sind sie daher empfänglicher für viel Aufmerksamkeit in der entscheidenden Phase der Sozialisation. Deshalb sind sie manchmal am Ende «freundlicher». Wenn man viel und geduldig mit scheuen Kätzchen umgeht, können auch sie ihre Zurückhaltung überwinden und werden zu ebenso freundlichen Adulttieren. Wenn Katzen heranwachsen, ihre Mutter verlassen und womöglich ein neues Zuhause bekommen, sammeln sie viele positive und negative Erfahrungen; diese können ihren

Oben *Auch eher scheue Katzen wie diese können zu freundlichen, bereichernden Hausgenossen werden, wenn sie früh und häufig genug Umgang mit verschiedenen Menschen haben.*

ersten Eindruck vom Menschen verstärken, aber auch ändern. Genetische und Umwelteinflüsse bestimmen also gemeinsam über die Einstellung der Katze zum Menschen.

EINFLUSS DES MENSCHEN

Der Umgang mit der Familienkatze fällt je nach Alter und Geschlecht des Familienmitglieds anders aus. Frauen etwa begeben sich bei der Interaktion mit der Katze häufiger zu dieser auf Bodenebene hinab, während Männer eher sitzen bleiben. Erwachsene sprechen eine Katze meist an, bevor sie sie anfassen, sodass diese (je nach Stimmung) näher kommen oder ausweichen kann; Kinder dagegen gehen die Katze oft direkt an. Das kann – je nach Persönlichkeit der Katze und ihren Erfahrungen mit dem Kind – zu unterschiedlichen Reaktionen führen.

Angesichts so vieler variabler Einflüsse ist die enorme Vielgestaltigkeit der Beziehungen zwischen Hauskatzen und ihren Haltern nicht verwunderlich. Viele Katzen sehen in ihrem Halter nur die Person, die ihnen die Tür öffnet und sie füttert; sie streifen stundenlang draußen umher und kommen nur kurz vorbei, um zu fressen. Andere warten auf der Fensterbank geduldig, bis ihre Halter heimkehren, folgen ihnen dann überallhin und springen auf ihren Schoß, sobald sie sich hinsetzen.

IST ES LIEBE?

Forschungen ergaben, dass Katzen tatsächlich lieber mit ihrem Halter interagierten als mit einer fremden Person und auf die Stimme ihres Halters stärker reagieren als auf die eines Fremden. Manche Katzen, besonders solche bestimmter Rassen, binden sich so stark an ihren Halter, dass sie unter Trennungsangst leiden, wenn man sie alleinlässt. Diese drückt sich unterschiedlich aus, etwa in mangelnder Stubenreinheit, exzessivem Rufen oder übermäßiger Fellpflege.

Links *Katzen binden sich unterschiedlich stark an ihren Halter. Dies geht vor allem auf ihre Persönlichkeit und frühen Erfahrungen zurück, aber auch auf die Art, wie der Halter mit der Katze umgeht.*

Wie Katzen mit uns interagieren

Unten *Freundschaftliche Interaktion zwischen Katze und Mensch. Der aufgestellte Schwanz zeigt die freundliche Gesinnung; Ohrstellung und halb geschlossene Lider signalisieren Entspanntheit, was der Mensch mit Streicheln quittiert.*

Um mit Artgenossen zu kommunizieren und möglichst friedlich mit ihnen auszukommen, mussten Katzen zwangsläufig ein Repertoire von sozialen Signalen entwickeln (siehe Kap. 3). Dieses ist jedoch längst nicht so ausgefeilt wie das mancher sehr sozialer Arten, etwa des Hundes. Auch in der Kommunikation mit Menschen greifen Katzen auf diese Signale zurück.

AUFGESTELLTER SCHWANZ

Über die Schwanzstellung kann eine Katze bestens und im Vergleich zur Mimik (siehe S. 87) auch recht unmissverständlich kommunizieren. Innerhalb von Katzengruppen geht das Aufstellen des Schwanzes oft freundschaftlichen Interaktionen zwischen Individuen voraus. In der Interaktion mit dem Menschen benutzt die Katze das Signal in ähnlicher Weise, etwa wenn sie ihn nach einer Phase der Abwesenheit begrüßt: Dann stellt sie den Schwanz auf, während sie sich nähert. Dabei ist die Schwanzspitze oft zur Seite geneigt, was eine entspannte, freudige Stimmung anzeigt. Bei einer sehr enthusiastischen oder rasanten Begrüßung bebt der emporgereckte Schwanz womöglich vor Erregung. Katzen drücken auch andere Emotionen mit der Schwanzstellung aus; hier lässt sich ihre Stimmung oft am eindeutigsten ablesen.

REIBEN

Bei freundlichen Interaktionen zwischen Katze und Mensch reibt sich die Katze oft ausgiebig und an allen möglichen Stellen am Menschen, zunächst meist an seinen Beinen. Sie geht (mit emporgerecktem Schwanz) auf ihn zu und reibt Kopf und Flanken an seinem Bein, windet vielleicht auch ihren Schwanz um dieses, so wie sie ihn um den Schwanz einer Artgenossin winden würde. Der Mensch reagiert meist, indem er sich herabbeugt und die Katze streichelt – damit kommen wir dem Reiben (Allorubbing) oder Lecken (Allogrooming) am nächsten, das unter Katzen erfolgen würde. Daraufhin reibt die Katze Kopf und Flanken nicht nur am Menschen, sondern auch an Objekten in unmittelbarer Nähe; dies ist vermutlich ein visuelles Signal.

Interessanterweise reiben sich Katzen mit Freigang offenbar mehr an ihren Haltern als reine Wohnungskatzen – höchstwahrscheinlich, weil das Reiben ein Begrüßungsverhalten ist, das bei der Rückkehr ins Haus gezeigt wird. Zudem erfüllt es wohl auch olfaktorische Funktionen, denn beim Reiben setzt die Katze Duftsekrete aus ihren zahlreichen Hautdrüsen ab (siehe S. 47 und 83).

MASSAGE

Das Massieren, der sogenannte «Milchtritt», beschreibt das rhythmische, abwechselnde Drücken mit den Vorderpfoten auf einer weichen, nachgiebigen Oberfläche (wie einer Decke, einem Kissen oder dem Schoß des Halters). Manchmal sind die Krallen dabei ausgefahren, was für den Halter schmerzhaft sein kann. Dieses Verhalten stammt aus den ersten Lebenswochen, in denen die Welpen mit solcher Massage den Milchfluss der Mutter stimulieren. Es tritt meist auf, wenn die Katze zufrieden ist, und ist oft von Schnurren begleitet. Das Bewahren infantiler Verhaltensweisen oder Merkmale bis ins Adultalter nennt man Neotenie.

Rechts *Eine nervöse oder ängstliche Katze schlingt den Schwanz eng um ihren Körper, sodass sie kleiner erscheint.*

Oben *Beim freundschaftlichen Reiben des Kopfes am Bein eines Menschen setzt die Katze Duftmarken aus ihren Hautdrüsen an Schläfen, Wangen und Kinn ab.*

Kommunikation mit Lauten

Die Lautäußerungen von Katzen sind sehr unterschiedlich, und auch die einzelne Katze verfügt über ein breites Repertoire mit vielen feinen Variationen in Dauer und Höhe der Laute. Der wohl bekannteste Laut, mit dem die Katze den Menschen «anspricht», ist das Miauen.

MIAUEN

Adulte, wild lebende Katzen miauen nur selten, sondern nutzen eher olfaktorische, taktile oder visuelle Signale. Katzenwelpen kommunizieren mittels verschiedener miauender Laute mit der Mutter, und genau diese Laute scheinen Adultkatzen beizubehalten und anzupassen, um mit Menschen zu kommunizieren.

Allgemein setzen Katzen das Miauen ein, um Aufmerksamkeit zu erregen; dabei passen sie es der jeweiligen Situation an. Im Vergleich zu dem der wilden Urahnin *Felis lybica lybica* ist das Miauen der Hauskatze kürzer und höher; Studien ergaben, dass Menschen ihr Miauen dem der wilden Falbkatze vorziehen. Vermutlich veränderte sich das Miauen im Lauf der Domestikation dahingehend, dass es am stärksten auf den Menschen wirkt.

Auch wenn Katzen ihre Wünsche und Bedürfnisse mit einem vielfältigen Repertoire an Miauen kundtun können, ergaben

LAUTLOSES MIAUEN

Dabei wird tatsächlich das Maul geöffnet, aber kein Laut produziert. Dieses besonders liebenswerte Verhalten soll auch noch dem hartleibigsten Halter eine Reaktion entlocken; es entspricht eher einem visuellen Signal und zeigt sich meist, wenn die Katze bereits die Aufmerksamkeit ihres Halters hat.

Unten *Die Katze muss Blickkontakt zum Halter haben, damit das lautlose Miauen wirkt. Schaut der Halter die Katze direkt an, kann sie ihren Trumpf ausspielen.*

Studien, dass manche Menschen diese Botschaften nur schwer allein anhand des Klanges richtig deuten können. Generell schnitten Menschen mit Katzenerfahrung besser darin ab, die aggressiven oder auch freundlichen Miaus von Katzen zu deuten, als unerfahrene; Katzenhalter können überdies besser die Laute ihrer eigenen Katze deuten als die einer fremden.

Im häuslichen Umfeld geben Katzen während des Miauens oft weitere Hinweise (taktile: Reiben an den Beinen des Halters; visuelle: Reiben am Vorratsregal oder an der Tür nach draußen) – so kann der Halter schneller das Bedürfnis der Katze erkennen, gestreichelt, gefüttert oder hereingelassen zu werden. Andere Halter und ihre Katzen scheinen ihre ganz eigene Art der Kommunikation zu haben, die für sie funktionieren und sich mit der Zeit vielleicht weiterentwickeln («ontogenetische Ritualisierung»).

Oben *Diese Katze möchte nach draußen. Wenn die Halter wissen, dass ihre Katze etwas will, aber unsicher sind, was, gibt das Tier nicht selten weitere Hinweise.*

SCHNURREN

Das Schnurren ist ein besonders liebenswertes Merkmal der Katze und spielt bei der Kommunikation zwischen Katze und Mensch eine wichtige Rolle. Welpen schnurren schon sehr früh (siehe S. 89); an diesem Verhalten wird bis ins Erwachsenenalter festgehalten. Traditionell sieht man darin ein Zeichen der Zufriedenheit, doch tritt es auch in anderen Zusammenhängen auf. Schnurrende Katzen setzen manchmal noch besondere Lautäußerungen ein, die sie einzigartig klingen lassen. Betteln Katzen uns beispielsweise an, sie zu füttern, äußern sie ein Schnurren, in dem der Miau-Laut auch zu hören ist. Das lässt das Schnurren durchdringender und auffälliger klingen und steigert die Wahrscheinlichkeit, dass die Katze einen Leckerbissen erhält.

TRILLERN

Wenn sie in Spiellaune sind oder beispielsweise auf ihren Halter zulaufen, geben Katzen oft dieses hohe Gurren («Zwitschern») von sich. Es leitet sich von einem ähnlichen Laut ab, den die Mutter gegenüber ihren Jungen äußert.

Interaktion mit Katzen

Unten ***Die meisten im Haus gehaltenen Katzen lernen, auf Rufen ihres Halters zu kommen, selbst wenn sie sich davon nur Futter erhoffen. Viele «antworten» auch miauend, wenn man mit ihnen spricht.***

Katzen haben ihre innerartliche Kommunikation an den Austausch mit dem Menschen angepasst, und auch wir nutzen oft typisch menschliche soziale Verhaltensmuster, wenn wir mit Katzen kommunizieren.

REDEN

Als wahrhaft soziale Spezies reden wir gern und oft, und genau so kommunizieren wir auch meist mit einer Katze. Menschen sprechen mit Katzen oft wie mit kleinen Kindern, mit erhöhter Stimme und im Singsang («Baby Talk» oder auch «Mutterisch» genannt). Warum, ist unbekannt, doch vielleicht passt man die Stimme unwillkürlich der Katzenstimme an, wenn diese miauend antwortet. Katzen reagieren (mit Ohr- oder Kopfbewegungen) nachgewiesenermaßen stärker auf Aufnahmen von der Stimme ihres Halters als auf die eines Fremden, sie können unsere Stimmen also unterscheiden. Bleibt noch die Frage, ob sie davon überhaupt Notiz zu nehmen geruhen!

TRAINING

Katzen lassen sich durchaus trainieren. Viele Halter sehen es als Gelegenheit, mit ihrer Katze zu interagieren und die gegenseitige Bindung zu vertiefen, wenn sie ihr beibringen, unbeschwert in die Transportbox zu steigen oder einen einfachen Trick wie «High Five» auszuführen. Dabei sollte man immer Methoden der positiven Verstärkung, wie das Klickertraining (siehe S. 109) mit Futter oder Spiel als Belohnung, anwenden. Schimpfen oder Strafen für unerwünschtes Verhalten verursachen dem Tier Stress und können Problemverhalten nach sich ziehen (siehe S. 148).

GESTIK & MIMIK

Das Deuten mit dem Finger ist eine urmenschliche Kommunikationsmethode und kommt im natürlichen Verhaltensspektrum der Katze nicht vor. Dennoch erwarten wir, dass unsere Katze es versteht, wenn wir sie deutend auf etwas hinweisen. Wie Forscher ermittelten, haben Katzen wirklich gelernt, auf einige unserer Hinweiszeichen zu reagieren, besonders wenn es um Futter geht.

Erstaunlich: Obwohl sich Katzen eher auf olfaktorische als auf visuelle Hinweise verlassen, reagieren sie unterschiedlich auf ihre Halter, wenn diese lächeln bzw. starr dreinblicken; sie zeigten rascher freundliche interaktive Verhaltensweisen (wie Schnurren und Reiben), wenn die Halter lächelten. Dieser Effekt verschwand, wenn eine fremde Person lächelte oder starr blickte.

STREICHELN

Katzen fordern uns oft durch Reiben, Lautäußerungen oder andere Berührungszeichen auf, sie zu streicheln. Besonders gern haben sie dies auf dem Kopf, meist auch an den Wangen oder am Kinn. In Schwanznähe dagegen werden sie meist nicht sehr gern gestreichelt; diese Partien sollte man meiden. Oft positionieren sich Katzen entsprechend und «leiten» die streichelnde Person zu bestimmten Körperregionen; durch Senken der Lider oder aber einen Rückzug zeigen sie, ob es ihnen gefällt oder nicht.

Bereichernder Umgang mit der Katze

Katzen teilen zwar Menschen auf unterschiedliche Weise mit, was sie wollen, doch ihre Signale sind manchmal recht unterschwellig. Studien zum Thema haben im Lauf der Zeit interessante Erkenntnisse zum Verhalten der Katze erbracht, die im Umgang mit dem Tier von großem Wert sind.

LANGSAMES BLINZELN

Dieses Kommunikationsmittel ist sehr subtil und doch höchst zufriedenstellend. Unter Artgenossen gilt Anstarren als aggressives, bedrohliches Verhalten; wenn sich Katzen daher in einer friedlichen Situation anblicken, schließen und öffnen sie die Lider oft zu einem langsamen Blinzeln. Damit signalisieren sie ihre friedlichen Absichten. Viele Halter nutzen das Signal ebenfalls bei der Begrüßung ihrer Katze. Am besten funktioniert dies, wenn die Katze ruhig dasitzt oder steht.

DIE KATZE GIBT DAS STARTZEICHEN

Interaktionen zwischen Katze und Mensch, die von der Katze initiiert wurden, dauern länger an – Katzen lieben es einfach, nach ihren eigenen Regeln zu agieren.

GENUG IST GENUG

Oft möchte die Katze eine Interaktion früher beenden als der Mensch. Respektiert man dies, bereichert das die Beziehung zwischen Mensch und Tier auf lange Sicht enorm. Kleine Warnzeichen werden vom Halter oft nicht bemerkt: Beim Streicheln auf dem Schoß zuckt die Katze irgendwann womöglich mit dem Schwanz, legt die Ohren zurück oder weitet die Augen, weil sie sich unbehaglich fühlt. Anschließend könnte sie beißen oder kratzen.

Unten *Das langsame Blinzeln ist ein bewusstes, langsames Schließen und Öffnen der Augen, während die Katze uns ansieht. Blinzelt der Mensch zuerst, antwortet die Katze oft ihrerseits mit diesem Signal.*

Das «Streichel-und-Beiß-Syndrom» (Petting and Biting Syndrome) ist vor allem bei nervösen Katzen sehr verbreitet, lässt sich aber deutlich verbessern, wenn man die Katze sorgfältig beobachtet und die Interaktion beendet, sobald sie Unbehagen zeigt.

SCHNÜFFELN LASSEN

Hält man der Katze zunächst die leicht geöffnete Hand hin, bevor man sich ihr nähert, kann sie wichtige olfaktorische Informationen aufnehmen, bevor die eigentliche Interaktion beginnt.

MITEINANDER SPIELEN

Katzenbesitzer vergessen oft, dass Katzen jeden Alters gern spielen. Schaffen Sie einige interaktive Spielzeuge an (siehe S. 143) und benutzen Sie diese, wenn Ihre Katze wach und aufmerksam ist. Besonders bei zurückhaltenden Katzen stärkt dies die Beziehung enorm; das Tier genießt die Zeit mit dem Menschen, ohne dass Kontakt erzwungen wird. Spiele mit den Fingern oder Zehen sollte man unterlassen, denn diese könnten plötzlich (und schmerzhaft) zur «Jagdbeute» der Katze werden.

KÖPFCHEN GEBEN

Die wohl entspannteste Art, wie eine Katze einen Menschen begrüßen kann: Sie springt auf seinen Schoß und versucht, mit ihrem Kopf sein Gesicht anzustupsen oder sich daran zu reiben (sie «gibt Köpfchen»). Fast genauso würde sie eine befreundete Katze begrüßen; man hält also am besten still und nimmt das Kompliment an.

Oben *Katzen prüfen oft erst den Geruch eines Menschen, bevor sie sich näher mit ihm beschäftigen.*

BITTE NICHT KITZELN!

Viele Katzen rollen sich, wenn sie vollkommen entspannt sind, während einer freundlichen Interaktion mit dem Menschen auf den Rücken und präsentieren ihren Bauch. Damit zeigen sie, dass sie sich zufrieden und sicher fühlen, denn sie sind so vergleichsweise schutzlos. Allerdings ist dies meist keine Einladung, den Bauch zu streicheln – wie zahllose Halter mit zerkratzten Händen lernen mussten. Manche Katzen tolerieren es zwar, wenn man sie an den Bauch fasst, doch ist es immer besser, die Tiere an Kopf, Wangen und Kinn zu streicheln.

Katzen tun uns gut

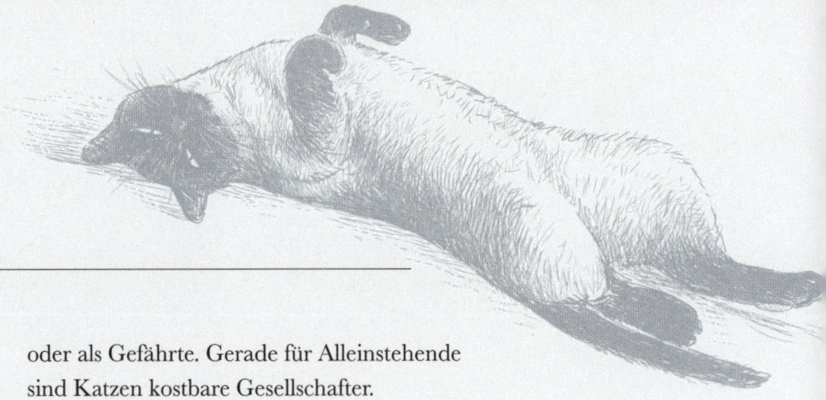

Die Beziehung zwischen Katze und Mensch begann als praktische Übereinkunft, bei der Katzen leicht verfügbare Nahrung erhielten und Menschen einen kostenfreien Schädlingsbekämpfer. Heute sind uns die Jagdkünste der Katze weit weniger wichtig, und viele Menschen schätzen sie einfach nur als Gesellschaft. Katzen werden für ihre Reinlichkeit und Unabhängigkeit bewundert, Eigenschaften, die sie heute zu einem idealen Haustier machen. Viele entscheiden sich für eine Katze als Familientier, um ihren Kindern Erfahrung mit Tieren und Verantwortung zu vermitteln, oder als Gefährte. Gerade für Alleinstehende sind Katzen kostbare Gesellschafter.

WIRKUNGEN AUF UNSERE GESUNDHEIT

Forscher untersuchten positive gesundheitliche Auswirkungen der Katzenhaltung. Die Studie ergab, dass (unter Berücksichtigung anderer Faktoren und Variablen) das Risiko sowohl für Herz-Kreislauf-Erkrankungen als auch für Schlaganfälle bei Katzenhaltern geringer war. Das Streicheln einer Katze ent-

Links *Eine Katze auf dem Schoß bietet Gesellschaft und Trost; dieser Effekt sollte nicht unterschätzt werden. Oft besteht zwischen Katze und Halter eine sehr enge Bindung.*

spannt und baut Stress ab; so senkt es den Blutdruck und fördert das Wohlbefinden.

Katzen sind für viele auch eine wichtige emotionale Stütze, besonders wenn zwischen Tier und Mensch eine enge Bindung besteht. Eine weitere Studie galt der Wirkung einer Katze auf die Stimmung einer Person und ergab, dass die Interaktion mit einer Katze negative Gefühle mindern kann. Allerdings verändert oder steigert sie nicht eine bereits positive Stimmung. Katzen sind, so fanden Wissenschaftler heraus, zudem gute Gefährten für autistische Kinder; sie reduzieren Ängste und verbessern deren soziale und kommunikative Fertigkeiten.

Wer selbst keine Katze halten kann, findet zunehmend in «Katzencafés» Gelegenheit zum Umgang mit den Tieren. Dort kann man einige Zeit verweilen, Kaffee trinken und die vierbeinige Gesellschaft genießen.

ALLERGIEN

Die meisten Menschen sehen die Katzenhaltung im Hinblick auf Allergien rein negativ, aber das ist falsch. Forschungen ergaben, dass Kontakt mit Haustieren in der Kindheit das Risiko, später Asthma oder eine Allergie zu entwickeln, sogar senkt.

Allergische Reaktionen auf Katzen werden nicht von deren Haaren ausgelöst, sondern von Proteinen, die im Sekret der Talgdrüsen in ihrer Haut sowie in ihrem Speichel enthalten sind. Trotz langem, dichtem Fell bilden übrigens manche Exemplare der Sibirischen Katze weniger dieser Allergene, sodass sie für Katzenallergiker besser geeignet sind als andere Rassen.

VIRTUELLE INTERAKTION

Die Interaktion mit Katzen muss offenbar gar nicht direkt erfolgen. Überall sieht man Bilder und Filme von Katzen – in Medien und Werbung, auf Verpackungen sowie in unzähligen Amateurvideos, die weltweit zu den meistgesehenen Webinhalten zählen. Viele Menschen erfreuen sich an solchen Videos, auch wenn sie womöglich zugleich ein schlechtes Gewissen haben, weil sie damit ihre Zeit vertun.

Unten *Die Sibirische Katze bildet weniger von dem Protein Fel d 1, das Allergien hervorruft. Sie ist nicht im eigentlichen Sinne hypoallergen, aber wohl dennoch für Allergiker besonders geeignet.*

KAPITEL 5

Katzen heute

Der Preis des Erfolgs

Die Hauskatze passt sich enorm erfolgreich der Menschenwelt an. Sie profitiert heute von denselben grundlegenden Vorzügen, die schon ihre Urahnen in der Gesellschaft des Menschen genossen, nämlich Nahrung und Schutz. Viele Individuen genießen heute einen Lebensstandard, der alles, was ihre Vorfahren erlebten, in den Schatten stellt. In einem warmen Heim bei regelmäßiger Versorgung mit ausgewogener Nahrung können viele Katzen lange und gesund leben. Manche Familienkatzen leiden jedoch im modernen Leben unter Stress, der von den Menschen oft in Unkenntnis des felinen Verhaltens verschuldet wird.

ÜBERPOPULATION

Die Hauskatze ist nicht nur als Anpassungskünstler und Opportunist, sondern auch aufgrund ihrer enormen Fortpflanzungsfähigkeit weltweit erfolgreich. Weibchen werden mit rund sechs, manchmal sogar schon vier Monaten geschlechtsreif und können bis zu drei Würfe pro Jahr haben. Bei durchschnittlich vier Jungen pro Wurf kann jedes Weibchen theoretisch zwölf Junge pro Jahr haben – dasselbe gilt für all seine weiblichen Nachkommen. Daher ist es ganz entscheidend, dieser unkontrollierten Vermehrung entgegenzuwirken.

KASTRATION

Katzenhalter sollten ihre Tiere kastrieren lassen. Dabei entfernt man die Keimdrüsen (Hoden bzw. Eierstöcke); bei der Sterilisation dagegen werden nur die Samen- bzw. Eileiter operativ verschlossen. Die Kastration unterbindet die Fortpflanzung und bietet auch gesundheitliche Vorteile; zudem macht sie die Tiere verträglicher.

Unten *Die Grafik zeigt das Fortpflanzungspotenzial eines unkastrierten Katzenweibchens, das mit etwa 6 Monaten mit der Fortpflanzung beginnt (ebenso wie seine weiblichen Nachkommen). Rosa Pfotenabdrücke stehen für Weibchen, blaue für Männchen.*

FORTPFLANZUNGSPOTENZIAL

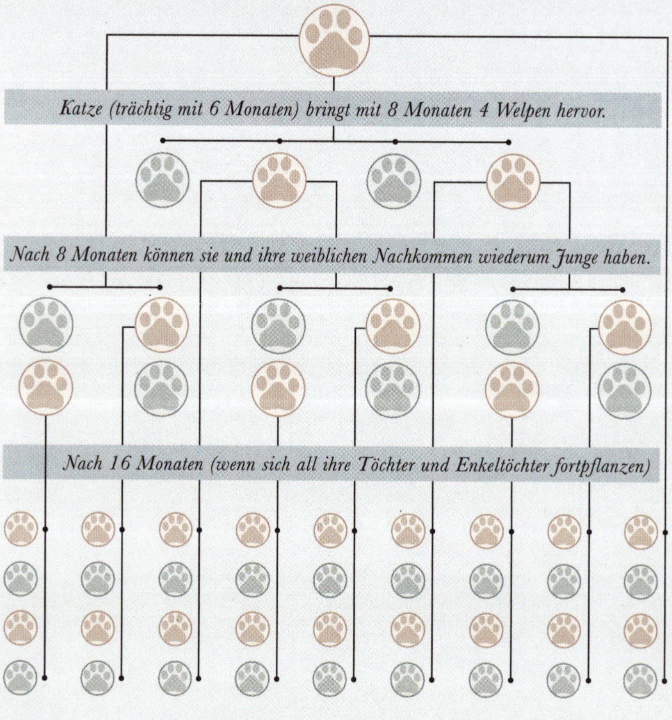

VORTEILE DER KASTRATION: KATZE

FÜR DAS TIER:

- Geringeres Risiko für Gesäugetumoren und lebensgefährliche Vereiterung der Gebärmutter (Pyometra)
- Geringeres Infektionsrisiko für Felines Immundefizienz-Virus (FIV) und Felines Leukämie-Virus (FeLV, siehe zu beiden Erregern S. 214); beide werden per Speichel übertragen, was manchmal während der Paarung geschieht, wenn der Kater die Katze in den Nacken beißt.
- Keine Risiken und Komplikationen im Zuge der Trächtigkeit und Geburt

FÜR DEN HALTER:

- Keine Rolligkeit mehr, bei der die Katze ständig laut nach einem Partner ruft und besonders weite Streifzüge unternimmt; diese tritt zirka alle drei Wochen auf, wenn keine Trächtigkeit besteht.
- Keine Ansammlungen von raufenden Katern vor einem Haus mit rolliger Katze

VORTEILE DER KASTRATION: KATER

FÜR DAS TIER:

- Geringerer Drang, auf der Suche nach Partnerinnen weite Wanderungen zu unternehmen, und damit ein geringeres Risiko, beim Überqueren einer Straße verletzt zu werden
- Geringerer Drang, mit Konkurrenten zu raufen, und somit geringeres Verletzungsrisiko
- Geringeres Infektionsrisiko für FIV und FeLV, das bei Raufereien mit infizierten Katern besteht.

FÜR DEN HALTER:

- Geringere Aggressivität sowie Neigung zu weiten Streifzügen und Reviermarkieren mit Urin als bei nicht kastrierten Katern. Der Effekt ist deutlicher, wenn früh kastriert wird, also vor Eintreten der Geschlechtsreife und vor Ausbildung der Verhaltensweise, doch selbst eine spätere Kastration mindert diese unerwünschten Verhaltensweisen.
- Ein entspannterer, freundlicherer und interaktiverer Hausgenosse

WISSENSWERTES

Viele Leute glauben, man solle eine Katze erst nach dem ersten Wurf kastrieren, doch das hat keinen gesundheitlichen Nutzen; Trächtigkeit und Geburt bergen sogar gewisse Risiken. Katzen können schon mit vier Monaten geschlechtsreif werden, sollten also möglichst zu diesem Zeitpunkt kastriert werden. Sie paaren sich auch mit Geschwistern und Elterntieren, daher sind diese ebenfalls zu kastrieren. In Tierheimen werden Jungkatzen meist routinemäßig kastriert, bevor man sie ab einem Alter von acht Wochen vermittelt.

Verbreitet ist die Sorge, die Katze würde nach dem Kastrieren an Gewicht zunehmen. Dies geschieht nur, wenn sie zu reichlich gefüttert wird. Kastrierte Tiere brauchen weniger Kalorien und somit weniger Futter. Manche Halter befürchten auch eine Persönlichkeitsveränderung bei ihrem Tier. Kastrierte Katzen zeigen durchaus andere Verhaltensweisen, doch sind diese meist positiv, da die Tiere nicht mehr unter dem Druck stehen, sich fortzupflanzen.

Revierverhalten

Die meisten Hauskatzen verlieren durch die Kastration den Drang, weit umherzustreifen, doch die meisten betrachten weiterhin ein bestimmtes Gebiet als «ihres». Sie versuchen, innerhalb (und bei Freigang auch außerhalb) des Hauses ein Revier zu beanspruchen. In Gebieten mit hoher Katzendichte ist das oft nicht einfach; in Stadtgebieten etwa leben oft zahlreiche Katzen mit oder ohne Besitzer nahe beieinander und müssen den Raum unter sich aufteilen. Nachbarkatzen betrachten sich nicht automatisch als einander zugehörig, und in demselben Gebiet besteht womöglich noch eine Kolonie von Wildlingen oder Streunern, die Revieransprüche erhebt.

In solchen Fällen kommt es unweigerlich zu Revierkonflikten. Obwohl Katzen offenbar hinsichtlich ihrer Reviergröße sehr flexibel sind, bedeutet es für sie großen Stress, wenn dieser Raum verändert oder durch Artgenossen bedroht wird. Katzen haben heute nur begrenzte Möglichkeiten, in sozialen Konfliktsituationen Signale zu geben, und versuchen als einstmals solitär lebende Art stets, Konfrontationen zu vermeiden. In dicht besiedelten Gebieten jedoch ist dies oft schwierig, und so kommt es nicht selten zu Revierstreitigkeiten unter Nachbarkatzen.

Oben *Spannungen zwischen gemeinsam gehaltenen Katzen enden manchmal damit, dass ein Tier das andere drangsaliert, um zu bekommen, was es will.*

Links *Die Ankunft einer neuen Katze oder der Weggang eines Tieres aus einem bestimmten Gebiet kann das Reviergefüge benachbarter Katzen aus dem Gleichgewicht bringen.*

HALTUNG MEHRERER KATZEN

Viele Menschen beschließen, mehr als eine Katze zu halten. Frei (etwa in einer Streunerkolonie, siehe S. 78) lebende Hauskatzen kommen mit der relativen Nähe zu Artgenossen gut klar; in diesem Sozialgefüge können sie schließlich frei entscheiden, mit welchen Individuen sie interagieren und welche sie meiden.

Im Haushalt jedoch müssen Katzen oft sehr eng mit Artgenossen zusammenleben, und wenn diese nicht sozial kompatibel sind, verursacht ihnen dies (besonders bei Konkurrenz um Ressourcen) Stress. Wohnungsgenossen wirken oft kompatibel, selbst wenn sie es gar nicht sind. Konflikte sind oft sehr unauffällig, etwa wenn eine Katze den Zugang zu Futter, Katzentoilette oder Katzenklappe blockiert oder aber die andere Katze von Lieblingsplätzen im Haus vertreibt.

Wohlmeinende Halter stellen sich manchmal eine zweite Katze als «Gesellschafter» der ersten vor, etwa wenn sie selbst tagsüber nicht zu Hause sind. Je nach Alter, Wesen und Verträglichkeit der Katze trifft dies manchmal tatsächlich zu, doch oft bevorzugt eine Katze einfach die Sicherheit ihres Zuhauses ohne anstrengende Konkurrenz. Soll eine neue Katze in den Haushalt einziehen, sind die Bedürfnisse der bisherigen besonders sorgfältig zu berücksichtigen. Ein älteres Tier etwa, dem man ein quirliges Jungtier vor die Nase setzt, reagiert wohl alles andere als erfreut.

Links *Katzen, die (wie das gezeigte Paar) freiwillig gemeinsam ruhen, betrachten einander meist als Teile derselben sozialen Gruppe und gehen freundlich miteinander um.*

Unten *Wurfgeschwister kennen sich von Geburt an und sind oft kompatible Hausgenossen. Allerdings kommen sie deshalb als Adulttiere nicht automatisch ganz ohne Streit und Rivalität miteinander aus.*

HARMONIE FÖRDERN

Es gibt durchaus Möglichkeiten, die Aussichten auf das Gelingen eines Mehrkatzenhaushalts zu erhöhen. Lebt noch keine Katze im Haus, ist es sinnvoll, sich für Wurfgeschwister zu entscheiden – entweder im Welpenalter oder als ältere Tiere, wenn sie gemeinsam aufgewachsen und aneinander gebunden sind. Geschwister sind von Geburt an miteinander sozialisiert und daher meist verträglicher untereinander als andere Adultkatzen. Wird eine Zweitkatze zu einer bereits vorhandenen adulten Katze angeschafft, empfiehlt sich eine Jungkatze, da diese vom angestammten Tier als weniger bedrohlich empfunden wird.

EINEN NEUANKÖMMLING VORSTELLEN

Neuankömmling und alteingesessene Katze sollten einander sehr langsam und vorsichtig vorgestellt werden; der jeweils nächste Schritt sollte erst erfolgen, wenn sich beide Katzen mit dem vorherigen wohlfühlen. Dies kann wenige Wochen, aber auch Monate dauern.

- Halten Sie die neue Katze in einem separaten Raum, zu dem die angestammte Katze keinen Zugang hat.
- Bringen Sie zur Gewöhnung Katzenstreu oder Ähnliches vom Bereich des einen Tieres in denjenigen des anderen, bis beide nicht mehr auf den Geruch des anderen reagieren.
- Füttern Sie die Katzen jedes Mal etwas näher an der Verbindungstür, die beide (noch) trennt, sodass sie die Anwesenheit des jeweils anderen Tiers mit etwas Angenehmem assoziieren.
- Lassen beide Katzen dies ruhig geschehen, füttern Sie sie bei geöffneter Tür – getrennt, aber nun füreinander sichtbar. (Gut geeignet ist z. B. ein Schutzgitter für Babys.)
- Klappt auch dies, darf die alteingesessene Katze dem Neuling in dessen Raum einen kurzen ersten Besuch abstatten – unter Aufsicht!
- Verlängern Sie nach und nach die Zeit, die die Katzen gemeinsam verbringen, und machen sie den Neuzugang langsam mit dem Rest des Hauses bekannt.
- Etwas Fauchen und Aufplustern sind normal, doch gehen Sie einen Schritt zurück, wenn eines der Tiere aggressiv wird.

Oben *Das schrittweise Bekanntmachen einer neuen Katze mit der alteingesessenen verspricht den größten Erfolg.*

REICHLICH RESSOURCEN

Haben sich die angestammte und die neue Katze gut kennengelernt, stellt man ein friedliches Nebeneinander am besten sicher, indem man für beide reichlich Ressourcen zur Verfügung stellt, sodass sie einander aus dem Weg gehen können, wenn sie möchten. Ressourcen sind:

1. Körbe und andere Ruheplätze an verschiedenen Stellen im Haus, teilweise erhöht, wenn möglich.
2. Eine Katzentoilette pro Tier und noch eine extra, an unterschiedlichen Orten aufgestellt.
3. Futter- und Wassernäpfe an mehreren Stellen.

Dennoch kann es sein, dass sich zwei zusammenlebende Katzen nicht miteinander anfreunden. Sie können jedoch lernen, einander zu tolerieren; bei genügend Ressourcen können nicht kompatible Katzen zudem innerhalb des Hauses zwei separate Reviere bilden, die sich räumlich (oder zeitlich) überschneiden.

Wohnungskatzen

Viele Halter entscheiden sich dafür, ihre Katze nur in der Wohnung zu halten. Sie wollen nicht, dass das Tier streunt, rauft, sich Krankheiten einfängt oder einen Unfall hat. Manchmal fehlt schlichtweg ein Weg nach draußen, etwa in großen Mietshäusern. Auch Diebstahlgefahr ist ein Grund für die Wohnungshaltung, besonders wenn die Katze ein teures reinrassiges Exemplar ist. Zwar werden all diese Risiken durch die Wohnungshaltung vermieden, doch stellt diese eigene Herausforderungen, besonders gesundheitliche und Verhaltensprobleme. Reine Wohnungskatzen neigen oft zu Fettleibigkeit und Typ-2-Diabetes; oft leiden sie unter Bewegungsmangel und Langeweile. Halter können viel für die körperliche und mentale Gesundheit ihrer Tiere tun, indem sie die Umgebung und den Umgang so verändern, dass die Katze mehr natürliche Verhaltensweisen ausleben kann (Enrichment, «Bereicherung» der Umwelt).

Rechts *Viele «Katzenbäume» bieten Gelegenheit zum Erkunden, Klettern, Verstecken, Kratzen und Spielen sowie Beobachten aus sicherer Höhe.*

MEHR RAUM

Katzen nutzen ihre Umgebung ganz anders als der Mensch; dies vergessen wir oft, wenn wir sie in unser Haus holen. Sie bleiben meist nicht auf einer Ebene und schätzen einen erhöhten Platz, von dem aus sie in Ruhe und aus sicherer Distanz alles überblicken können. Bietet man ihnen die Möglichkeit, kletternd oder springend erhöhte Plätze aufzusuchen, verschafft man ihnen in der Höhe zusätzlichen Raum in der von ihnen vielleicht als recht begrenzt empfundenen Umgebung. Dies kann einfach ein Regal oder Wandbord sein, das sie als Ruheplatz nutzen, oder man kauft einen «Katzenbaum» im Handel. Mit seinen Plattformen, Kratzstangen und Höhlen bietet ein solches Aktivitätselement viel Interessantes, besonders für reine Wohnungskatzen. Katzen lieben zudem versteckte Ruheplätze; auch damit kann man ihre Umgebung beträchtlich bereichern. Dazu braucht es nicht viel – ein leerer Karton ist für die Katze manchmal das schönste Geschenk!

SPIELEN

Das Spiel nimmt im Leben aller (nicht nur junger) Katzen eine wichtige Rolle ein. Rasant und aufregend, wie es ist, tut es alten wie jungen Katzen gut; es verschafft Bewegung und wirkt Langeweile oder Stress entgegen, während es die Sinne schärft. Spielzeuge sind ideal, um Wohnungs- wie Freigängerkatzen Abwechslung zu verschaffen, und der Handel hält unzählige Varianten bereit. Am besten, man schafft mehrere mit unterschiedlichen Materialien und Texturen an. Spielzeuge, die verschiedene Geräusche machen oder unterschiedlich riechen, stimulieren die Sinne der Katze und halten ihr Interesse wach.

Unten *Die fesselnd unvorhersehbaren Bewegungen eines von einem Menschen gehaltenen interaktiven Spielzeugs sind für die Katze besonders stimulierend, ähneln sie doch den plötzlichen Bewegungen eines Beutetiers.*

INTERAKTIVES SPIELZEUG

Dieses kommt erst durch Mitwirken des Menschen in Bewegung. Meist besteht es aus einem Stab, an dessen Ende eine Feder oder Schnur befestigt ist. Das Spiel macht nicht nur der Katze Spaß, es fördert auch die Bindung zwischen Halter und Tier. Interaktives Spielzeug sollte außerhalb der Spielzeit stets beiseite geräumt werden, um ein Verheddern zu verhindern.

Links *Spielzeuge in Form und Größe echter Beutetiere sind sehr beliebt, besonders wenn sie weich sind und die Katze sie packen und werfen oder hineinbeißen kann.*

SOLITÄRSPIELE

Mit vielen Spielzeugen kann die Katze allein spielen. Es lohnt sich, ihr stets eine kleine Auswahl davon zur Verfügung zu stellen. Katzen reagieren nach einiger Zeit gelangweilt auf immer gleiche Spielzeuge (Habituation) und lassen diese dann links liegen. Verändert man das Angebot immer wieder, gibt es keine Langeweile, und wieder hervorgeholte Spielzeuge werden mit neuem Interesse begrüßt.

1. Bälle gibt es in jeder nur denkbaren Form – aus Kunststoff oder Gummi, mit Klingel, weich, plüschig oder gefiedert –, und ein Sortiment mit verschiedenen Texturen hält das Interesse der Katze wach. Besonders die leichten Tischtennisbälle und auch selbst gemachte «Bälle» aus zerknülltem Papier sind beliebt.
2. Kleine Spielzeuge in Beutetiergröße aus Kunstfell oder Federn sind ein wahrer Renner, besonders wenn sie Katzenminze enthalten (siehe S. 61). Katzenminze versetzt manche (nicht alle) Katzen in geradezu überdrehte Spiellaune und Erregtheit, doch hält der Effekt meist nur etwa zehn Minuten an.
3. Größere Spielzeuge aus Plüsch, die größeren Beutetieren ähneln (und ebenfalls manchmal Katzenminze enthalten), sind bei vielen Katzen beliebt, können sie doch hier auf dem Rücken liegend mit ihrer «Beute» ringen und den «Kehlbiss» ansetzen.

Links und oben *Spielzeuge unterschiedlicher Materialien verschaffen der Katze beim Spiel ein vielfältiges Sinneserlebnis.*

SPASS BEIM ESSEN

Zweimal täglich eine Schale hochwertigen Futters vor die Nase gestellt zu bekommen, mag ausgehungerten Straßenkatzen als reiner Luxus erscheinen, doch für viele Hauskatzen wird dies schnell langweilig. Unter natürlichen Bedingungen fressen Katzen tagsüber und nachts immer wieder kleine Portionen, wenn sie Beute machen. Die Nahrungsaufnahme ist physisch und mental stimulierender für sie, wenn sie mit «Arbeit» verbunden ist. Trockenfutter etwa kann in einem Futterball versteckt werden, aus dem die Katze es herausholen muss. Solche Spielzeuge gibt es in einfacher oder auch anspruchsvoller Ausführung. Sie lassen sich zudem aus gebrauchten Materialien wie Pappröhren leicht selbst herstellen. Alternativ kann man auch kleine Trockenfuttermengen hier und da in der Wohnung verstecken, nach denen die Katze dann im Lauf des Tages suchen kann.

Oben *Aus solch einem selbst gemachten Futterball purzeln beim Herumrollen einzelne Trockenfutterbröckchen – sehr zum Vergnügen der Katze.*

GRÜNZEUG

Zwar sind Katzen obligate Karnivoren, doch fressen sie zur Förderung der Verdauung gelegentlich Gras und dergleichen. Wohnungskatzen kann man hierfür zum Beispiel spezielles «Katzengras» zur Verfügung stellen; zugleich müssen giftige Zimmerpflanzen außer Reichweite stehen.

Die oft in Blumensträußen enthaltenen Lilien etwa sind für Katzen extrem giftig. Das gilt für alle Teile der Pflanze – schon wenn die Katze sich daran reibt, droht Gefahr, da sie hängen gebliebenen Pollen bei der Fellpflege aufnehmen kann. Dies kann zu Nierenversagen führen und endet oft tödlich. (Bestimmte Speisen und Getränke sind für Katzen ebenfalls giftig, siehe dazu S. 65.)

Problemverhalten

Viele Menschen entscheiden sich für eine Katze als Hausgenossen, weil Katzen als besonders sauber, relativ unabhängig und eher wenig aggressiv gelten. Das macht sie zu idealen Gefährten. Allerdings kann die Katze manchmal Wesens- und Verhaltensänderungen zeigen, die problematisch sind. Die Bindung zwischen Mensch und Tier wird dann womöglich stark belastet, und es kann passieren, dass sich der Halter schweren Herzens entschließt, die Katze abzugeben.

WAS IST PROBLEMATISCH?

Katzenhalter unterscheiden sich durchaus darin, welches Verhalten ihres Tieres sie akzeptabel finden. So manches «Problem» ist schlichtweg normales Katzenverhalten, das nur an einem Ort oder in einer Weise ausgelebt wird, die für den Halter nicht tolerabel sind. Manche Halter etwa fügen sich darein, dass ihre Katze das alte Sofa zum Krallenschärfen benutzt, während andere diese Gewohnheit inakzeptabel finden. In Mehrkatzenhaushalten stören sich viele Halter nicht daran, dass ihre Katzen hin und wieder kleine Blessuren haben; andere wiederum sehen in Raufereien ein ernstes Problem.

Manche Verhaltensweisen werden zudem länger toleriert als andere – Probleme mit der Stubenreinheit etwa sind der häufigste Quell von Stress und Aufregung im Zusammenleben von Katze und Mensch. Zum Glück lassen sich viele Probleme lösen, und Halter suchen heute eher Hilfe von außen, wenn sie bei ihrem Tier ungewöhnliches oder inakzeptables Verhalten beobachten.

Eine plötzliche Verhaltensänderung kann vielerlei Gründe haben. Der erste Weg sollte stets zum Tierarzt führen, um eventuelle Gesundheitsprobleme auszuschließen. Eine Katze mit Harnblasenentzündung etwa setzt manchmal unvermittelt Harn ab, und ein Tier, das unter Schmerzen leidet, verhält sich plötzlich aggressiv. Wirkt die Katze körperlich gesund, empfiehlt der Tierarzt vielleicht, einen Tierverhaltenstherapeuten aufzusuchen, um das Problem zu ermitteln.

Links *Für eine Katze ist die Sofaecke ideal, um ihre Krallen zu wetzen. Dieses natürliche Verhalten sollte jedoch im Interesse von Halter und Katze auf andere Stellen gelenkt werden.*

Unten *Diese gestresste Katze zeigt typische Symptome des Rückzugs – ihr Schwanz ist eng um den Körper gelegt, und sie verweigert sogar die angebotenen Leckerbissen.*

DAUERSTRESS

Kurzfristiger Stress ist normaler Bestandteil des Katzenlebens. Chronischer (anhaltender) Stress jedoch wird oft zum Problem. Er kann zu stressbedingten Krankheiten führen und das Immunsystem der Katze schwächen, sodass sie schneller an Infektionen erkrankt. Stress kann zudem zu Verhaltensauffälligkeiten führen.

Katzen mögen keine Veränderungen und sind meist sehr territorial, daher bereiten die heutigen Lebensbedingungen ihnen oft Dauerstress. Halter sind sich der Stressquellen häufig nicht bewusst, bis erste Verhaltensänderungen auftreten. Die Anzeichen sind oft zunächst kaum wahrnehmbar und entwickeln sich mit der Zeit. Die Tiere ziehen sich beispielsweise zurück, fressen nicht, zeigen Harnwegsprobleme, mangelnde Stubenreinheit und übermäßige Fellpflege.

HÄUFIGE STRESSURSACHEN

1. Differenzen mit anderen Katzen oder Eintreffen einer neuen Katze im Haushalt
2. Differenzen mit Katzen in der Nachbarschaft. Besonders dreiste Individuen dringen sogar in das Haus einer anderen Katze ein, was diese als besonders bedrohlich empfindet.
3. Veränderungen und Einschnitte im Haus, etwa Renovierungen und Umdekoration
4. Geburt eines Babys
5. Abwesenheit und Rückkehr des Halters

Oben *Katzenklappen sind oft problematisch, wenn durch sie fremde Katzen ins Haus eindringen. Magnetische oder Mikrochip-Klappen, die nur die eigenen Tiere durchlassen, lösen das Problem.*

STRESS REDUZIEREN

1. Stellen Sie mehr Ressourcen zur Verfügung (siehe S. 141), wenn mehrere Katzen im Haus sind. So können sich die Tiere aus dem Weg gehen.
2. Pheromon-Verdampfer oder -Sprays imitieren die von Katzen beim Reiben an Objekten hinterlassenen Duftmarken und können Ängste reduzieren.
3. Eine ängstliche Katze hält oft an Fenster oder Tür nach anderen Katzen Ausschau. Es kann helfen, die Scheiben vorübergehend z. B. mit Pappe abzudecken, sodass die empfundene Bedrohung «unsichtbar» wird.
4. Eine mikrochipgesteuerte Katzenklappe, die nur im Haus wohnende Katzen durchlässt, erhöht das Sicherheitsgefühl der Tiere enorm.

LÖSUNGEN FÜR HÄUFIGE PROBLEME

Strafen sind sicher nicht die richtige Reaktion auf problematisches Verhalten – eine Katze wird sie nicht verstehen, und wenn das Tier ohnehin schon unter Stress steht, werden sie die Lage nur verschlimmern. Bestraft man eine Katze, die an der falschen Stelle im Haus uriniert, wird sie daraufhin nicht die Katzentoilette aufsuchen. Sie wird annehmen, für das Urinieren an sich bestraft worden zu sein, und dies nächstes Mal an versteckterer Stelle tun. Ist ein Auslöser erkennbar, sollte man diesen zunächst entfernen oder die Katze von diesem trennen. Als nächsten Schritt sollte man das Verhalten des Tiers in die gewünschte Richtung lenken, indem man es für korrektes Verhalten belohnt (und nicht für unkorrektes bestraft). Im Folgenden sind einige typische Probleme aufgeführt.

Urinmarkieren

Katzen versprühen manchmal ihren Urin waagerecht an Türrahmen, Wände oder Möbel. Normalerweise hocken sich die Tiere beim Urinieren hin. Selbst wenn man es nicht direkt beobachtet, sieht (und riecht) man doch die klebrigen Spuren. Das unerwünschte Verhalten dient ursprünglich der Reviermarkierung, und obwohl kastrierte Katzen normalerweise nicht oder kaum dazu neigen, kann es durch Stress ausgelöst werden.

Zunächst ist dann die tatsächliche oder empfundene Bedrohung zu identifizieren und möglichst zu reduzieren. Stress sollte gelindert werden, soweit möglich. Bereits markierte Stellen müssen gründlich mit Reiniger auf Enzymbasis gesäubert werden; anschließend schützt man sie entweder (z. B. mit Aluminiumfolie), oder man definiert sie neu als Futterplätze, indem man einen Napf davorstellt – Katzen markieren meist nicht dort, wo sie fressen.

Nichtbenutzen der Toilette

Katzen entwickeln manchmal eine Aversion gegen die Katzentoilette und fangen an, ihr Geschäft anderswo im Haus zu verrichten. Ein möglicher Grund dafür ist eine zu stark verschmutzte Toilette. Manchmal bevorzugen die Tiere eine andere Oberfläche für ihr Geschäft, die sie dann nur noch benutzen. Verbindet die Katze die Toilette mit einem unangenehmen Erlebnis (etwa Schmerzen infolge einer Harnblasenentzündung oder plötzlichem Lärm während der Nutzung), führt diese Assoziation manchmal zum Meiden der Toilette, selbst wenn der Auslöser nicht mehr besteht.

Es ist wichtig, die Katzentoilette gründlich zu reinigen. Sie muss so groß sein, dass sich die Katze darin gut positionieren kann. Mehrere Toiletten, bevorzugt an ruhigen Orten im Haus aufgestellt, gestatten das Aufsuchen der jeweils als angenehm empfundenen Stelle. Manche Katzen schätzen eine Toilette mit, andere eine ohne Dach. Probieren Sie beides aus, ebenso verschiedene Arten von Einstreu (Katzenstreu, Holzpellets, Sand, Erde), um die Katze wieder zur Nutzung zu bewegen. Reinigen Sie auch in diesem Fall beschmutzte Stellen mit Reiniger auf Enzymbasis und stellen Sie Futternäpfe dorthin, oder bedecken Sie sie mit unattraktiverem Material.

Holzpellets

Unten *Katzen sind hinsichtlich ihrer Toilette oft heikel; sie mögen es ruhig, mit reichlich Einstreu und sauber, aber doch mit deutlichem Eigengeruch.*

genügend Einstreu

Die Toilette muss genügend Bewegungsspielraum bieten.

Am Standort der Toilette muss sich die Katze sicher und geschützt fühlen.

Kratzen

Das Kratzen ist eine natürliche Verhaltensweise der Katze, mit der sie ihre Krallen von den äußeren Schichten befreit und damit scharf hält. Halter müssen dafür sorgen, dass die Katze dieses Verhalten ausleben kann, besonders bei reinen Wohnungskatzen. Gestresste oder gelangweilte Katzen kratzen oft vermehrt, und das nicht selten an Oberflächen, an denen ihr Halter es nicht tolerieren kann.

Man sollte der Katze darum unbedingt geeignete Objekte zur Verfügung stellen – idealerweise einen soliden Kratzbaum mit Sisal- oder Teppichoberfläche, der nicht kippt, wenn die Katze daran kratzt. Mit Katzenminze kann man die Katze dazu verlocken, den Kratzbaum in Augenschein zu nehmen. Kratzt sie gern an Teppichen oder Auslegware, bietet man ihr am besten ein liegendes Kratzbrett mit ähnlicher Oberfläche an.

KRALLEN ENTFERNEN?

In manchen Ländern, etwa den USA, können Halter ihren Katzen die Krallen «ziehen» lassen, damit ihre Möbel nicht mehr zerkratzt werden. Das harmlose Wort verschleiert jedoch, dass es sich um die Amputation des jeweils ersten Fingergliedes handelt.
Ein solcher Eingriff ist in Deutschland und anderen Ländern verboten, und auch in den USA weigern sich manche Tierärzte wegen der einschneidenden Folgen für das Tier, ihn durchzuführen. Ohnehin werden verhaltenstherapeutische Ansätze immer populärer, da auch das Wissen um das Verhalten der Katze größer wird.

Links *Manche Katzen bevorzugen bestimmte Materialien und Oberflächen zum Schärfen ihrer Krallen. Dieses Kratzbrett aus Pappe ist senkrecht montiert, kann aber bei Bedarf auch horizontal angebracht werden.*

Unten *Ein Kratzpfosten sollte immer so hoch sein, dass sich die Katze daran aufrichten kann, und nicht kippen, wenn sie daran kratzt.*

AGGRESSION

Aggressives Verhalten entsteht aus unterschiedlichen Gründen und richtet sich gegen Artgenossen oder den Halter. Auslöser sind unter anderem Furcht, Revierverhalten sowie zu intensives Streicheln und Spielen. Die territoriale Aggression ist besonders häufig und entsteht oft unter Katzen im selben Haushalt, die sich nicht als Teil derselben sozialen Gruppe auffassen. Selbst wenn zwei Katzen bislang miteinander auskamen, kann plötzlich Aggression aufflammen, wenn etwa eine nach Abwesenheit (z. B. einem Tierarztbesuch) wiederauftaucht. In anderen Situationen kann sich Frustration oder angestaute Spannung als aggressives Verhalten an ahnungslosen Artgenossen oder Menschen entladen.

Bei territorialer Aggression unter Hausgenossen ist darauf zu achten, dass reichlich Ressourcen geboten werden; ebenso ist daran zu denken, sie möglicherweise zu trennen und dann schrittweise wieder aneinander zu gewöhnen (siehe S. 141).

«Raubtier»-Aggression (etwa Auflauern und Attacken auf die Füße) gegenüber Menschen kann durch ruppiges Spielen oder Langeweile aufkommen. Hier sollte der Fokus der Aggression vom Menschen möglichst auf ein Spielzeug gelenkt werden, etwa im interaktiven Spiel (siehe S. 143).

Bei komplexen Aggressionsproblemen ist es ratsam, einen Tierverhaltenstherapeuten aufzusuchen.

Oben *Aggressives Verhalten kann in einem Haushalt mit mehreren Katzen eskalieren, wenn die Tiere sich nicht vertragen und Ressourcen nicht miteinander teilen können.*

Probleme mit Wildlingen & Streunern

Weltweit wachsen die Populationen jener Katzen, die als ausgesetzte Streuner oder Kolonien verwilderter Tiere leben. Leben diese Katzen in der Nähe des Menschen, entstehen unweigerlich Probleme. Kot im Garten und auf den Wegen, lautstarke Auseinandersetzungen und Paarungen sowie durchwühlte Müllbehälter sind Anlass zu Beschwerden und dem Ruf nach Gegenmaßnahmen. Viele sehen in den Tieren auch eine Bedrohung für die eigene Gesundheit und die ihrer Haustiere; sie fürchten Infektionen wie Toxoplasmose, Hautpilz und in manchen Ländern auch Tollwut. Dies und das wachsende Bewusstsein für die Auswirkungen verwilderter Katzenbestände auf die heimische Fauna (siehe S. 107) sind Anlass für Maßnahmen zur Bekämpfung.

TOXOPLASMOSE

Die Toxoplasmose wird durch den Einzeller *Toxoplasma gondii ausgelöst*, der in rohem Fleisch und im Erdboden vorkommt. Katzen infizieren sich über Beutetiere und können den Erreger über ihren Kot weitergeben; allerdings stecken sich Menschen meist über nicht durchgegartes Fleisch an. Die Symptome sind die einer milden Grippe, doch z. B. bei immungeschwächten Personen, Schwangeren und Kleinkindern können schwere Komplikationen auftreten. Das Tragen von Handschuhen bei der Gartenarbeit oder dem Reinigen der Katzentoilette senkt das Infektionsrisiko.

Links *Für Streuner und Wildlinge ist es nicht leicht, genügend Nahrung zu erhaschen. Viele sind extrem scheu, besonders wenn sie als Jungtiere wenig oder keinen Kontakt zu Menschen hatten.*

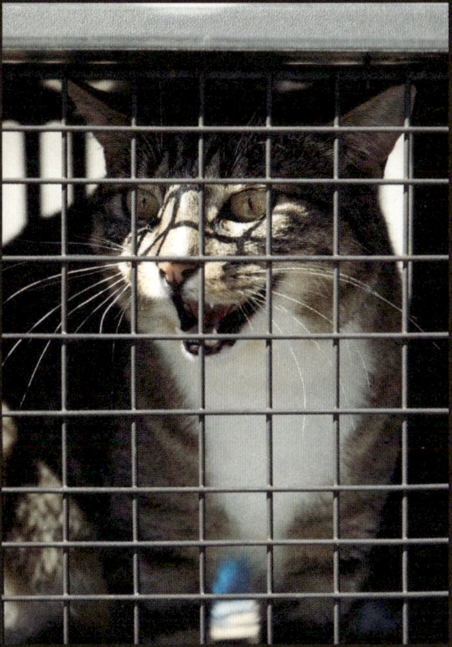

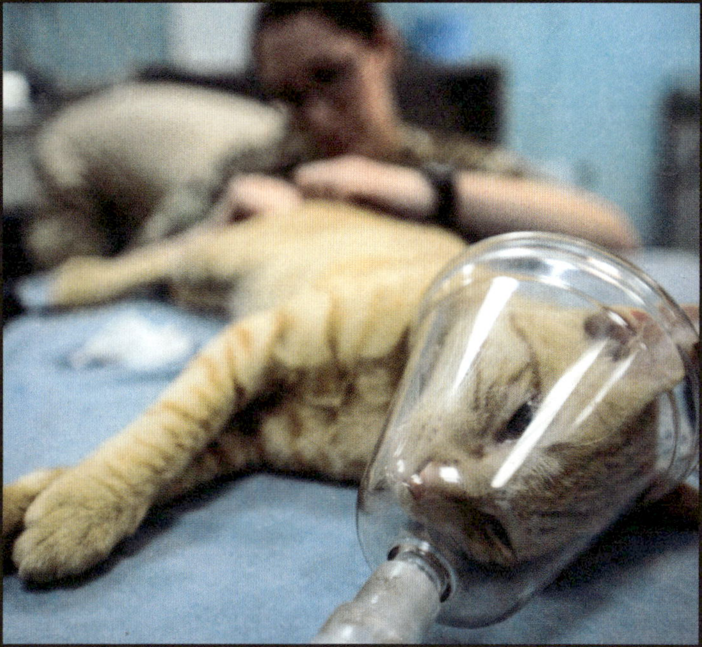

BESTANDSKONTROLLE

Früher bekämpfte man unerwünschte Kolonien verwilderter Katzen, indem man die Tiere einfach abschoss oder vergiftete. Solche Maßnahmen aber waren nicht nur unpopulär; sie erwiesen sich auf Dauer auch als unwirksam, da meist andere Katzen das nun freie Gebiet besiedelten, um die dortigen Nahrungsquellen zu nutzen. Das Problem blieb also bestehen. Mit Aufkommen des Tierschutzes wandte man sich humaneren Methoden zu. Tierschutzorganisationen in aller Welt wenden eine TNR (Trap-Neuter-Return, «Einfangen, Kastrieren, Zurückbringen») genannte Methode an. Die Tiere werden in Fallen gefangen, kastriert und in der vertrauten Umgebung wieder freigelassen. Sehr kranke oder beeinträchtigte Katzen werden eingeschläfert und Tiere, die noch jung genug sind, mit dem Menschen sozialisiert und vermittelt. Die kastrierten Tiere leben weiter frei, vermehren sich aber nicht und stellen somit kein so großes Problem mehr dar.

Mehrere Faktoren entscheiden über den Erfolg von TNR, darunter der Anteil der Katzen, die tatsächlich eingefangen und kastriert werden. Wenn sich ein signifikanter Teil der Tiere der Maßnahme entzieht und weiter fortpflanzt, nützt es kaum, die übrigen Tiere zu kastrieren. Auch die Zuwanderung weiterer Katzen lässt das Problem fortbestehen. Ein groß angelegtes TNR-Programm in Rom erreichte innerhalb von zehn Jahren die Kastration von fast 8000 verwilderten Stadtkatzen. Doch auf den Bestandsrückgang folgte eine verstärkte Zuwanderung, unter anderem von ausgesetzten, nicht kastrierten Katzen. Kampagnen wie diese erfordern immer auch eine Aufklärung der Bevölkerung über die Notwendigkeit der Kastration von Hauskatzen, sonst bleibt langfristiger Erfolg aus.

Links *Wildlinge und Streuner sind oft misstrauisch und lassen sich nur schwer einfangen. TNR-Maßnahmen erfordern daher viel Zeit und Geduld.*

Rechts *Viele Tierschutzorganisationen und Tierärzte bieten zur Bestandskontrolle kostenlose oder günstige Kastrationen an, besonders in Gegenden mit sehr vielen Katzen.*

Im Tierheim

Tierheime gibt es in allen Größen, von kleinen, privaten bis hin zu großen, von namhaften Organisationen betriebenen Einrichtungen. Katzen, die dort landen, sind oft ausgesetzte oder unerwünschte Tiere, Streuner sowie trächtige Weibchen und solche mit Welpen. Manche Heime nehmen sich auch verwilderter Tiere an. Tierheime sind praktisch immer überbesetzt und am Rande ihrer finanziellen Möglichkeiten – in vielen Ländern werden darum noch immer zahllose Tiere eingeschläfert, weil sie zu krank oder alt, nicht vermittelbar oder einfach zu viele sind. Viele Tierheime verfolgen jedoch eine «No kill»-Strategie; gesunde Tiere werden dort nicht eingeschläfert. Dort dauert es oft lange, bis ein Platz frei wird, darum werden Tiere oft bis zur Vermittlung bei privaten Pflegestellen untergebracht.

Links *Ein kleiner, enger Käfig im Tierheim wird durch einige Spielzeuge, Katzengras und eine Rückzugsmöglichkeit für die Katze sehr viel angenehmer.*

Katzen werden oft von fremden Personen ins Tierheim gebracht, die um ihr Wohl besorgt sind – vielleicht weil die Tiere in der Gegend umhergestreunt sind oder offensichtlich ausgesetzt wurden. Abgegebene Hauskatzen stellen einen großen Anteil der Tiere im Heim. Typische Gründe dafür sind veränderte Lebensumstände des Halters (etwa ein Umzug in eine Mietwohnung, in der Katzenhaltung nicht erlaubt ist), Allergien und Verhaltensprobleme der Katze.

VIELFÄLTIGE ARBEIT

Tierheime wollen Katzen vor allem kastrieren und an passende Halter vermitteln, und zum Glück geben viele Menschen, die ein Haustier suchen, einer Katze aus dem Heim eine zweite Chance. Dabei geben sich die Heime viel Mühe, passende Tiere für die zukünftigen Halter zu finden, indem sie diese nach ihren Lebensumständen befragen und mit dem vergleichen, was sie über die Katzen wissen.

Moderne Tierheime engagieren sich auch in der Weiterbildung von Katzen- bzw. Tierhaltern, informieren über Verhaltensweisen der Katze und die Notwendigkeit der Kastration. Leider sind oft Verhaltensprobleme der Grund dafür, dass eine Katze ins Tierheim zurückgebracht wird – manchmal wurden diese vom Vorbesitzer verschwiegen. Darum informieren viele Tierheime über das Verhalten von Katzen und helfen bei der Problemlösung, damit die Tiere im alten oder neuen Zuhause bleiben können.

Unten *Tierschutzorganisationen versuchen stets, die Persönlichkeit einer Katze einzuschätzen und sie dann so schnell wie möglich in neue Hände zu vermitteln.*

TIERWOHL

Katzen mögen keine Veränderungen, besonders keine Ortswechsel, daher bedeutet die Ankunft im Tierheim für sie oft extremen Stress. Studien zum Tierwohl bei Katzen haben deren Pflege und Haltung in Heimen sehr verbessert. Schon kleine Veränderungen in der Unterbringung, etwa das Anbieten einer Box als Rückzugsort für ängstliche Katzen, reduzieren den Stress enorm. Die bereits beschriebenen Maßnahmen zur Bereicherung der Umwelt (Enrichment) sowie eine feste Routine und nicht zu stark wechselndes Pflegepersonal können einer Katze helfen, sich zu beruhigen, ihre wahre Persönlichkeit zu zeigen und hoffentlich einen neuen Halter zu finden.

Die Gesundheit der Katze

Hauskatzen leben dank Fortschritten in der Tiermedizin und wissenschaftlichen Erkenntnissen zur richtigen Ernährung heute weitaus länger als ihre Urahnen. Viele Tiere erreichen ein Alter von 15, 16 oder mehr Jahren. Eine nicht kastrierte, auf sich gestellte verwilderte Hauskatze dagegen lebt oft nicht länger als zwei, im Schutz einer versorgten Kolonie bis zu sieben Jahre. Die regelmäßige Versorgung mit schmackhaftem, reichhaltigem Futter und eine hohe Lebenserwartung stellen Katzen und ihre Halter jedoch vor neue Herausforderungen.

FETTLEIBIGKEIT

Fettleibigkeit ist bei Katzen immer häufiger ein Problem. Wie beim Menschen kann sie das Risiko für bestimmte Leiden, wie Diabetes, Erkrankungen der unteren Harnwege und Arthritis, erhöhen. Reine Wohnungskatzen haben zwangsläufig weniger Bewegung als Freigänger und laufen Gefahr, übergewichtig zu werden. Bei kastrierten Katzen ist der metabolische Umsatz verringert; sie brauchen weniger Futter, fressen aber nicht unbedingt von selbst weniger. Eine vom Tierarzt empfohlene proteinreiche, fett- und kohlenhydratarme Ernährung kann das Gewicht des Tieres reduzieren. Gibt man Trockenfutter, ist es hilfreich, wenn die Katze für ihr Futter «arbeiten» muss, weil man es

KOGNITIVE DYSFUNKTION

Zu den altersbedingten Leiden bei Katzen zählt die kognitive Dysfunktion, ein neurodegeneratives Leiden ähnlich der Alzheimer-Krankheit des Menschen. Symptome sind unter anderem Orientierungslosigkeit, Schlafstörungen, übermäßige Lautäußerungen (besonders nachts) und manchmal wachsende Reizbarkeit oder Aggression. Die Katzen sind verwirrt und benutzen deshalb vielleicht nicht die Katzentoilette, sondern verschmutzen das Haus.

Die kognitive Dysfunktion ist keine normale Alterserscheinung; sie ist unheilbar, doch kann man ihren Verlauf verlangsamen, wenn man die Symptome frühzeitig erkennt und die Umwelt entsprechend bereichert. Diese mentale Stimulation sowie eine spezielle Ernährung und, wenn vom Tierarzt empfohlen, Medikation können helfen.

Links *Eine Katze gilt als fettleibig, wenn sie das Idealgewicht für ihr Alter, Geschlecht und ihre Rasse um mindestens 20 % überschreitet. Übergewicht verringert die Lebenserwartung; hier kann mehr Bewegung abhelfen.*

Rechts *Ältere Katzen sind angenehme Hausgenossen und können bei guter Ernährung, Aktivität und tiermedizinischer Versorgung noch viele Jahre leben.*

im Futterball reicht (siehe S. 145) oder in der Wohnung versteckt. Neben der Fütterung spielt jedoch auch ausreichend Bewegung eine Rolle – Spielanreize oder das Schaffen einer abwechslungsreichen Umgebung, in der die Katze klettern und erkunden kann, sind dazu gute Möglichkeiten (siehe S. 142–145).

ÄLTERE KATZEN

Das Alter verändert den Körper und das Verhalten. Körperliche Beschwerden älterer Katzen sind Zahnprobleme, schwindendes Seh- und Hörvermögen, Gelenksteifigkeit und andere klassische Altersprobleme. Die geringere Beweglichkeit erschwert zudem die Pflege des Fells, dessen Zustand sich somit verschlechtern kann. Das Verhalten älterer Katzen kann von mehr Zuwendung zum Halter geprägt sein; manche Katzen aber erscheinen reizbarer, vor allem wenn sie unter Schmerzen oder Unbehagen leiden.

RUHIGER LEBENSABEND

Viele Besucher von Tierheimen entscheiden sich für ältere Katzen. Diese haben alle Unsicherheiten des Heranwachsens lange hinter sich und sind angenehme, ruhige Gefährten. Halter älterer Katzen müssen jedoch stets ein Auge auf deren Gesundheit haben und sie regelmäßig beim Tierarzt vorstellen.

Ältere Katzen schlafen gern und viel, daher sollte man ihnen mehrere warme, behagliche und gut zugängliche Ruheplätze anbieten. Doch sie spielen auch noch gern; mit ein wenig Anregung lassen sie sich oft auf ein Spielchen ein und jagen kurz nach einem Angelspielzeug oder Tischtennisball.

KAPITEL 6

Verzeichnis einiger Katzenrassen

Einführung in die Katzenzucht

Auch heute noch gehören die meisten Katzen, weltweit gesehen, zu den sogenannten Hauskatzen oder Straßenkatzen – Katzen, deren genetische Ausstattung das Ergebnis einer Zufallsmischung ist; häufig ist die Abstammung unbekannt und die Kreuzung nicht vom Menschen geplant. Tatsächlich ist das gezielte Züchten von Katzen mit ganz bestimmtem Aussehen ein relativ neues Kapitel in der Geschichte von Mensch und Katze und weitgehend auf die letzten 150 Jahre beschränkt. Es wird berichtet, dass Katzenschauen zwar schon 1598 stattfanden, doch die damals vorgestellten Katzen wurden nach ihren Jagdqualitäten und nicht nach ihrer Schönheit beurteilt.

Schwarze Hauskatze

Hauskatze, Tabby mit Weißscheckung

Rassekatze, Tricolor schildpatt-gestromt

EINIGE BEGRIFFE AUS DER KATZENZUCHT

Mischling eine Katze mit gemischter oder unbekannter Abstammung

Rassekatze (reinrassige Katze) eine Katze, deren Vorfahren alle derselben Rasse oder zugelassenen Einkreuzungen anderer Rassen angehören

Stammbaum (Pedigree) Aufzeichnung der Vorfahren einer bestimmten Katze

Rassenkreuzung die Verpaarung von zwei Katzen unterschiedlicher Rasse; führt zu einer Hybriden

Inzucht die Verpaarung von zwei nahe verwandten Katzen

Gegenüber *Zufallskreuzungen, also «normale» Haus- oder Straßenkatzen, machen weltweit gesehen den größten Teil der Katzenpopulation aus; dabei kommt eine Vielzahl von Körperformen und -größen sowie Fellfarben und -zeichnungen vor.*

Rechts *Rassekatzen – hier eine Thaikatze – werden bei einer Katzenschau vorgestellt und nach ganz speziellen äußerlichen Kriterien beurteilt – nach dem sogenannten Rassestandard.*

Die erste offizielle Katzenschau wurde 1871 von Harrison Weir in London organisiert. Bei dieser Ausstellung wurden auch einige alte Rassen wie die Siamkatze (des traditionellen Typs, entspricht der heutigen Thaikatze, siehe S. 174) und eine Manx-Katze gezeigt, und diese Katzenschau wurde zum Startpunkt der sogenannten Katzenliebhaberei *(cat fancy)*. Später gründete Weir den National Cat Club (1887) und verfasste das erste Buch über Rassekatzen (*Our Cats and All About Them,* 1889).

Man begann sich für das Aussehen bestimmter Katzen zu interessieren und die Merkmale züchterisch zu festigen, sodass unverwechselbare «Rassen» entstanden. Katzenvereine wurden gegründet, die sich der Entwicklung und Präsentation von Rassen widmeten. Mit der Zeit übernahmen größere Gesellschaften die Aufgabe, Zuchtrichtlinien vorzugeben und die Rassen systematisch in Zuchtbüchern zu registrieren, sie legten auch die sogenannten Rasse- oder Zuchtstandards (Summe der typischen Merkmale jeder Rasse) fest. Inzwischen gibt es zahlreiche Organisationen auf Länderebene, darunter größere wie die Cat Fanciers' Association (CFA) in den USA, der Governing Council of the Cat Fancy (GCCF) in Großbritannien, ferner auf internationaler Ebene die International Cat Association (TICA) und die Fédération Internationale Féline (FIFe). Wie bei einer derart multinationalen Situation zu erwarten, unterscheiden sich die Kriterien der Rassestandards je nach Vereins-Zuchtbuch erheblich, und manche Vereine erkennen Rassen an, die andere nicht gelten lassen.

STAMMRASSEN

Der Mensch und seine Katzengefährten breiteten sich nach und nach über die gesamte Welt aus und gelangten zwangsläufig auch an Orte, die von anderen Katzenpopulationen relativ abgeschnitten waren. In solchen kleinen isolierten Gruppen ist der Genpool eingeschränkt, sodass Spontanmutationen (die z. B. bestimmte neue Merkmale bedingen) eher dauerhaft erhalten bleiben können als in größeren Populationen. Derartige Merkmale können über generationenlange Isolation allmählich häufiger werden. Dieser sogenannte Gründereffekt ist dafür verantwortlich, dass in verschiedensten Teilen der Welt ohne menschliches Zutun unterschiedliche Linien oder natürliche Rassen der Hauskatze entstehen konnten. Etliche dieser lokalen Varianten erregten die Aufmerksamkeit der ersten Katzenliebhaber, einige Varianten wurden schließlich als Rassen anerkannt und registriert. Sie werden als Stammrassen *(foundation breeds)* bezeichnet: Etwa 22 Stammrassen sind bekannt (denn je nach Zuchtbuch werden unterschiedlich viele anerkannt), sie bilden den Grundstock vieler moderner Katzenrassen, die seither selektiv gezüchtet wurden.

Unten *Die Russisch Blau ist ein Beispiel für eine natürliche Stammrasse. Man vermutet, dass sie in der Umgebung des nordrussischen Hafens Archangelsk entstanden ist.*

NEUE RASSEN

Die ersten Katzenliebhaber experimentierten mit der Kreuzung verschiedener Rasse- und Farbkombinationen und entdeckten die neuen Varianten häufig per Zufall. Dank der großen Fortschritte in Genetik und Molekularbiologie ist die Züchtung inzwischen viel präziser und wissenschaftlich fundierter: Die Züchter setzen den Gründereffekt ein, um neue Mutationen in bereits bestehende Rassen einzuführen, sodass Varianten der alten Rassen oder sogar vollständig neue Rassen entstehen. Während die Analyse der Stammrassen zeigte, dass sie sich in ihrer genetischen Ausstattung deutlich voneinander unterscheiden, sind die neuen, aus diesen Stammrassen entwickelten Rassen oft gegenüber dem Original genetisch kaum verändert. Manchmal resultiert eine neue Rasse «nur» aus der Entwicklung einer Langhaar-Variante aus einer Kurzhaarrasse (so entstand z. B. die Somalikatze aus der Abessinierkatze), einer neuen Fellfarbe oder abgewandelten Fellzeichnung (Orientalisch Kurzhaar wurde beispielsweise aus der Siamkatze gezüchtet). Andere Rassen entstanden durch gezieltes Kreuzen existierender Rassen, um die erwünschten Merkmale von zwei oder mehr Rassen in einer neuen zu vereinen. So ist die Ocicat eine Kreuzung zwischen Siamkatze und Abessinier-Rassen.

EXTREM- ODER QUALZUCHTEN

Stammrassen weisen von Natur aus viele Unterschiede in der äußeren Erscheinung auf, welche die Züchter sich bei der Entwicklung ihrer Rassen zunutze gemacht und oft noch stärker betont haben. Ein klassisches Beispiel, gleichzeitig eine der ältesten Katzenrassen der Welt, ist die Perserkatze (siehe S. 181), deren Gesicht durch Zuchtwahl nach und nach immer «flacher» wurde (sogenannte Brachycephalie). Diese «peke-face-Perser» leiden oft unter massiven Gesundheitsproblemen wie Atembeschwerden, permanent

VERHALTENSMERKMALE REINRASSIGER KATZEN

Meist wurde bei der Züchtung eher Wert auf Aussehen als auf Persönlichkeit gelegt, doch für manche Rassen sind ganz unverkennbare Verhaltensmerkmale typisch. Bengalen und Abessinier sind besonders aktiv, Perserkatzen und Ragdolls sind von Natur aus relativ träge. Orientalische Rassen (vor allem aus der Verwandtschaft der Siamkatze) gelten im Umgang mit Menschen als sehr «gesprächsfreudig».

tränenden Augen (aufgrund blockierter Tränengänge) etc. Ein weiteres Beispiel ist die Siamkatze des modernen Typs: Bedingt durch die Zucht besitzt sie einen überschlanken Kopf und Körper, sodass es zu Problemen mit fragilen Knochen und Schädeldeformationen kommen kann. Manchmal werden auch Mutationen ausgelesen, die zwar an einer Stelle zu einem bestimmten, erwünschten Merkmal führen, in anderen Körperregionen jedoch Beschwerden oder Schmerzen verursachen. Ein Beispiel ist die Scottish Fold (Schottische Faltohrkatze, siehe S. 184): Die Mutation, die über das veränderte Knorpelgewebe die Faltohren auslöst, kann in anderen Körperbereichen zu schmerzhaften Defekten von Knorpel- und Knochengewebe führen. Durch eine enge Zusammenarbeit zwischen Zuchtbuchführern, Tierärzten und Genetikern kann man negative Auswirkungen bei bestimmten Zuchttrends rechtzeitig erkennen, damit möglichst keine neuen Katzenrassen mit vorprogrammierten Gesundheitsproblemen entstehen.

Links *Die Perserkatze ist eine flachgesichtige (brachycephale) Katzenrasse. Mehr oder weniger brachycephal (oft mit den entsprechenden Gesundheitsproblemen) sind außerdem Exotic Shorthair, Himalayan (Perser Colourpoint) und Burmakatze (Burmese).*

Oben *Die Bengal ist eine sehr aktive Rasse und benötigt daher viel Bewegung und Anregung, vor allem, wenn sie im Haus gehalten wird.*

Unten *Die Scottish Fold (Schottische Faltohrkatze) ist als Züchtung umstritten, da die Mutation im Gen, das für die Faltohren verantwortlich ist, auch schmerzhafte Defekte von Knorpel- und Knochengewebe in anderen Körperregionen verursacht.*

INZUCHT

Wenn immer wieder mit derselben Katzenpopulation gezüchtet wird, um bestimmte Merkmale zu erzielen, handelt es sich um Inzucht (siehe Kasten S. 165). Diese kann neben physisch offensichtlichen Gesundheitsproblemen (die durch extreme Formen wie bei der Perserkatze verursacht werden) weitere Probleme auf genetischer Ebene zur Folge haben. Inzucht vermindert die genetische Diversität innerhalb einer Rasse derart, dass potenziell schädliche oder unerwünschte Genvarianten, die unter normalen Umständen aus der Population verschwinden würden, im Genpool verbleiben und manchmal zu schwerwiegenden Erkrankungen oder Störungen führen. Progressive Retinaatrophie (PRA) beispielsweise ist eine degenerative Augenerkrankung, die bestimmte Rassen wie Abessinier und Perser betrifft. PRA nimmt bei diesen beiden Rassen unterschiedliche Formen an und wird durch zwei verschiedene (mutierte) Gene verursacht. Das jeweilige Gen ist in beiden Fällen rezessiv, was bedeutet, dass die Krankheit bei Vorhandensein von nur einer Kopie des mutierten Gens nicht zum Ausbruch kommt, die Katze jedoch Träger ist. Durch den begrenzten Genpool einiger Rassen kann es aber passieren, dass schließlich relativ viele Individuen zwei Kopien des mutierten Gens erben (von jedem Elterntier eine) und sich eine PRA entwickelt.

GEN-ANALYSEN

Dank der modernen Genetik können Züchter ihre Katzen mithilfe von DNA-Analysen zum Glück auf einige der häufigeren ungünstigen Gene testen lassen, bevor sie die Tiere zur Zucht einsetzen, und so die Weitergabe in ihrer Zuchtpopulation vermeiden. Katzen können neben PRA inzwischen auf hypertrophe Kardiomyopathie, Polyzystische Nierenerkrankung, Pyruvatkinase-Defizienz und viele weitere Gesundheitsstörungen getestet werden, die in den jeweiligen Rasseporträts der folgenden Seiten gelistet sind. (Auf Seite 214/215 folgt ein Glossar medizinischer Fachbegriffe.) Handelt es sich bei einer neuen Rasse nur um die Variante einer Stammrasse oder ist sie als gezielte Kreuzung zweier Rassen entstanden, so kann auch die neue Rasse unter ähnlichen Gesundheitsproblemen leiden wie die Ausgangsrasse(n). Im Idealfall sollten Individuen, die für die Zucht vorgesehen sind, auf die entsprechenden Gesundheitsstörungen getestet werden.

Oben *Die Burmakatze ist eine alte Stammrasse aus Südostasien.*

Mitte *Die Siamkatze gehört zu den ältesten Katzenrassen und stammt aus Thailand.*

Unten *Die Tonkanese ist eine Kreuzung zwischen Burmakatze und Siamkatze – was äußere Merkmale und Gesundheitsprobleme angeht, ist sie eine Kombination beider Elternrassen.*

AUSKREUZEN

Wenn man die zunehmenden Gesundheitsprobleme vermeiden will, die mit der Inzucht einhergehen, ist es nur logisch, den vorhandenen Genpool durch frisches Genmaterial zu erweitern. Manchmal erfolgt dieses Auskreuzen sowieso, wenn Züchter zwei Rassen kreuzen, um eine neue zu schaffen. Ist die Rasse aber erst etabliert, so versucht man die typischen Merkmale zu erhalten und zu verbessern, was oft mit einer Tendenz zur Begrenzung des Genpools und der Bewahrung der reinen Linie einhergeht. Wie neuere wissenschaftliche Untersuchungen zeigen, besteht immer noch eine große genetische Diversität bei den verschiedenen Katzenrassen. Auch die Führer von Zuchtbüchern raten den Züchtern inzwischen bei sehr reduziertem Genpool zum Auskreuzen mit anderen Rassen. Die von den Zuchtbüchern vorgegebenen Rassestandards nennen mittlerweile Rassen, die zum Auskreuzen mit der jeweiligen Rasse geeignet sind – so lässt sich die Entwicklung einer Rasse auch züchterübergreifend vereinheitlichen.

ARTHYBRIDEN

Etliche Züchter lieben Katzen mit «exotischem» Fell und haben daher mit dem Kreuzen von Hauskatzen und verschiedensten wilden Katzenarten (sogar aus anderen Gattungen) experimentiert. Am erfolgreichsten war das Zuchtprogramm der Rasse Bengal, die mittlerweile international von den meisten Zuchtbüchern als Rasse anerkannt ist. Sie ist das Produkt der Kreuzung zwischen der wilden Feliden-Art Bengalkatze *(Prionailurus bengalensis)* und der Hauskatze – inzwischen gehört sie weltweit zu den zehn beliebtesten Rassekatzen. Die Entwicklung der Rasse gestaltete sich anfangs schwierig, da die ersten Hybriden vom Temperament sehr wild waren. Auch die heutige Bengal ist eine sehr aktive Katze, doch die anfänglichen Probleme konnten dank gezielter Züchtung weitgehend beseitigt werden – allerdings stellt sich die Frage, wie sinnvoll das Einkreuzen von wilden Feliden generell ist. Viele Naturschutz- und Hauskatzenexperten sind gegen derartige Zuchtprogramme. Trotzdem gibt es Kreuzungen mit etlichen anderen wilden Feliden, einige wurden zu neuen Rassen weiterentwickelt. Da ist beispielsweise die Rasse Savannah (Kreuzung von Serval und Hauskatze) oder die Chausie (Kreuzung von Rohrkatze und Hauskatze), oft wurden sie jedoch nur von einem einzigen Zuchtbuch akzeptiert.

HETEROSISEFFEKT *(HYBRID VIGOUR)*

Darunter versteht man die Tatsache, dass bei der Kreuzung zweier genetisch deutlich verschiedener Tiere durch die Vermischung der mütterlichen und väterlichen Gene die Nachkommen (Hybriden) der ersten Generation häufig gesünder sind und andere positive Eigenschaften besitzen. Vorrangiges Zuchtziel ist es oft, die erwünschten Merkmale zweier Rassen zu kombinieren; die zusätzliche Widerstandsfähigkeit der Hybriden *(hybrid vigour)* ist ein zusätzlicher Bonus.

Rechts *Die Katzenrasse Savannah entstand durch die Kreuzung von Hauskatze und Serval. Rein äußerlich ist sie wunderschön, als Haustier aber oft anstrengend, da sie äußerst aktiv und neugierig ist.*

Bengal (Bengalkatze)

GEWICHT
3,5–7 kg

ZUR GENETIK
Gattungshybride (Bengalkatze (Spezies) × kurzhaarige Hauskatze)

FELLPFLEGE
wenig aufwendig

AKTIVITÄT
sehr hoch – benötigt viel Platz und Anregung

CHARAKTER
hochintelligent, neugierig, verspielt; liebt Wasser; gesellig, interaktiv, recht «gesprächig»; gegenüber anderen Katzen möglicherweise Territorialverhalten

GESUNDHEITSPROBLEME
FCK-Syndrom, Hypertrophe Kardiomyopathie, Progressive Retinaatrophie, Pyruvatkinase-Defizienz

HERKUNFT USA

Geschichte Die Bengal entstand in den 1970ern durch Kreuzung von kurzhaarigen Hauskatzen mit der wilden Bengalkatze *(Prionailurus bengalensis)* aus Asien. Ziel war es, die natürliche Immunität der Bengalkatze gegen «Katzenleukämie» auf Hauskatzenpopulationen zu übertragen. Dies gelang zwar nicht, doch die resultierende attraktive Hybridkatze wurde weiter gekreuzt, bis schließlich die heutige Bengal-Rasse entstand: Sie wirkt äußerlich wie eine Wildkatze, ist vom Temperament her aber eher eine Hauskatze.

Porträt Die Bengal ist eine athletische, muskulöse und große Katze mit besonders weichem Fell. Es erinnert in der Zeichnung an Wildkatzen und ist marmoriert *(marbled)* oder getupft *(spotted)* bis rosettiert, im Gesicht mit typischer Tabby-Zeichnung. Die Fellfärbung kann variieren; am beliebtesten sind die ursprünglichen Brauntöne, doch auch Varianten in Blau, Snow (Schneebengal) und Silver existieren. Bei manchen zeigt das Fell einen Glitter-Effekt, der durch unpigmentierte Haarspitzen zustande kommt. Die Augen sind meistens grün, golden oder gelb gefärbt, es gibt aber auch Tiere mit blauen oder wasserblauen (aqua) Augen.

Toyger

GEWICHT
3–7 kg

ZUR GENETIK
Variante der Bengal

FELLPFLEGE
wenig aufwendig

AKTIVITÄT
hoch – liebt Freigang; Tiere in Wohnungshaltung benötigen genügend Platz und Beschäftigungsmöglichkeiten

CHARAKTER
freundlich, kontaktfreudig, selbstsicher; intelligent und interaktiv; verspielt und leicht abzurichten; sollte nicht über längere Zeit allein gelassen werden

GESUNDHEITSPROBLEME
Agalaktie, Hypertrophe Kardiomyopathie, Progressive Retinaatrophie

HERKUNFT USA

Geschichte Diese relativ junge, noch recht seltene Katzenrasse entstand in den späten 1980ern in den USA. Ziel war ein kleiner «Stubentiger», der im Aussehen einem Tiger ähnelt, was im Namen Toyger (von *toy tiger,* Spielzeug-Tiger) anklingt. In einem ausgeklügelten Zuchtprogramm wurden Bengalen mit kurzhaarigen, getigerten Tabby-Hauskatzen, deren Fellzeichnung an Tiger erinnerte, gekreuzt; später wurde noch eine indische Straßenkatze eingekreuzt, die zwischen den Ohren eine ungewöhnliche getupfte Zeichnung *(spotted)* aufwies.

Porträt Die Toyger besitzt einen mittelgroßen, keilförmigen Kopf und einen lang gestreckten, muskulösen Körper; ihr Gang erinnert an eine große Wildkatze. Das Besondere ist die Zeichnung des kurzen, dichten Fells: Es ist eine modifizierte Tabby-Tigerung *(modified mackerel tabby),* deren markante, unregelmäßige Streifen anders als beim normalen Tabby am Körper senkrecht, an Hals und Kopf hingegen konzentrisch rund um das Gesicht verlaufen. Die Tiger-Zeichnung ist dunkelbraun bis schwarz, die Grundfarbe rötlich oder lohfarben mit leichtem Goldglitter-Effekt.

Abessinierkatze (Abessinier)

GEWICHT
2,7–4,5 kg

ZUR GENETIK
Stammrasse (vermutlich Indien)

FELLPFLEGE
wenig aufwendig

AKTIVITÄT
sehr aktiv; klettert gerne hoch; Freigang ermöglichen, falls Gelände gesichert ist

CHARAKTER
hochintelligent, neugierig, verspielt; gesellig und anhänglich; leise trillernde Lautäußerungen; manchmal dickköpfig

GESUNDHEITSPROBLEME
Amyloidose, Zahnfleischentzündung (Gingivitis) und Parodontitis, Patellaluxation, Progressive Retinaatrophie, Pyruvatkinase-Defizienz

HERKUNFT Indien

Geschichte Die Abessinierkatze gehört zu den ältesten Katzenrassen – ihre genaue Herkunft ist unbekannt, aber Thema etlicher Legenden: So soll sie einerseits bereits in altägyptischen Grabmälern dargestellt sein, andererseits nach dem Ende der Britischen Äthiopienmission (1868) von Soldaten mitgebracht worden sein. Durch DNA-Analysen steht aber inzwischen fest, dass ihr Ursprung am Golf von Bengalen (Indien) liegt und nicht in Äthiopien (früher Abessinien), auch wenn der Name und die Ähnlichkeit mit afrikanischen Wildkatzenarten etwas anderes nahelegen. Die Rasse wurde im späten 19. Jh. in Großbritannien züchterisch gefestigt und gelangte im frühen 20. Jh. in die USA.

Porträt Abessinier haben einen schlanken, muskulösen Körper und einen keilförmigen Kopf mit großen Ohren und mandelförmigen Augen, die golden, bernsteinfarben oder grün gefärbt sind. Eine Besonderheit ist das getickte Agouti-Fell: Das Tabby-Muster ist bei dieser Fellzeichnung komplett aufgelöst, sichtbar ist die Agouti-Bänderung der Einzelhaare (abwechselnd hell/dunkel, an der Haarspitze dunkler). Bei der Geburt sind die Welpen dunkler, ihr Fell hellt nach und nach auf. Die traditionelle Fellfarbe ist wildfarben (Ruddy oder Usual: ein dunkles Gold- bis Rotbraun mit schwarzem Ticking), weitere Farbschläge sind Fawn, Sorrel, Chocolate und Blau.

Somalikatze

GEWICHT
2,7–4,5 kg

ZUR GENETIK
Variante der Abessinierkatze

FELLPFLEGE
mäßig aufwendig

AKTIVITÄT
hoch – klettert und springt gerne; Freigang ermöglichen, falls Gelände gesichert ist

CHARAKTER
hochintelligent, neugierig, aktiv, verspielt – apportiert gerne; gesellig und anhänglich, aber keine Schoßkatze

GESUNDHEITSPROBLEME
Amyloidose, Zahnfleischentzündung (Gingivitis) und Parodontitis, Patellaluxation, Progressive Retinaatrophie, Pyruvatkinase-Defizienz

HERKUNFT USA

Geschichte Die Somali ist im Prinzip eine Langhaar-Version der Abessinier (siehe S. 168); um die nahe Verwandtschaft zur Abessinierkatze zu betonen, benannte man sie nach Somalia, dem Nachbarstaat Äthiopiens (früher Abessinien). Laut DNA-Analysen stammt die Abessinier aber aus Indien (am Golf von Bengalen); die Somalikatze wiederum wurde in den USA gezüchtet, nachdem immer wieder Langhaarwelpen in Abessinier-Würfen auftraten. Das aktive Zuchtprogramm begann in den 1960ern.

Porträt Wie die Abessinier haben Somalikatzen einen schlanken, muskulösen Körper und einen keilförmigen Kopf. Wegen der großen, spitzen Ohren, der mandelförmigen Augen (in Gold- oder Grünschattierungen) und des buschigen Schwanzes werden sie gelegentlich als «Fuchskatze» bezeichnet. Das mittellange Fell existiert in verschiedenen Farbschlägen; am häufigsten ist das ursprüngliche Wildfarben (Usual), ein dunkles Goldbraun mit schwarzem Ticking. Auffällig sind die üppige Halskrause, ferner die Behaarung in den Ohrmuscheln und zwischen den Zehen.

Siamkatze (Siamese)

GEWICHT
3,5–7 kg

ZUR GENETIK
Stammrasse – Südostasien

FELLPFLEGE
wenig aufwendig

AKTIVITÄT
hoch

CHARAKTER
intelligent, kontaktfreudig und gesellig; hundeähnlich im Verhalten (apportiert gerne); kann sehr menschenbezogen sein, sehr «gesprächig»; sollte nicht über längere Zeit allein gelassen werden

GESUNDHEITSPROBLEME
Asthma, einige Tumorarten, Lysosomale Speicherkrankheiten, Pica-Syndrom, Progressive Retinaatrophie

HERKUNFT Thailand

Geschichte Die Siamkatze zählt zu den ältesten Katzenrassen der Welt und stammt aus Thailand (früher Siam); dort wird sie schon in den *Tamra Maew* («Katzengedichten») erwähnt (s. S. 114). Die Geschichte der Rasse ist nicht genau bekannt, angeblich soll sie von heiligen Tempelkatzen abstammen und früher nur dem Königshaus gehört haben. Die «königliche Katze von Siam» gelangte in den späten 1880ern in die USA und nach Großbritannien und wurde auf den ersten Katzenausstellungen gezeigt.

Porträt Die traditionelle (klassische) Siamkatze hatte einen deutlich gedrungeneren Körper, runderen Kopf und kleinere Ohren als der heutige moderne Schlanktyp mit geschmeidigem, muskulösem Körper, langen Beinen, schmälerem, dreieckigem Kopf und großen Ohren. Die mandelförmigen Augen sind blau – das ursprüngliche Schielen, das ebenso wie der Knickschwanz früher ein Kennzeichen der Rasse war, konnte durch sorgfältige Züchtungsarbeit eliminiert werden. Das kurze, glatte Fell besitzt keine Unterwolle; heutzutage existieren wesentlich mehr Farbschläge als früher, sowohl in der Grundfarbe als auch den Points (Akren). Der klassische Typ der Siamkatze wird von einigen Züchtern als eigene Rasse «Thaikatze» weitergezüchtet (s. S. 174).

Balinese (Balinesenkatze)

GEWICHT
3,5–7 kg

ZUR GENETIK
Variante der Siamkatze

FELLPFLEGE
trotz Felllänge relativ einfach, da ohne Wollhaar

AKTIVITÄT
hoch

CHARAKTER
neugierig, kontaktfreudig, verspielt; sehr «gesprächig» (Stimme aber leiser als bei Siamesen); sehr gesellig, sucht Beachtung, geht enge Bindung mit Halter ein – sollte daher nicht über längere Zeit allein sein

GESUNDHEITSPROBLEME
Leber-Amyloidose, Progressive Retinaatrophie, Schielen

HERKUNFT USA

Geschichte Der Name der Rasse soll an die graziösen Tempeltänzerinnen auf Bali erinnern. Sie stammt aber nicht aus Indonesien, sondern aus den USA, wo sie als Langhaar-Variante der Siamkatze entwickelt wurde: In den Würfen der Siamesen treten gelegentlich Langhaarwelpen auf, doch erst seit den 1950ern wurde aus diesen gezielt eine eigenständige Rasse gezüchtet.

Porträt Die Balinese ist zwar schlank und feinknochig, gleichzeitig aber sehr kräftig und muskulös. Der Kopf wirkt relativ dreieckig, die Ohren sind groß, die Augen strahlend blau. Das halblange Fell ist einlagig (fehlendes Wollhaar) und liegt dicht an, am Schwanz ist es besonders lang und buschig. Die traditionellen Siam-Farbschläge – Seal-Point, Chocolate-Point, Blue-Point, Lilac-Point – waren ursprünglich vorherrschend, doch im Zug der Weiterentwicklung kreuzte man andere Rassen ein (vor allem Colourpoint Shorthair), woraus auch unübliche Farbschläge wie Tortie-Point und Lynx-Point resultierten. Diese Varianten werden in einigen Zuchtbüchern als Javanese und somit eigene Rasse geführt, andere sehen sie nur als Balinesen-Subtyp an.

Havana (Havana-Katze)

GEWICHT
2,7–4,5 kg

ZUR GENETIK
Variante der Siamkatze

FELLPFLEGE
wenig aufwendig

AKTIVITÄT
mäßig

CHARAKTER
kontaktfreudig, freundlich, verspielt, kann fordernd und «gesprächig» sein (Stimme aber leiser als bei Siamesen); menschenbezogen, sollte daher nicht über längere Zeit allein sein

GESUNDHEITSPROBLEME
FCK-Syndrom, Leber-Amyloidose, Progressive Retinaatrophie

HERKUNFT GB und USA

Geschichte Die Havana, auch Havana Brown genannt, entstand in den 1950ern in Großbritannien, als man eine schwarze Hauskatze mit einer Chocolate-Point-Siamkatze kreuzte. (Vermutlich spielte Russisch Blau ebenfalls bei der Entstehung mit.) Damals war die Rasse auch als Chestnut Foreign Shorthair bekannt und gelangte in die USA, wo die Zucht eine andere Richtung nahm als in Großbritannien – dort gilt die Havana inzwischen als Variante der Orientalisch Kurzhaar. Aufgrund des schwindenden Genpools kreuzte man später schwarze Kurzhaar-Hauskatzen und bestimmte Orientalisch-Kurzhaar-Varianten ein. Zum Rassenamen Havana gibt es verschiedene Theorien: Eine besagt, die dunkelbraune Fellfarbe erinnere an eine Havannazigarre aus Kuba; eine andere, die Katze sehe, was die Fellfarbe angeht, wie ein Havannakaninchen aus.

Porträt Die englische Variante der Havana (ein eher orientalischer Katzentyp) hat ein keilförmiges Gesicht mit großen, aufgestellten Ohren, während die amerikanische Variante etwas nach vorne geneigte Ohren hat, dazu eine markante, abgerundete Schnauze mit ausgeprägtem Schnurrhaarkissen, die deutlich aus dem Kopf heraussteht, sodass dieser länger als breit ist. Das glänzende Fell ist schokoladen- bis mahagonibraun, ebenso die Schnurrhaare. Die Augen sind grün.

Orientalisch Kurzhaar

GEWICHT
4–6,5 kg

ZUR GENETIK
Variante der Siamkatze

FELLPFLEGE
wenig aufwendig

AKTIVITÄT
hoch – benötigt viele Beschäftigungsmöglichkeiten (Enrichment)

CHARAKTER
intelligent, neugierig, sehr gesellig, aktiv und verspielt – apportiert gerne; «gesprächig», fühlt sich als Familienkatze besonders wohl und möchte nicht über längere Zeit allein sein

GESUNDHEITSPROBLEME
Leber-Amyloidose, Progressive Retinaatrophie

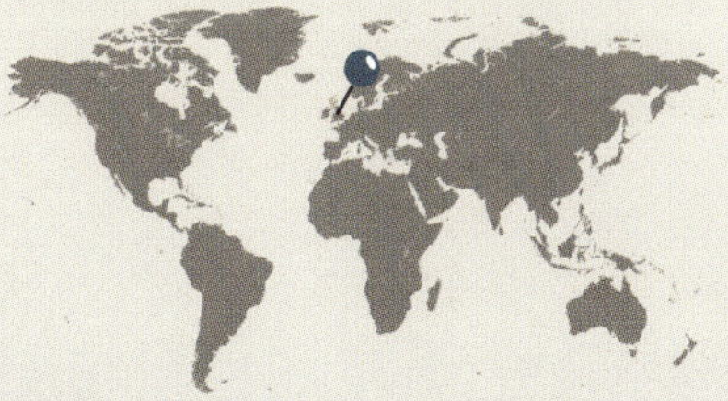

HERKUNFT GB

Geschichte Die Orientalisch Kurzhaar entstand in den 1950ern in Großbritannien, als man Siamesen mit Russisch Blau, Abessiniern und Britisch Kurzhaar kreuzte. Die Nachkommen ohne Point-Färbung wurden mit Siamkatzen rückgekreuzt, wodurch eine Rasse entstand, die den Siamesen im Körperbau ähnelte, aber eine größere Zahl an Fellfarben und -zeichnungen besaß. Als die Rasse in den 1970ern in die USA gelangte, wurde sie züchterisch weiterentwickelt, um noch mehr Farbschläge zu erzielen. Je nach Zuchtbuch unterscheidet sich die Benennung der Rasse; einige Varianten werden in manchen Zuchtbüchern als eigene Rasse anerkannt.

Porträt Die Orientalisch Kurzhaar hat einen lang gestreckten, schlanken Körper, ist aber erstaunlich muskulös und schwerer, als sie aussieht. Große, am Ansatz weite Fledermausohren sitzen auf einem keilförmigen Kopf. Das sehr kurze Fell ist glatt und glänzend; es gibt auch eine Variante mit halblangem Haar, die Orientalisch Langhaar. Beide Varianten existieren in praktisch jeder Fellfarbe und -zeichnung. Die mandelförmigen Augen sind grün oder gelbgrün; Tiere mit Bicolour-Fell (Weißscheckung) haben verschiedenfarbige Augen.

Thaikatze

GEWICHT
2,7–5,5 kg

ZUR GENETIK
Variante der Siamkatze

FELLPFLEGE
wenig aufwendig

AKTIVITÄT
hoch

CHARAKTER
intelligent, verspielt, kontaktfreudig und sehr menschenbezogen; «gesprächig» mit großem Lautrepertoire; kann fordernd sein; sollte nicht über längere Zeit allein gelassen werden

GESUNDHEITSPROBLEME
Gangliosidose

HERKUNFT Thailand

Geschichte In Thailand ist diese Rasse als *Wichienmaat* («Monddiamant») bekannt, und sie stellt letztlich den traditionellen (klassischen) Typ der Siamkatze dar, der im späten 19. und frühen 20. Jh. gezüchtet wurde. Bei der Entwicklung des modernen Siamesentyps selektierte man immer zartknochigere, schlankere Tiere bis hin zum extremen «Twiggy-Typ» der modernen Siamkatze, der heute vertreten ist. Manche Züchter bevorzugten aber den traditionellen Typ und begannen, die Thaikatze in den 1990ern als eigene Rasse zu entwickeln. Später wurde der Genpool auch durch Importtiere aus Thailand aufgefrischt.

Porträt Die Thaikatze hat einen lang gestreckten, eleganten Körper, doch sie gehört nicht zu den Extremformen wie die Siamkatze. Das typisch herzförmige, oben recht breite Gesicht hat gerundete Wangen. Die Stirn ist lang und flach, die Schnauze keilförmig zulaufend. Das kurze, seidige Fell existiert in einer Vielzahl von Point-Färbungen mit heller Grundfarbe. Die mandelförmigen Augen sind leuchtend blau. Die Variante Thai Lilac hat ein beigebraunes, leicht rosa getöntes Fell mit silbrigen Haarspitzen und grünliche Augen.

Snowshoe

GEWICHT
3–5,5 kg

ZUR GENETIK
Variante der Siamkatze

FELLPFLEGE
wenig aufwendig

AKTIVITÄT
hoch – Tiere in Wohnungshaltung benötigen viel zusätzliche Beschäftigungsmöglichkeiten

CHARAKTER
intelligent, extrovertiert und verspielt; liebt Wasser; anhänglich, sanftmütig, geht oft enge Bindung mit einer Person ein; «gesprächig», aber leiser als Siamesen; sollte nicht über längere Zeit allein gelassen werden

GESUNDHEITSPROBLEME
Polyzystische Nierenerkrankung

HERKUNFT USA

Geschichte Die Snowshoe hieß ursprünglich «Silver Laces» und entstand in den 1960ern in den USA: In einem Siamesen-Wurf fanden sich damals drei Welpen mit weißen Pfoten. Als diese mit «Tuxedo»-American-Shorthair (mit Smoking-Zeichnung) verpaart wurden, resultierten daraus Katzen mit Point-Färbung, einer Gesichtsmaske in Form eines umgekehrten, weißen V und auffälligen weißen «Socken»: Letzteres führte zum Namen Snowshoe («Schneeschuh»). Die Rasse ist nach wie vor relativ selten, möglicherweise auch deshalb, weil es in der Zucht schwierig ist, die Fellfärbung der Welpen gezielt zu planen.

Porträt Die Snowshoe hat einen lang gestreckten, festen und erstaunlich kräftigen Körper. Die apfelförmige Kopfform ist ähnlich wie beim älteren Typ der klassischen Siamkatze. Das kurze, einlagige Fell weist dieselben Farbschläge wie bei Siamesen auf; dabei entwickeln sich Färbung und Points (Akren) erst im Lauf der Zeit – die Welpen sind bei Geburt völlig weiß. Die Fellzeichnung variiert zwar, doch im Idealfall weist eine ausgewachsene Snowshoe weiße Socken an den Pfoten auf, die vorne etwas kürzer als hinten sind, sowie ein umgekehrtes, weißes V zwischen den Augen. Die walnussförmigen Augen sind immer blau.

Ocicat

GEWICHT
2,7–6,5 kg

ZUR GENETIK
Rassenkreuzung (Siamkatze x Abessinier)

FELLPFLEGE
wenig aufwendig

AKTIVITÄT
hoch – sehr bewegungsaktiv

CHARAKTER
freundlich, selbstbewusst und intelligent; menschenbezogen, aber nicht fordernd; hundeähnlich im Verhalten – lässt sich gut abrichten und apportiert gerne; fühlt sich als Familienkatze wohl

GESUNDHEITSPROBLEME
Progressive Retinaatrophie, Pyruvatkinase-Defizienz und andere für Stammrassen typische Probleme

HERKUNFT USA

Geschichte Die Ocicat sieht zwar wie eine Kreuzung aus Ozelot *(Leopardus pardalis)* und Hauskatze aus, entstand aber aus der Kreuzung verschiedener Hauskatzenrassen. In den 1960ern versuchte eine Züchterin in Michigan (USA), eine getickte Siamkatze zu entwickeln, indem sie Siam- mit Abessinierkatzen kreuzte. Aus einer der F2-Kreuzungen (Kreuzungen der Enkelgeneration) ging unerwartet ein getupftes Katzenjunges namens Tonga hervor – die erste Ocicat. Durch das Einkreuzen von American Shorthair wurde die Rasse in Richtung einer größeren, kräftigeren Katze weiterentwickelt.

Porträt Die Ocicat besitzt einen lang gestreckten, muskulösen, athletisch wirkenden Körper und einen keilförmigen Kopf mit großen Ohren. Die großen, leicht schräg stehenden Augen sind mandelförmig; bis auf Blau sind alle Farbtöne erlaubt. Das exotisch wirkende getupfte Fell ist kurz und seidig glatt; es kommt in etlichen Farben vor, darunter Tawny, Chocolate, Cinnamon, Blue, Lilac und Fawn sowie den Silber-Varianten dieser Farben. Die Tupfen selbst wirken wie Daumenabdrücke; sie bedecken den gesamten Körper und bilden an den Flanken ein «Bullseye-Muster».

Burmakatze (Burmese)

GEWICHT
2,7–6,5 kg

ZUR GENETIK
Stammrasse – Südostasien

FELLPFLEGE
wenig aufwendig

AKTIVITÄT
hoch

CHARAKTER
extrovertiert, intelligent und verspielt; gesprächig, leise Stimme; sehr gesellig und menschenbezogen

GESUNDHEITSPROBLEME
Burma-Head-Defekt (BHD), Diabetes mellitus, Felines Orofaziales Schmerz-syndrom, FCK-Syndrom, Gangliosidose, Hypokaliämie

HERKUNFT Burma (Myanmar)

Geschichte In den berühmten *Tamra Maew* («Katzengedichten», s. S. 114) wird eine Kupferkatze vorgestellt, die der Burmakatze gleicht. Laut verschiedenen Legenden wurden die Vorfahren der Burmakatze, wie die Birma-Katze (s. S. 195), als heilige Tempelkatzen in Burma (Myanmar) gehalten. Die eigentliche Entwicklung der Rasse begann ab den 1930ern in den USA, als man dort ein braunes Weibchen namens Wong Mau aus Burma mit einem Siamkater kreuzte. Als die Burmakatze auch in Europa gezüchtet wurde, entstand ein etwas anderer Rassetyp, doch der Charakter des amerikanischen und des europäischen Typs ist nach wie vor sehr ähnlich.

Porträt Die Burmese des amerikanischen Typs ist etwas kräftiger gebaut und hat einen rundlicheren Kopf als der europäische Typ. Für Letztere ist ein dreieckiger, eher orientalischer Kopf typisch, ferner ein längerer, aber trotzdem muskulöser Körper. Das kurze, seidige Fell, ursprünglich nur in den Farbschlägen Sable oder Braun, darf je nach Zuchtbuch inzwischen eine Reihe von Farben aufweisen; die Augen sind gelb bis gold-gelb. Die Point-Färbung (Akren) erscheint bei jungen Katzen dunkler; die Grundfarbe dunkelt im Lauf der Zeit nach, sodass die Akren sich schwächer abheben.

Bombay-Katze

GEWICHT
2,7–5 kg

ZUR GENETIK
Variante der Burmakatze

FELLPFLEGE
wenig aufwendig

AKTIVITÄT
mäßig hoch

CHARAKTER
intelligent, verspielt, neugierig; «gesprächig», sehr gesellig, menschenbezogen; sollte nicht über längere Zeit allein gelassen werden

GESUNDHEITSPROBLEME
Atemprobleme, Zahnfleischentzündung, tränende Augen, Hypertrophe Kardiomyopathie, Hypokaliämie; alle für Burmesen typischen Störungen

HERKUNFT USA und GB

Geschichte Die Bombay-Katze entstand in den 1950ern in Kentucky (USA) durch Kreuzung einer sable (braunen) Burmakatze mit einer schwarzen American Shorthair. Die Nachkommen waren schwarz und erinnerten die Züchterin an die in Indien heimische schwarze Variante des Leoparden, daher benannte sie die Rasse nach der indischen Stadt Bombay (heute Mumbai). In Großbritannien verlief die Zucht etwas anders: Dort kreuzte man Burmakatzen mit schwarzen Britisch Kurzhaar; der daraus resultierende Bombay-Typ wird von der britischen GCCF zur Gruppe der Asian-Katzen gerechnet.

Porträt Die Bombay-Katze hat einen mittelgroßen, muskulösen und erstaunlich schweren Körper und einen rundlichen Kopf mit kurzer Stupsnase. Das kurze, glänzende, pechschwarze Fell erinnert rein äußerlich an Lackleder; auch Pfotenballen und Nasenspiegel sind schwarz. Die Augenfarbe reicht beim amerikanischen Typ von kupfer- bis zu goldfarben, beim GB-Rassestandard sind goldfarben, gelb oder grün erlaubt.

Singapura

GEWICHT
2–4 kg

ZUR GENETIK
Variante der Burmakatze

FELLPFLEGE
wenig aufwendig

AKTIVITÄT
hoch – klettert gerne

CHARAKTER
neugierig, «schelmisch», extrovertiert, intelligent, anhänglich und interaktiv; sehr verspielt

GESUNDHEITSPROBLEME
Progressive Retinaatrophie, Pyruvatkinase-Defizienz, Wehenschwäche; alle für Burmesen typischen Störungen

HERKUNFT Singapur

Geschichte In der Katzenwelt ist man sich über den Ursprung der Singapura nach wie vor nicht einig. Die Rasse entstand in den USA; Grundlage waren drei in den 1970ern aus Singapur importierte Katzen, die man für dortige Straßenkatzen hielt. Zwar wurde die Singapura als eigene Rasse entwickelt und anerkannt, doch DNA-Untersuchungen haben gezeigt, dass sie fast identisch mit der Burmakatze ist. Wie dem auch sei – in Singapur wurde sie zum Tourismus-Maskottchen erklärt und in *Kucinta* (aus den malaiischen Begriffen für Katze und Liebe) umbenannt.

Porträt Die Singapura ist eine sehr kleine Rasse; sie ist allerdings erst mit zwei Jahren völlig ausgewachsen. Typisch sind ein muskulöser Körper sowie ein rundlicher Kopf mit breiter Schnauze und kurzer Nase. Die riesigen, goldgelb oder grün gefärbten Augen sowie die großen Ohren verleihen ihr einen wachen Gesichtsausdruck. Das kurze, seidige Fell der Singapura ist getickt – ähnlich wie bei der Abessinierkatze (s. S. 168), und nur ein Farbton ist zugelassen: Sepia-Agouti, darunter versteht man eine elfenbeinfarbene Grundfarbe mit dunkelbraunem Ticking.

Tonkanese

GEWICHT
2,7–5,5 kg

ZUR GENETIK
Kreuzung zwischen Burma- und Siamkatze

FELLPFLEGE
wenig aufwendig

AKTIVITÄT
hoch

CHARAKTER
intelligent, neugierig, aber ausgeglichen; anhänglich und verspielt; leise Stimme; sehr gesellig und menschenbezogen; sollte nicht über längere Zeit allein gelassen werden

GESUNDHEITSPROBLEME
alle für Burmesen und Siamesen typischen Störungen, z. B. Progressive Retinaatrophie

HERKUNFT USA

Geschichte Die Tonkanese ist eine Kreuzung von Siam- und Burmakatze (Burmese). Man vermutet inzwischen, dass ein braunes Weibchen namens Wong Mau (sie stammte aus Singapur und war in den 1930ern in den USA an der Entwicklung der Burmesen-Rasse beteiligt) in Wahrheit eine Tonkanese war, obwohl die Rasse damals offiziell noch gar nicht existierte. In den 1950ern erhielt man aus der Verpaarung von Burmesen und Siamesen Nachkommen mit einer intermediären Fellfärbung und -zeichnung, die als «Golden Siam» bezeichnet wurden. Erst in den 1960ern wurde die Rasse bekannter und in «Tonkanese» umbenannt; aus ihnen entstand der heutige Tonkanesen-Typ.

Porträt Mit ihrem eleganten, aber muskulösen Körperbau steht die Tonkanese genau zwischen der schlanken Siam- und der kräftigeren Burmakatze. Der Kopf ist keilförmig, die Ohren sind weit außen am Kopf angesetzt. Die Augenfarbe variiert von grünlich bis zu hellblau, auch das für Katzen ungewöhnliche Aquamarinblau tritt auf. Das dicht anliegende, kurze Fell ist weich und seidig und kommt in vielen Farbschlägen vor, die dem Sepia-, Point- oder Mink-Typ zugeordnet werden.

Perserkatze

GEWICHT
3–5 kg

ZUR GENETIK
Stammrasse – Europa

FELLPFLEGE
sehr aufwendig – tägliches Bürsten nötig, um Verfilzen zu vermeiden

AKTIVITÄT
relativ gering

CHARAKTER
verschmust, ruhig, sanftmütig, verspielt; leises Miauen

GESUNDHEITSPROBLEME
Brachycephalie kann zu Atemproblemen führen, Haut-/Augenprobleme, Hypertrophe Kardiomyopathie, Polyzystische Nierenerkrankung, Zahnfehlstellungen und Schwierigkeiten beim Fressen, Progressive Retinaatrophie

HERKUNFT GB

Geschichte Die Perserkatze ist zwar eine der ältesten und beliebtesten Katzenrassen, doch ihre genaue Herkunft ist nicht geklärt. Vermutlich kam sie, wie der Name andeutet, ursprünglich im 17. Jh. aus Persien (Iran), doch neuere DNA-Untersuchungen zeigen, dass die moderne Perser-Linie enger mit westeuropäischen als mit persischen Katzenrassen verwandt ist. Bei der ersten Katzenschau in England (1871) wurden Perserkatzen gezeigt, und auch Queen Victoria gehörte zu den Liebhabern der Rasse, die noch heute viele Freunde hat.

Porträt Perserkatzen haben einen mittelgroßen bis großen, muskulösen Körper mit kurzen Beinen. Das Gesicht ist rund, mit kleiner Stupsnase und großen Augen. Die Rasse wurde nach und nach immer flach- und kurzgesichtiger (brachycephal) gezüchtet; der moderne Typus mit extrem kurzer Nase, auch als «peke-face-Perser» bezeichnet, unterscheidet sich daher erheblich vom alten Typ mit längerem Gesicht. Das Markenzeichen der Perser ist ihr langes Fell, alle traditionellen Farbschläge und -zeichnungen sind erlaubt. Die Augenfarbe reicht von blau, grün über kupfer- und haselnussfarben bis zu verschiedenfarbigen Augen (in der Kombination blau/kupfer).

Exotic Shorthair (Exotische Kurzhaarkatze)

GEWICHT
3–6,5 kg

ZUR GENETIK
Variante der Perserkatze

FELLPFLEGE
wenig aufwendig

AKTIVITÄT
lebhafter als Perserkatzen; nur für Wohnungshaltung mit vielen Beschäftigungsmöglichkeiten geeignet

CHARAKTER
anhänglich, verspielt, liebt Gesellschaft

GESUNDHEITSPROBLEME
Brachycephalie, Augenprobleme (z. B. Progressive Retinaatrophie), Zahnprobleme, Fress- und Trinkprobleme, Polyzystische Nierenerkrankung, Fortpflanzungsprobleme, Hypertrophe Kardiomyopathie

HERKUNFT USA

Geschichte Die Rasse wurde in den 1960ern ursprünglich durch Kreuzungen von blauen Perserkatzen und American Shorthair entwickelt; so wollte man eine Kurzhaarvariante der Perserkatze schaffen, deren Fell wesentlich leichter zu pflegen war. In Großbritannien verfolgte man später ein ähnliches Zuchtprogramm, bei dem Britisch Kurzhaar eingekreuzt wurde. Heute dürfen zum Auskreuzen nur Perserkatze oder andere Exotic Shorthair eingesetzt werden. Die Rasse wird auch als «Perserkatze für Faule» bezeichnet, da ihre Fellpflege relativ unproblematisch ist.

Porträt Die Exotic Shorthair hat einen mittelgroßen, muskulösen Körper mit kurzen Beinen und großen Pfoten. Der große Kopf trägt tief angesetzte Ohren, das Gesicht wirkt abgeflacht, mit kurzer Nase und großen, runden Augen. Das kurze, dichte Fell fühlt sich plüschig an – anfangs hatte die Exotic Shorthair silberweißes Fell, doch mit Weiterentwicklung der Rasse kamen neue Farbvarianten und Fellzeichnungen dazu. Die großen, runden Augen können von kupfer- und goldfarben bis zu blau oder grün gefärbt sein.

Britisch Kurzhaar (British Shorthair)

GEWICHT
3–7,5 kg

ZUR GENETIK
Stammrasse – Europa

FELLPFLEGE
wenig aufwendig

AKTIVITÄT
mäßig – Wohnungshaltung ist möglich, doch Beschäftigungsmöglichkeiten sind unbedingt nötig

CHARAKTER
ausgeglichen, ruhig, unkompliziert, anpassungsfähig; sehr anhänglich, aber keine Katze für den Schoß oder zum Herumtragen; nicht besonders «gesprächig»

GESUNDHEITSPROBLEME
Polyzystische Nierenerkrankung, Fettleibigkeit, Hypertrophe Kardiomyopathie

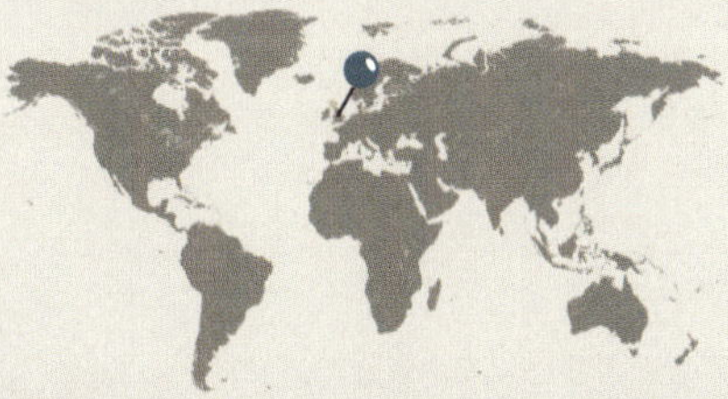

HERKUNFT GB

Geschichte Die Britisch Kurzhaar ist eine alte Rasse und stammt von Hauskatzen ab, die mit den Römern auf die Britischen Inseln gelangten. Sie zählte zu den Rassen, die an den ersten Katzenschauen teilnahmen (s. S. 160). Im Lauf der züchterischen Entwicklung wurde die Rasse mit Persern gekreuzt, und es entstand eine langhaarigere Variante, die Britisch Langhaar. Das «grinsende» runde Gesicht der Britisch Kurzhaar erinnert frappant an die Abbildung der als «Grinse-Katze» bekannten Cheshire Cat in Lewis Carrolls Buch «Alice im Wunderland» – anscheinend stand für die Originalillustration eine Britisch Kurzhaar Modell.

Porträt Die kräftig gebaute Britisch Kurzhaar wirkt fast wie ein Teddybär; sie hat kurze Beine und einen breiten Brustkorb. Aufgrund der fehlenden Unterwolle fühlt sich das kurze, dichte Fell plüschig an. Die beliebteste Fellfarbe ist Blau, doch inzwischen sind zahlreiche Fellfarben und -zeichnungen verbreitet, darunter alle einfarbigen Farbschläge, Point-Färbungen und Tabby. Die großen, runden Augen sind bei der Farbvariante British Blue kupferfarben, bei den anderen Farbschlägen sind die verschiedensten Augenfarben vertreten.

Scottish Fold (Schottische Faltohrkatze)

GEWICHT
2,5–6 kg

ZUR GENETIK
natürliche Mutation bei Haus-/Straßenkatzen in GB

FELLPFLEGE
mäßig aufwendig

AKTIVITÄT
mäßig

CHARAKTER
intelligent, neugierig und verspielt; nicht sehr «gesprächig»; anhänglich und menschenbezogen; sollte nicht über längere Zeit allein gelassen werden

GESUNDHEITSPROBLEME
Hypertrophe Kardiomyopathie, Osteochondrodysplasie, Polyzystische Nierenerkrankung

HERKUNFT Schottland

Geschichte Die erste Scottish Fold war eine weiße Langhaarkatze, die in den 1960ern auf einem Bauernhof in Tayside (Schottland) entdeckt und Susie genannt wurde. Sie und einige ihrer Welpen hatten die nach vorne hängenden Faltohren, die heute für die Rasse typisch sind. Nachdem ein Teil von Susies Faltohren-Nachkommen in den 1970ern in die USA gelangt war, wurde die Rasse dort durch Kreuzen mit Britisch Kurzhaar und American Shorthair weiterentwickelt. Für die Faltohren ist ein unvollständig dominantes Gen verantwortlich, das sich auf die Knorpel- und Knochenbildung im gesamten Körper auswirkt. Da man feststellte, dass dies zu schmerzhaften Skelettmissbildungen führen kann, erkannte der Governing Council of the Cat Fancy (GB) die Rasse nicht an. Die Gesundheitsprobleme der Rasse lassen sich nur durch sorgfältig geplante Zucht einschränken.

Porträt Die Scottish Fold ist eine kompakte, kräftige Katze mit rundlichem Gesicht und großen, runden Augen in den verschiedensten Farben. Das kurz- oder langhaarige Fell existiert in etlichen Farben und Zeichnungen. Die Ohren sind bei Geburt immer gerade; bei Katzenjungen mit Faltohr-Mutation beginnen sie sich etwa im Alter von 3 Wochen nach vorne zu falten.

Selkirk Rex

GEWICHT
2,7–7 kg

ZUR GENETIK
natürliche Mutation bei Haus-/Straßenkatzen in den USA

FELLPFLEGE
eher aufwendig – haart stark, muss 2 × wöchentlich gekämmt werden

AKTIVITÄT
mäßig

CHARAKTER
ruhig, anhänglich, tolerant, gesellig und verspielt; sollte nicht über längere Zeit allein gelassen werden

GESUNDHEITSPROBLEME
einige für Perser typische Probleme wie Hypertrophe Kardiomyopathie und Polyzystische Nierenerkrankung

HERKUNFT USA

Geschichte Die Selkirk Rex wird manchmal als «Katze im Schafspelz» beschrieben. Die Geschichte der Rasse begann in den späten 1980ern in Montana (USA); dort fand sich im Wurf einer Tierheimkatze ein Kätzchen mit gelocktem Fell, ein Weibchen, das Miss DePesto genannt wurde. Als dieses später mit einem schwarzen Perserkater gekreuzt wurde, hatten die Welpen zur Hälfte gelocktes und zur Hälfte ungelocktes Fell. Es zeigte sich aber, dass das zugrunde liegende Rex-Gen (Gen für gelocktes Haar) dominant war, anders als bei den Rassen Cornish Rex und Devon Rex (bei ihnen ist es rezessiv). Durch Auskreuzen mit Persern, Exotic Shorthair, Britisch Kurzhaar und anderen Rassen wurde die Selkirk Rex züchterisch weiter gefestigt.

Porträt Die Selkirk Rex ist eine muskulöse Katze mit kräftigem Knochenbau, rundem, hübschem Gesicht und runden Augen. Das gelockte, dreilagige Fell existiert in einer Kurz- und einer Langhaarvariante: Das kurzhaarige Fell ist plüschiger, dichter und erinnert an einen Teddybären, während die Langhaarversion zerzauster und schafsfellähnlicher wirkt. (Zu energisches Kämmen schadet den Zausellocken.) Bei beiden Varianten kommen etliche Fellfarben und -zeichnungen vor. Auch die Schnurrhaare sind gekräuselt und brechen leicht ab.

Cornish Rex

GEWICHT
2,7–4,5 kg

ZUR GENETIK
natürliche Mutation bei Haus-/Straßenkatzen in GB

FELLPFLEGE
mit weicher Bürste vorsichtig kämmen

AKTIVITÄT
mäßig bis hoch

CHARAKTER
extrovertiert, sehr gesellig und anhänglich; verspielt, welpenähnlich und neugierig; apportiert Spielzeug und folgt dem Halter

GESUNDHEITSPROBLEME
Hypertrophe Kardiomyopathie, Patellaluxation

HERKUNFT GB

Geschichte Die erste Cornish Rex, ein Kater namens Kallibunker, kam 1950 in Cornwall (England) zur Welt. Die Mutter war eine Tortie-Hauskatze mit Weißscheckung; von den fünf Welpen ihres Wurfs hatte nur Kallibunker gelocktes Haar – wie wir inzwischen wissen, beruht dieses rassetypische Kennzeichen auf einer Mutation in einem Gen, das für die Haarbildung wesentlich ist. Bei ersten Rückkreuzungen, die die Rasse züchterisch festigen sollten, traten bei den Nachkommen einige Gesundheitsprobleme auf. Durch Auskreuzen mit Siamesen, Burmesen, Britisch Kurzhaar und anderen Rassen wurde der Genpool vergrößert und die moderne Cornish Rex entwickelt.

Porträt Die Cornish Rex hat einen langen, keilförmigen Kopf mit besonders großen Fledermausohren. Der Katze ist kräftig und muskulös, aber schlank gebaut, mit geschwungenem Rücken und langen, geraden Beinen. Der lange, schlanke Schwanz verjüngt sich zum Ende, die zierlichen Pfoten haben lange Zehen. Das gelockte oder gewellte Fell ist seidig und zart, denn das Deckhaar, ein normaler Fellbestandteil, fehlt fast völlig. Auch die Schnurrhaare und Augenbrauen sind gekräuselt. Eine Vielzahl von Fellfarben und -zeichnungen kommt vor.

Devon Rex

GEWICHT
2,5–4 kg

ZUR GENETIK
natürliche Mutation bei Haus-/Straßenkatzen in GB

FELLPFLEGE
wenig aufwendig

AKTIVITÄT
mäßig bis hoch

CHARAKTER
koboldhaft, klettert gerne; menschenbezogen (sitzt gerne auf der Schulter); sollte nicht über längere Zeit allein gelassen werden

GESUNDHEITSPROBLEME
Angeborene Hypotrichose, Devon-Rex-Myopathie, Hautprobleme (z. B. fettige Haut), Patellaluxation, Hüftgelenkdysplasie

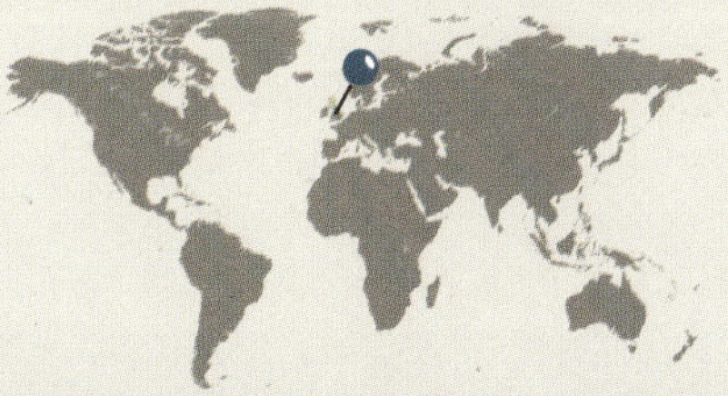

HERKUNFT GB

Geschichte Der erste Vertreter der Rasse Devon Rex, ein Kater namens Kirlee, wurde in den 1950ern in Devon (England) geboren. Seine Mutter war eine zugelaufene Hauskatze, der Vater ein Streunerkater mit gelocktem Fell. Kirlee (lautmalerisch für *curly*, gelockt) hatte das gelockte Fell und damit das Rex-Gen seines Vaters geerbt – da dieses Gen rezessiv ist, muss die Mutter jedoch auch Trägerin gewesen sein. Bei Zuchtversuchen mit der Rasse Cornish Rex (ebenfalls mit gelocktem Haar) zeigte sich, dass das Devon-Rex- und Cornish-Rex-Gen zwei verschiedene (rezessive) Gene sind, denn die resultierenden Katzenwelpen hatten alle ungelocktes Fell. Daher musste die Rasse Devon Rex separat entwickelt werden.

Porträt Die Devon Rex ist eine muskulöse Katze mit breitem Brustkorb. Der keilförmige Kopf wirkt aufgrund der ausgeprägten Wangenknochen, weit auseinanderstehenden Augen und großen Fledermausohren koboldhaft. Das gelockte Rex-Fell besitzt nur Wollhaare und ist so weich und zart, dass man die Katze vor dem Auskühlen schützen muss. Die Felltextur kann von relativ losen Locken bis zu fast maulwurfsähnlichem Flaum variieren. Alle Farben, Schattierungen und Zeichnungen sind erlaubt. Die gekräuselten Schnurrhaare sind meistens fragil und kurz, da sie leicht abbrechen.

Sphynx-Katze

GEWICHT
2,7–5 kg

ZUR GENETIK
natürliche Mutation bei Haus-/Straßenkatzen in den USA

FELLPFLEGE
keine; Ohren müssen regelmäßig von Ohrenschmalz gereinigt werden

AKTIVITÄT
hoch; am besten Wohnungshaltung, um Sonnenstrahlung zu vermeiden

CHARAKTER
extrovertiert, intelligent, anhänglich, äußerst gesellig und menschenbezogen; liebt Aufmerksamkeit

GESUNDHEITSPROBLEME
Hypertrophe Kardiomyopathie, Sonnenbrandgefahr

HERKUNFT Kanada

Geschichte Die haarlose, faltige Sphynx-Katze wurde nach der altägyptischen Sphinx benannt und ähnelt ägyptischen Katzenstatuen. Die Rasse entstand 1966 in Kanada, als sich im Wurf einer schwarz-weißen Hauskatze überraschenderweise ein haarloser Katerwelpe fand. (Er bekam den englischen Namen *Prune,* «Trockenpflaume».) Aus der Rückkreuzung mit seiner Mutter resultierte ein Wurf mit teils haarlosen, teils behaarten Katzenjungen, die den Beginn der Rasse darstellten. Später kreuzte man Devon Rex und American Shorthair ein. Sphynx-Katzen sind zwar (fast) haarlos, jedoch nicht hypoallergen, denn das allergieauslösende Protein wird nicht in den Haaren, sondern im Speichel und den Talgdrüsen der Katze gebildet.

Porträt Der erstaunlich kräftige Körper einer Sphynx-Katze ist mit einem feinen Haarflaum bedeckt; es empfiehlt sich, eine Sphynx regelmäßig vorsichtig zu baden, damit sich nicht zu viel Talg auf der Haut ansammelt. Auf Kopf, Pfoten und Schwanz können sich auch etwas stärker sichtbare, dünne Haare befinden. Die Sphynx-Katze existiert in verschiedensten Farben und Zeichnungen, die auf der Haut als pigmentierte Bereiche (so wie normalerweise im Fell) sichtbar sind; sie hat einen keilförmigen Kopf, große, zitronenförmige Augen und besonders große Ohren.

Australian Mist

GEWICHT
3,5–7 kg

ZUR GENETIK
Rassenkreuzung (Burmese/Abessinier/Hauskatze)

FELLPFLEGE
wenig aufwendig

AKTIVITÄT
verspielt, recht aktiv; braucht als Wohnungskatze aber viel Anregung

CHARAKTER
sehr tolerant, menschenbezogen, geht enge Bindung mit Familie ein; verspielt, benötigt Gesellschaft

GESUNDHEITSPROBLEME
insgesamt gesund, kann aber zu den für Stammrassen typischen Gesundheitsstörungen neigen, z. B. Pyruvatkinase-Defizienz und Progressive Retinaatrophie

HERKUNFT Australien

Geschichte Die Entwicklung dieser Rasse, auch als Australische Schleierkatze bezeichnet, begann in den 1970ern, als man in Australien Burmesen (50 %), Abessinier (25 %) und Kurzhaar-Hauskatzen (25 %) kreuzte. Das Fell der resultierenden Kurzhaarkatzen war getupft *(spotted)*, daher hieß die Rasse anfangs Spotted Mist. Als später laut Rassestandard auch eine marmorierte *(marbled)* Fellzeichnung zugelassen wurde, änderte man den Namen zur heutigen Form. Die Australian Mist wird inzwischen auch in den USA und Europa gezüchtet, ist außerhalb Australiens aber nach wie vor selten.

Porträt Die mittelgroße Australian Mist ist muskulös, hat einen rundlichen Kopf und große, ausdrucksvolle Augen. Das Besondere ist ihre schöne Fellzeichnung: Über der Grundfarbe liegt eine getupfte oder marmorierte Zeichnung, die durch ein gleichmäßiges Ticking leicht verschleiert oder wie von Nebel (englisch *mist*) überzogen wirkt. Kopf und Beine sind gestreift oder geringelt. Als Farbschläge sind Brown (Schwarz), Blue, Chocolate, Lilac, Gold (Cinnamon) und Peach (Fawn) anerkannt; doch bis sich die Fellfärbung voll entwickelt, kann es bis zu zwei Jahre dauern.

Burmilla

GEWICHT
3,5–5,5 kg

ZUR GENETIK
Rassenkreuzung (Burmese x Chinchilla-Perserkatze)

FELLPFLEGE
mäßig bis wenig aufwendig

AKTIVITÄT
mäßig

CHARAKTER
extrovertierter als eine Perserkatze, weniger ausgelassen als eine Burmese; gesellig, verspielt, anhänglich, intelligent und neugierig; menschenbezogen, doch nicht übermäßig fordernd

GESUNDHEITSPROBLEME
Polyzystische Nierenerkrankung, für Burmesen und Siamesen typische Störungen

HERKUNFT GB

Geschichte Der Name Burmilla geht auf die beiden Ursprungsrassen zurück, aus denen die Rasse 1981 in Großbritannien entstand, als sich eine weibliche Burmakatze (Fabergé) ungeplant mit einem Chinchilla-Perserkater (Sanquist) paarte. Die vier Welpen des resultierenden Wurfs ähnelten vom Körper her der Burmesin, doch das Fell wies eine silberweiße Grundfarbe mit schwarzem Tipping auf. In Großbritannien rechnet man die Burmilla, ebenso wie ihre halblanghaarige Variante (die Tiffanie) oder die Bombay-Katze, zur Gruppe der Asian-Katzen.

Porträt Die mittelgroße Burmilla hat einen muskulösen, eleganten Körper, ähnlich der Burmakatze des europäischen Typs. Rassetypisch ist vor allem das wunderbare Chinchilla-Fell, das inzwischen in vielen Farben vorkommt und kurz- oder halblanghaarig sein kann. Auffällig und besonders attraktiv ist die dunkle Umrandung von Augen, Nasenspiegel und Lippen. Die Augenfarbe selbst variiert von gelblich (bei Welpen und Jungkatzen) bis zu grünlich bei den ausgewachsenen Tieren. Bei Burmillas mit rotem Fell können bernsteinfarbene Augen auftreten.

American Curl

GEWICHT
2,7–4,5 kg

ZUR GENETIK
natürliche Mutation bei Haus-/Straßenkatzen in den USA

FELLPFLEGE
wenig aufwendig, da die Unterwolle spärlich ist

AKTIVITÄT
mäßig, klettert gerne hoch

CHARAKTER
behält auch als ausgewachsenes Tier welpenhafte Züge; neugierig, gesellig und anhänglich; relativ still, mit sanft trillernden Lautäußerungen

GESUNDHEITSPROBLEME
insgesamt gesund, regelmäßige Ohrenkontrolle, um Ohrenschmalzpfropfen und Infektionen zu vermeiden

HERKUNFT USA

Geschichte Die Geschichte der American Curl begann in den 1980ern in den USA, als eine Straßenkatze mit merkwürdig nach hinten gekrümmten Ohren (inzwischen das rassetypische Merkmal) zur Stammmutter der Rasse wurde. Shulamith, wie sie von ihrer Adoptivfamilie genannt wurde, hatte später lang- und kurzhaarige Welpen mit «gerollten» Ohren, die zum Ausgangspunkt der Rasse wurden. Für das Merkmal der gerollten Ohren ist ein dominantes Gen verantwortlich, also weisen auch Katzen, die bezogen auf das mutierte Gen heterozygot sind, gerollte Ohren auf. Unter ihren Nachkommen können daher auch Welpen mit ungerollten Ohren sein. Um die genetische Vielfalt der Rasse zu erhalten, empfiehlt man das Auskreuzen mit dieser American-Curl-Straight-Ear-Variante und anderen geradohrigen Katzen.

Porträt Die American Curl besitzt einen mittelgroßen Körper und einen rundlichen Kopf mit mandelförmigen Augen und den rassetypischen Ohren. Diese sind bei der Geburt gerade, beginnen sich nach ein paar Tagen rückwärts zu krümmen (wenn das Katzenjunge die Genmutation besitzt) und zeigen mit etwa 4 Monaten die maximale Krümmung (zwischen 90 und 180 Grad). Das Fell ist in der Kurz- wie auch der Langhaarvariante flach und seidig und kommt in allen Farben und Zeichnungen vor.

American Bobtail

GEWICHT
3–7,5 kg

ZUR GENETIK
natürliche Mutation bei Haus-/Straßenkatzen in den USA

FELLPFLEGE
mäßig aufwendig

AKTIVITÄT
mäßig

CHARAKTER
intelligent, verspielt, interaktiv; recht still, mit trillernden, klickenden und gurrenden Lautäußerungen; anpassungsfähig und wenig fordernd

GESUNDHEITSPROBLEME
bei sehr kurzem Schwanz Wirbelsäulenprobleme

HERKUNFT USA

Geschichte Trotz eines Gerüchts, nach dem die Rasse aus einer Kreuzung von Hauskatze und Rotluchs (amerikanisch *bobcat*) stammen soll, ist die American Bobtail das Ergebnis einer Spontanmutation, die einen verkürzten Schwanz zur Folge hatte. Die Rasse begann in den 1960ern mit Yodi, einem kurzschwänzigen Hauskater aus Arizona. Er verpaarte sich mit einer «normalschwänzigen» Hauskatze, die daraufhin einen Wurf mit kurzschwänzigen Welpen hatte. Inzwischen ist die American Bobtail zu einer unkomplizierten und anpassungsfähigen Rasse weiterentwickelt worden; man kann gut mit ihr verreisen, und sie wird manchmal von Fernfahrern als Begleitkatze gehalten.

Porträt Diese mittelgroße bis große Rasse benötigt manchmal mehrere Jahre, bis sie ausgewachsen ist. Der Körper ist kräftig und gut bemuskelt, der Kopf keilförmig, bei den mandelförmigen Augen sind alle Farben möglich. Der berühmte Schwanz kann in der Länge stark variieren und zudem gerade, gebogen, geknotet oder leicht eingerollt sein. Er ist in jedem Fall so biegsam und ausdrucksvoll wie ein normallanger Schwanz. Bei Fellfarbe und -zeichnung sind alle Farben und Kombinationen möglich, zudem in der Kurz- und der Langhaarversion; die Langhaarvariante kann eine Halskrause aufweisen.

American Shorthair

GEWICHT
3–7 kg

ZUR GENETIK
Stammrasse – USA

FELLPFLEGE
wenig aufwendig

AKTIVITÄT
mäßig

CHARAKTER
unkompliziert, anpassungsfähig und ruhig; neugierig und verspielt; wunderbare Familienkatze, da sie gesellig, aber nicht fordernd ist; recht starker Jagdinstinkt

GESUNDHEITSPROBLEME
Hypertrophe Kardiomyopathie

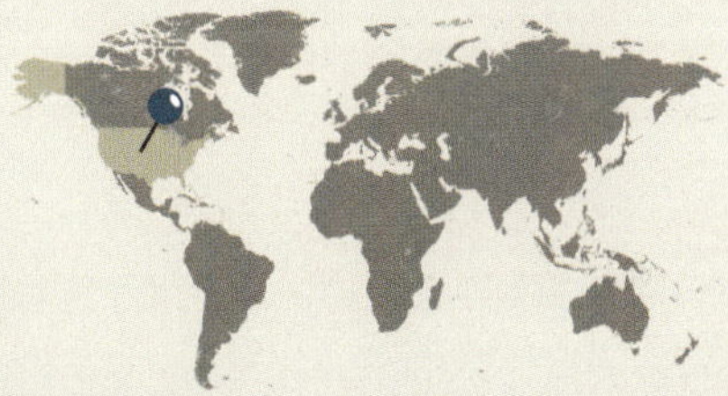

HERKUNFT USA

Geschichte Im 17. Jh. nahmen die europäischen Siedler Hauskatzen mit auf die Reise nach Nordamerika, um Mäuse und Ratten auf den Schiffen zu kontrollieren. Diese Katzen und ihre Nachkommen wurden später als Nutz- und Haustiere gehalten. Katzenliebhaber begannen im frühen 20. Jh., daraus eine Rasse mit Stammbaum zu züchten, und wählten dazu gezielt die besten Eigenschaften aus. Die Rasse wurde zuerst als Domestic Shorthair bezeichnet und in den 1960ern in American Shorthair umbenannt.

Porträt Die mittelgroße, kräftig gebaute, muskulöse und athletische American Shorthair ist oft erst mit 3–4 Jahren ausgewachsen. Das breite, rundliche Gesicht besitzt eine kantige Schnauze; die runden Augen weisen verschiedene Farben auf, sie stehen weit auseinander und etwas schräg. Auch die Ohren sind mittelgroß und an der Spitze leicht gerundet. Das kurze, dichte Fell fühlt sich recht fest an; bei Farben und Zeichnungen sind die meisten Kombinationen erlaubt.

American Wirehair

GEWICHT
3,5–7 kg

ZUR GENETIK
natürliche Mutation von American Shorthair

FELLPFLEGE
sehr wenig bürsten und kämmen, um das drahtige Fell nicht zu schädigen

AKTIVITÄT
mäßig

CHARAKTER
unkompliziert, anpassungsfähig und ruhig; wenig fordernd und still, aber neugierig; ausgezeichnete Familienkatze – gesellig, anhänglich und verspielt

GESUNDHEITSPROBLEME
Hypertrophe Kardiomyopathie, Hautallergien

HERKUNFT USA

Geschichte Am Anfang der Rasse stand ein getigerter rot-weißer Katerwelpe namens Adam, der 1966 auf einer Farm im Bundesstaat New York (USA) von einer Hauskatze geworfen wurde. Adam und seine Nachkommen hatten ein untypisch gekräuseltes Fell, und so entstand eine neue Rasse, die American Wirehair (Amerikanische Drahthaarkatze). Sie wurde durch Auskreuzen mit American Shorthair züchterisch weiter gefestigt. Mithilfe von DNA-Analysen konnte gezeigt werden, dass die Mutation, die für das Drahthaar verantwortlich ist, sich von jenen unterscheidet, die das gelockte Haar von Cornish und Devon Rex verursachen (s. S. 186 und S. 187).

Porträt Die American Wirehair ist insgesamt der American Shorthair sehr ähnlich: Sie ist mittelgroß und gut bemuskelt, hat einen rundlichen Kopf mit ausgeprägter Schnauze und runde, große, weit auseinanderstehende Augen in verschiedenen Farben. Jedes Einzelhaar des drahtigen Fells ist gekräuselt, hakenförmig geknickt oder gekrümmt – sogar die Schnurrhaare und Innenbehaarung der Ohrmuscheln. Je nach Individuum ist die «Drahtigkeit» weniger oder stärker ausgeprägt. Laut Rassestandard sind alle Fellfarben und -zeichnungen erlaubt.

Birma-Katze

GEWICHT
3–5,5 kg

ZUR GENETIK
Stammrasse – Südostasien

FELLPFLEGE
mäßig aufwendig – wegen der fehlenden Unterwolle verfilzt das Fell nicht so leicht

AKTIVITÄT
mäßig

CHARAKTER
unkompliziert, sehr gesellig, sanftmütig und verspielt; «gesprächig», Stimme sanft-zwitschernd; sollte nicht über längere Zeit allein gelassen werden

GESUNDHEITSPROBLEME
Hypertrophe Kardiomyopathie, Hypotrichose, Polyzystische Nierenerkrankung

HERKUNFT Burma (Myanmar)

Geschichte Die Birma-Katze wird auch Heilige Birma genannt, alle Tiere haben weiße Pfoten. Nach einer birmesischen Legende geht diese Zeichnung auf eine weiße Tempelkatze zurück, die ihren Priester auch beim Angriff auf den Tempel nicht verließ. Als der Priester im Sterben lag, verlieh die Göttin des Tempels der Katze ein goldschimmerndes Fell und saphirblaue Augen, doch die Pfoten blieben als Zeichen der Treue reinweiß. Nicht ganz so romantisch, aber für Katzenzüchter nützlicher sind die Informationen, die man 2014 mithilfe von DNA-Analysen gewann: Demnach resultieren die weißen «Handschuhe» aus der Kombination von zwei rezessiven Genen. Die Birma-Katze stammt zwar ursprünglich aus Burma (Myanmar), wurde aber als Rasse in den 1920ern in Frankreich gezüchtet und züchterisch gefestigt.

Porträt Die Birma-Katze ist eine mittelgroße Rasse mit langem, cremefarbenem Fell, das verschiedene Point-Färbungen aufweisen kann. Die weißen Handschuhe sind an den Vorderbeinen nur auf die Füße beschränkt und laufen an den Hinterbeinen in Sporen aus. Das attraktive Gesicht ist rundlich und zeichnet sich durch eine leicht gebogene Nase und tiefblaue Augen aus.

Chartreux (Kartäuser)

GEWICHT
2,7–6,5 kg

ZUR GENETIK
Stammrasse – Europa

FELLPFLEGE
wenig aufwendig; das Fell wird am besten nur mit den Fingern durchgekämmt und nicht gebürstet

AKTIVITÄT
mäßig

CHARAKTER
ruhig, anhänglich und anpassungsfähig; intelligent, aufmerksam und verspielt; geht oft enge Bindung mit einer Person ein und folgt dieser überall hin; still – eher trillernd als miauend

GESUNDHEITSPROBLEME
Patellaluxation

HERKUNFT Frankreich

Geschichte Diese alte Naturrasse gilt inzwischen als Inbegriff der französischen Nationalkatze, stammt vermutlich aber aus den Gebirgen des Nahen Ostens, wo ihr warmes, dickes Fell einen guten Kälteschutz bot. Möglicherweise gelangten diese hervorragenden Mäusejäger im 13. Jh. mit Kreuzfahrern oder Kaufleuten nach Frankreich. Nach wie vor ist unklar, wie die Chartreux zu ihrem Namen kam: Nach einer Legende lebten die Katzen bei den französischen Kartäusermönchen (den Herstellern des berühmten Kräuterlikörs Chartreuse). Laut einer anderen Hypothese wurden die Katzen nach einem spanischen Wollstoff *(Pile des Chartreux)* benannt, an den ihr dickes Fell erinnert.

Porträt Auffällig ist die trapezförmige Kopfform, ferner die schmale Schnauze mit ausgeprägtem Schnurrhaarkissen, das für das typische «Kartäuserlächeln» verantwortlich ist. Die Färbung der großen, offenen Augen variiert von Goldgelb bis zu einem Kupferton. Der Körper ist kräftig und muskulös, die Beine sind mittellang; der Kater ist deutlich größer als die Katze. Das dichte, glänzende Doppelfell hat ein wolliges Unterfell und ist einfarbig blau, am häufigsten ist ein helles Blaugrau.

Ägyptische Mau

GEWICHT
2,7–5 kg

ZUR GENETIK
Stammrasse – Mittelmeerraum

FELLPFLEGE
wenig aufwendig

AKTIVITÄT
mäßig bis hoch

CHARAKTER
sehr intelligent, verspielt, sensibel, geht mit ein bis zwei Personen enge Bindung ein; melodische Stimme

GESUNDHEITSPROBLEME
Pyruvatkinase-Defizienz

HERKUNFT Ägypten

Geschichte Die Ägyptische Mau zählt zu den wenigen Hauskatzenrassen, die von Natur aus getupft *(spotted)* sind; sie ähnelt sehr stark den Katzendarstellungen in den Pharaonengräbern des alten Ägyptens. Bei genetischen Untersuchungen zeigte sich aber, dass die moderne Mau in Wirklichkeit mit einigen westlichen Rassen wie der Maine-Coon-Katze (s. S. 201) nahe verwandt ist. Dies beruht vermutlich darauf, dass sie mit anderen Rassen ausgekreuzt wurde, als sie ab den 1950ern in den Westen gelangte.

Porträt Die lang gestreckte, schlanke und muskulöse Ägyptische Mau ist hochbeinig (Hinterbeine länger als Vorderbeine), kann sehr schnell rennen und erreicht Spitzengeschwindigkeiten von 50 km/h. Die typische Stirnzeichnung zeigt ein M, das auch als Skarabäus-Käfer interpretiert werden kann; in Kombination mit den mandelförmigen, stachelbeergrünen Augen gibt dies der Katze oft einen leicht «erstaunten» Blick. Das getupfte Fell existiert in den Farben Silver, Bronze und Smoke; Beine und Schwanz weisen Tabby-Streifen, der Rücken einen Aalstrich auf.

Japanese Bobtail

GEWICHT
2,7–4,5 kg

ZUR GENETIK
Stammrasse – Ostasien

FELLPFLEGE
mäßig aufwendig

AKTIVITÄT
sehr aktiv,
keine Schoßkatze

CHARAKTER
intelligent, anhänglich und «gesprächig», Stimme melodisch mit großem Tonumfang (singende Katze); verspielt, liebt Wasser

GESUNDHEITSPROBLEME
keine ernsthaften Probleme bekannt

HERKUNFT Japan

Geschichte Die «Japanische Stummelschwanzkatze» gilt in Japan als nationale Glückskatze. Sie ist dort seit über tausend Jahren als Haustier und Straßenkatze bekannt und wurde in der Seidenraupenzucht eingesetzt, um der Nagetierplage Herr zu werden. Zum Ursprung des Stummelschwanzes existieren etliche Legenden: So soll ihr Schwanz Feuer gefangen haben, als sie zu nahe an der Feuerstelle schlief, und sie setzte auf der Flucht durch die Stadt viele Häuser in Brand. Daraufhin befahl der Kaiser, bei allen Katzen den Schwanz einzukürzen. Tatsächlich beruht der Stummelschwanz natürlich auf einer Mutation. Neuere Untersuchungen zeigten, dass die moderne Form der Rasse genetische Marker von asiatischen und westlichen Katzen besitzt, ihre Ursprünge also nicht nur in Japan liegen.

Porträt Der Stummelschwanz ist bei jeder Katze verschieden, was Knick und Biegung angeht, meist aber nicht länger als 7,5 cm. Das seidige Fell kann kurz- oder langhaarig sein und existiert in etlichen Farbschlägen; am beliebtesten ist die «glücksbringende» dreifarbige Variante. Die Hinterbeine sind länger als die Vorderbeine; der Kopf ist dreiecksförmig mit aufrechten Ohren und ovalen Augen, die alle Farben (auch Blau) aufweisen können, ungleich gefärbte Augen kommen ebenfalls vor.

Korat (Korat-Katze)

GEWICHT
2,7–4,5 kg

ZUR GENETIK
Stammrasse – Südostasien

FELLPFLEGE
wenig aufwendig

AKTIVITÄT
sehr aktiv

CHARAKTER
intelligent, aktiv und anhänglich; sehr verspielt; mag es nicht, unbeachtet zu bleiben oder für längere Zeit alleine zu sein; «gesprächig», mit großem Lautrepertoire; scharfe Sinne, daher besser für ruhigen Haushalt geeignet

GESUNDHEITSPROBLEME
Gangliosidose

HERKUNFT Thailand

Geschichte Die Korat gehört zu den ältesten Naturrassen der Hauskatze und zählte zu den 17 «Glückskatzen», die in den *Tamra Maew* («Katzengedichten», s. S. 114) beschrieben werden. Sie stammt ursprünglich aus der Provinz Korat in Thailand und gelangte erst in den späten 1950ern in die USA, in den 1970ern nach Großbritannien. Traditionell wird eine Korat gerne als Glücksbringer zur Hochzeit verschenkt. Auch heute noch hat die Rasse die große Ähnlichkeit mit der Darstellung in den *Tamra Maew* bewahrt.

Porträt Die klein- bis mittelgroße Korat hat einen muskulösen Körper und ein typisch herzförmiges Gesicht. Die runden Augen sind bei den Welpen entweder bernsteinfarben oder goldgrün und verändern sich im Verlauf von 2–4 Jahren zu Peridotgrün beim ausgewachsenen Tier. Das einlagige, seidige Fell ist blaugrau mit silbrigem Schimmer (in Thailand als *si-sawat* bezeichnet); dies kommt dadurch zustande, dass die Haare an der Wurzel hell, im Mittelteil dunkler und an der Spitze hellsilbrig sind.

LaPerm

GEWICHT
2,7–4,5 kg

ZUR GENETIK
natürliche Mutation bei Haus-/Straßenkatzen in den USA

FELLPFLEGE
wenig aufwendig

AKTIVITÄT
mäßig

CHARAKTER
intelligent, verspielt und neugierig; schließt sich meist eng an den Halter an, folgt ihm oder sitzt auf der Schulter; sanftmütige und anhängliche Schoßkatze

GESUNDHEITSPROBLEME
keine bekannt

HERKUNFT USA

Geschichte Die LaPerm, eine Rex-Rasse, nahm auf einer Farm in Oregon (USA) ihren Anfang: Dort wurde 1982 ein kahles Katzenweibchen mit Tabby-Zeichnung auf der nackten Haut geboren, das nach mehreren Wochen ein weiches, lockiges Fell entwickelte und «Curly» (Lockig) genannt wurde. Curly besaß ein dominantes Gen für lockiges Haar und gab dies an ihre Nachkommen weiter, aus denen die Rasse LaPerm (englisch *perm,* «Dauerwelle») entstand. Später wurde auch eine Langhaarvariante eingeführt.

Porträt Die LaPerm ist muskulös und hat einen keilförmigen Kopf mit großen Ohren und ausdrucksvollen, mandelförmigen Augen. Das Besondere ist jedoch ihr seidenweiches Fell, das sich wie Mohair anfühlt und dabei gewellt und gelockt ist – an Körperbereichen mit längerem Haar, wie der Halskrause, bilden sich sogar Ringellöckchen. An den Ohren sind die Haare innen gelockt, an den Spitzen büschelig und bilden hinter den Ohren lange, seidige «Engelsflügel». Auch die Schnurrhaare sind gewellt. Beim Fell sind alle bekannten Farbschläge und Zeichnungen vertreten, auch die Augen kommen in allen Farben vor.

Maine-Coon-Katze

GEWICHT
4–9 kg

ZUR GENETIK
Stammrasse – USA

FELLPFLEGE
mäßig aufwendig

AKTIVITÄT
hoch – liebt Freigang und braucht viel Platz

CHARAKTER
gutmütiger «sanfter Riese»; intelligent, verspielt – apportiert gerne; recht gesprächig, mit trillernden Lautäußerungen; liebt Wasser

GESUNDHEITSPROBLEME
Hüftgelenkdysplasie, Hypertrophe Kardiomyopathie

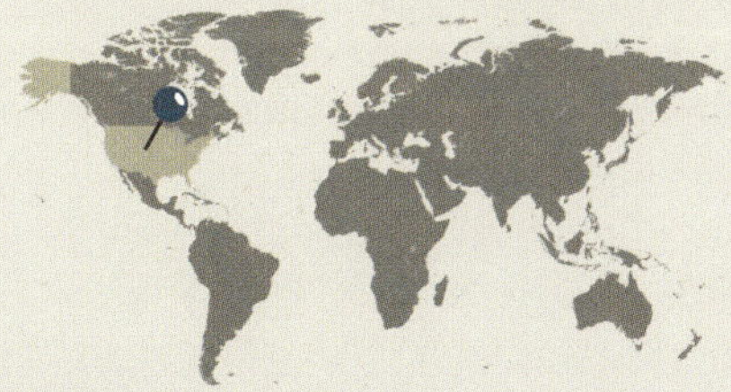

HERKUNFT USA

Geschichte Die Maine-Coon, Amerikas älteste Katzenrasse, ist eine der größten Katzen überhaupt. Mit ihrem dichten Fell, dem langen, buschigen Schwanz sowie Haarbüscheln an Ohren und Pfoten ist sie bestens an die harten Winter in ihrer Heimat New England (USA) angepasst. Ihre Ursprünge sind der Stoff von Legenden, so soll sie angeblich aus der Verpaarung von Katze und Waschbär stammen – biologisch ein Ding der Unmöglichkeit! Wenn man berücksichtigt, dass die Maine-Coon eine hervorragende Mäusejägerin ist, so erscheint es wahrscheinlicher, dass sie aus Kreuzungen von Hofkatzen mit Langhaarkatzen stammt, die mit dem Schiff nach Nordamerika gelangten.

Porträt Die großrahmige Maine-Coon-Katze ist kräftig und muskulös; das wasserabweisende, zottige Fell ist zweilagig und erstaunlich seidig. Es tritt in allen Farben auf; Chocolate, Lilac und Point-Färbung sind bei einigen Zuchtbüchern allerdings nicht zugelassen. Am häufigsten ist Brown-Tabby, entweder getigert oder gestromt. Die Augen sind grün, gold- oder kupferfarben, bei Tieren mit weißem Fell sind auch blaue oder ungleich gefärbte Augen erlaubt. Maine-Coon-Katzen sind erst mit 3–5 Jahren voll ausgewachsen, später als die meisten anderen Rassen.

Manx-Katze (Manx)

GEWICHT
3,5–5,5 kg

ZUR GENETIK
natürliche Mutation bei Haus-/Straßenkatzen in GB

FELLPFLEGE
wenig aufwendig

AKTIVITÄT
hoch; läuft schnell und springt sehr gut

CHARAKTER
ruhig, anhänglich und intelligent; scheut Fremde, aber hundeähnliche Treue zum Halter; verspielt, gurrende Lautäußerungen; gute Jägerin

GESUNDHEITSPROBLEME
Arthrose, Hornhautdystrophie, Intertrigo der Steißfalte, Manx-Syndrom, Megakolon

HERKUNFT Isle of Man (GB)

Geschichte Es gibt etliche Mythen zum Ursprung der Manx-Katze: Ihr Schwanz sei aus Versehen eingeklemmt und abgetrennt worden, als Noah die Türe der Arche schloss … sie sei aus einer Paarung von Kaninchen und Katze entstanden – genetisch sind all diese Legenden natürlich unhaltbar. Tatsächlich stammt die Manx von der Isle of Man (GB), wie der Name sagt, ist dort auch als «Stubbin» bekannt, und ihre Schwanzlosigkeit beruht wie bei den Bobtail-Rassen auf einer Mutation. Die Cymric, inzwischen auch als Rasse anerkannt, ist eine Langhaarversion der Manx.

Porträt Die Manx ist mittelgroß, muskulös und wirkt von der Form insgesamt rundlich: Sie hat einen rundlichen Kopf, die Hinterbeine sind länger als die Vorderbeine, sodass der Rücken höher als die Schulterpartie ist. Sie hat ein Doppelfell, bei dem alle Farben und Zeichnungen erlaubt sind. Da das Manx-Gen ein unvollständig dominantes Gen ist, können die Katzen völlig schwanzlos sein (Rassestandard) oder einen Schwanzstummel in variierender Länge haben. Durch sorgfältige Zuchtwahl kann man verhindern, dass schwere Missbildungen wie Spina bifida und weitere Störungen auftreten, die mit der Schwanzlosigkeit einhergehen (Stichwort Manx-Syndrom; s. auch S. 73).

Nebelung

GEWICHT
2,7–5 kg

ZUR GENETIK
Kreuzung von Haus-/Straßenkatzen aus den USA mit Russisch Blau

FELLPFLEGE
sehr aufwendig – langes, dichtes Doppelfell

AKTIVITÄT
hoch; bei Wohnungshaltung viel Anregung nötig

CHARAKTER
gegenüber den Haltern sehr anhänglich, Fremden gegenüber aber manchmal scheu; sehr intelligent, gutmütig und verspielt, mag einen geregelten Tagesablauf

GESUNDHEITSPROBLEME
keine bekannt

HERKUNFT USA

Geschichte Die Nebelung entstand erst in den 1980ern in den USA, und zwar aus der Verpaarung von zwei blauen Langhaar-Hauskatzen namens Siegfried und Brunhilde aus verschiedenen Würfen. Durch Auskreuzen mit Russisch-Blau-Katzen wurde die Rasse züchterisch weiterentwickelt. So entstand schließlich ein Typ, der an die blauen Langhaarkatzen erinnerte, die im 19. Jh. modern waren (Queen Victoria hielt beispielsweise blaue Perserkatzen). Der Name ist eine Kombination aus Nebel (bezogen auf das bei Bewegung silbrig schimmernde, blaugraue Fell) und «Nibelungen» (in Erinnerung an die oben erwähnten Stammeltern der Rasse).

Porträt Die kräftige Nebelung hat einen lang gestreckten Körper und einen keilförmigen Kopf mit großen, zugespitzten Ohren. Das weiche, lange Fell ist blaugrau mit silbrig schimmernden Haarspitzen. Manche Katzen besitzen eine Halskrause oder «Knickerbocker» an den Hinterbeinen. Die mandelförmigen Augen sind anfangs gelbgrün, bei ausgewachsenen Tieren sind sie schließlich grün.

Russisch Blau

GEWICHT
3–7 kg

ZUR GENETIK
Stammrasse – Europa

FELLPFLEGE
wenig aufwendig

AKTIVITÄT
mäßig

CHARAKTER
ruhig, sanfte «Stimme», neugierig, verspielt; treu gegenüber bekannten Menschen, Fremden gegenüber aber manchmal scheu; unabhängig, daher geeignet für (außer Haus) berufstätige Halter

GESUNDHEITSPROBLEME
keine bekannt

HERKUNFT Russland

Geschichte Die Russisch Blau, eine Naturrasse, stammt aus der Umgebung der russischen Hafenstadt Archangelsk (daher in Russland auch «Erzengelkatze» genannt). Sie gelangte vermutlich mit Seeleuten nach England und wurde bereits in den ersten Katzenschauen ausgestellt, und zwar in einer Klasse, in der alle «blauen» Katzen zusammengefasst waren; 1912 erhielt sie aber eine eigene Klasse. Im frühen 20. Jh. erreichte die Russisch Blau die USA, und von da an wurde die Rasse beiderseits des Atlantiks weiterentwickelt.

Porträt Die Russisch Blau ist eine elegante Katze mit geschmeidigem Körperbau, keilförmigem Kopf, großen, breit angesetzten Ohren und rundlichen, smaragdgrünen Augen. Aufgrund des ausgeprägten Schnurrhaarkissens hat sie einen «lächelnden» Gesichtsausdruck. Die Russisch Blau ist eine Kurzhaarkatze; rassetypisch ist ihr Doppelfell: ein dichtes, seidenweiches Fell, bei dem Grannen- und Wollhaare gleich lang sind. Die silbrig schimmernde, blaugraue Farbvariante (Blau) wird von allen Zuchtbüchern anerkannt; inzwischen lassen einige auch weiße (Russian White) und schwarze (Russian Black) Farbschläge zu.

Norwegische Waldkatze

GEWICHT
4–7,5 kg

ZUR GENETIK
Stammrasse – Europa

FELLPFLEGE
wenig aufwendig

AKTIVITÄT
hoch – liebt Freigang und Klettern

CHARAKTER
sanftmütig, freundlich und gesellig, anpassungsfähig, intelligent und verspielt

GESUNDHEITSPROBLEME
Glykogen-Speicherkrankheit Typ IV, Hüftgelenkdysplasie, Hypertrophe Kardiomyopathie

HERKUNFT Norwegen

Geschichte Angeblich wurden die Vorfahren der Norwegischen Waldkatze von den Wikingern als Schiffskatzen gehalten, und die *Skogkatt,* so ihr norwegischer Name, taucht in der altnordischen Mythologie in Verbindung mit Freya auf. Die Katze lebte jahrhundertelang in Wäldern und auf abgelegenen Höfen in Norwegen, wo sie als gute Mäusejägerin geschätzt war. Im 2. Weltkrieg starb die Rasse beinahe aus, da die Zuchtprogramme unterbrochen waren und die überlebenden Norwegischen Waldkatzen sich mit normalen Hauskatzen paarten. Ein neues Zuchtprogramm in den 1970ern brachte die Rettung; später erklärte König Olaf die Norwegische Waldkatze zur Nationalkatze.

Porträt Diese große und kräftige Rasse ist erst mit 5 Jahren voll ausgewachsen. Der Kopf hat eine typische Dreiecksform und trägt große, behaarte Ohren. Dank der Leit- und Grannenhaare ist das halblange Fell im harten norwegischen Winter wasserabweisend, und die dichte Unterwolle bietet guten Schutz vor der Kälte. Im langen, dicken Winterfell sind auch die Halskrause, ferner «Knickerbocker» an den Beinen sowie die Haarbüschel an den Pfoten («Schneeschuhe») deutlich zu erkennen. Der Schwanz ist lang und buschig. Bis auf wenige Ausnahmen sind alle Farben und Fellzeichnungen zugelassen. Die mandelförmigen Augen können alle Farben aufweisen.

Ragdoll

GEWICHT
5–9 kg

ZUR GENETIK
Stammrasse – USA

FELLPFLEGE
sehr aufwendig – das lange, seidige Fell muss oft gebürstet werden, haart jedoch weniger

AKTIVITÄT
mäßig

CHARAKTER
sehr verschmust, beim Hochheben sehr entspannt; folgt ihrem Halter gerne und apportiert auch gerne; nicht sehr «gesprächig»; am besten zur Haltung in Wohnungen geeignet, wo immer jemand zuhause ist

GESUNDHEITSPROBLEME
Hypertrophe Kardiomyopathie

HERKUNFT USA

Geschichte Diese Rasse entstand in den 1960ern in Kalifornien, als eine weiße Langhaar-Hauskatze namens Josephine nach völlig «normalen» Nachkommen plötzlich einen Wurf mit ungewöhnlich ruhigen Welpen hatte, die sich beim Hochheben wie eine Stoffpuppe (englisch *ragdoll*) entspannten. Da Josephine vorher einen Autounfall überlebt hatte, spekulierte man, ob dies für das «entspannte» Wesen der Katzenjungen verantwortlich sei. Eine nette Theorie, aber genetisch unmöglich. Bisher ist der genetische Hintergrund dieses auffälligen und konstant weitervererbten Merkmals unbekannt.

Porträt Die Ragdoll hat einen großen, muskulösen Körper. Sie hat ein seidiges, halblanges Fell und weist eine Point-Färbung (s. S. 69) mit den Zeichnungsvarianten Colourpoint, Mitted oder Bicolour auf. Folgende Farben sind zugelassen: Seal, Blau, Chocolate, Lilac, Rot und Cremefarben; diese Farben können auch als Tortie- und Tabby-Variante auftreten (Letztere auch als «Lynx» bekannt). Die Ragdoll hat große, kräftige Pfoten und einen langen, buschigen Schwanz. Typisch sind ferner die großen, leuchtend blauen Augen.

RagaMuffin

GEWICHT
4,5–9 kg

ZUR GENETIK
Variante von Ragdoll

FELLPFLEGE
sehr aufwendig – das lange, seidige Fell muss oft gebürstet werden, neigt allerdings weniger zum Verfilzen

AKTIVITÄT
mäßig, klettert aber gerne

CHARAKTER
sehr verschmust, ruhig und ausgeglichen, anhänglich und menschenbezogen; apportiert gerne, wunderbare Familienkatze, sollte nicht über längere Zeit alleine gelassen werden

GESUNDHEITSPROBLEME
Hypertrophe Kardiomyopathie

HERKUNFT USA

Geschichte Die RagaMuffin wurde in den USA als neue Rasse aus der Ragdoll entwickelt. Die Ragdoll-Zucht war streng reglementiert, und so schuf man die RagaMuffin, indem man Ragdolls mit Perserkatzen, Himalayan (einer Perser-Colourpoint-Variante, Maskenperser) und Langhaar-Hauskatzen auskreuzte. Da die Rasse inzwischen züchterisch gefestigt ist, werden RagaMuffins nicht mehr mit Ragdolls ausgekreuzt.

Porträt Die große und muskulöse RagaMuffin ist unter Umständen erst mit 4 Jahren voll ausgewachsen. Der Körper ist kastenförmig, der Kopf breit und gerundet. Das seidige, halblange, dichte Fell erinnert an ein Kaninchenfell, ist am Hals aber länger und bildet eine Halskrause. Sämtliche Fellfarben und -zeichnungen sind erlaubt.

Sibirische Katze

GEWICHT
4,5–9 kg

ZUR GENETIK
Stammrasse – Europa

FELLPFLEGE
mäßig bis sehr aufwendig – haart im Frühling stark

AKTIVITÄT
hoch

CHARAKTER
sanftmütig, liebevoll, anhänglich, hundeähnliches Verhalten; verspielt und gelenkig, springt gerne auf hohe Sitzplätze; «gesprächig», mit leisen Gurrlauten und tiefem Schnurren; liebt Wasser

GESUNDHEITSPROBLEME
Hypertrophe Kardiomyopathie, Pyruvatkinase-Defizienz

HERKUNFT Russland

Geschichte In Russland ist die Sibirische Katze oder Sibirische Waldkatze fast so etwas wie ein nationales Kulturgut, wird sie doch schon in Volksmärchen aus dem 19. Jh. erwähnt. Als Rasse wurde sie außerhalb von Russland aber erst ab den 1980ern anerkannt und gezüchtet, als sie mit sowjetischen Bauarbeitern in die DDR und schließlich in den Westen gelangte.

Porträt Dieser «sanfte Riese» ist unter Umständen erst mit 5 Jahren voll ausgewachsen. Die Sibirische Katze ist kräftig und sehr beweglich, ihre Hinterbeine sind etwas länger als die Vorderbeine, sodass sie ungewöhnlich hoch springen kann. Die großen Pfoten sind zwischen Zehen und Ballen behaart («Schneeschuhe»), ebenso wie auch das Innere der Ohrmuscheln. Das dreilagige, dichte Fell ist wasserabweisend (eine Anpassung an den natürlichen Lebensraum) und im Winter dicker und länger. Heutzutage sind alle Farbschläge und Fellzeichnungen erlaubt. Die Augenfarbe kann von Goldfarben bis zu Grün variieren. Angeblich – wissenschaftliche Beweise fehlen zwar – sind Sibirische Katzen für Allergiker eher geeignet als manche andere Rassen.

Sokoke

GEWICHT
3,5–6,5 kg

ZUR GENETIK
Stammrasse – Afrika

FELLPFLEGE
wenig aufwendig

AKTIVITÄT
hoch

CHARAKTER
intelligent, verspielt, gesellig, anhänglich, geht sehr starke Bindungen ein, recht gesprächig

GESUNDHEITSPROBLEME
keine bekannt

HERKUNFT Kenia

Geschichte Die Sokoke ist eine der seltensten Katzenrassen der Welt; sie stammt aus dem Arabuko-Sokoke-Wald, einem Küstenwald in Kenia. Dort wird sie auch als *Khadzonzo* bezeichnet (etwa: «sieht wie Baumrinde aus») – namensgebend ist die ungewöhnliche Fellzeichnung. In den 1970ern fielen diese Katzen einer Liebhaberin auf, die einige zähmte und weiterzüchtete; eine Auswahl gelangte in den 1980ern nach Dänemark und wurde dort gezielt als Rasse entwickelt («alte Linie»). Später wurden sie mit Tieren einer «neuen» Sokoke-Linie gekreuzt, diese Katzen waren in den frühen 2000er-Jahren aus dem Ursprungsgebiet in die USA exportiert worden.

Porträt Die Sokoke ist mittelgroß und hat einen lang gestreckten, schlanken und muskulösen Körper; die Hinterbeine sind länger als die Vorderbeine. Der Kopf wirkt im Verhältnis zum Körper klein, die leicht mandelförmigen Augen sind bernsteinfarben bis hellgrün. Das kurze Fell zeigt eine modifizierte gestromte (klassische) Tabby-Zeichnung und ist durchgehend getickt. Ungewöhnlich ist, dass der Kater bei der Aufzucht der Katzenjungen hilft; unter natürlichen Verhältnissen werden diese auch später entwöhnt als bei anderen Rassen.

Türkisch Angora

GEWICHT
2,7–5 kg

ZUR GENETIK
Stammrasse – Mittelmeerraum

FELLPFLEGE
mäßig aufwendig – keine Unterwolle

AKTIVITÄT
hoch – klettert gerne

CHARAKTER
intelligent, verspielt, durchsetzungsfähig, kontaktfreudig, gesellig und anhänglich; gesprächig, sucht gerne Beachtung

GESUNDHEITSPROBLEME
Ataxie, bei blauäugigen Tieren Taubheit, Hypertrophe Kardiomyopathie

HERKUNFT Türkei

Geschichte Die Türkisch Angora ist nach der Stadt Ankara (früher Angora) in der Türkei benannt. Diese alte Stammrasse – sie existiert möglicherweise schon seit dem 17. Jh. – war vor allem im frühen 20. Jh. an der Entwicklung anderer Rassen beteiligt, z. B. der Perserkatze. Sie wäre fast ausgestorben, wenn nicht der Zoo von Ankara ein Erhaltungsprogramm für diese sehr beliebte heimische Katzenrasse gestartet hätte. Eins dieser Zoopaare gelangte in den 1950ern in die USA, daraufhin wurde die Türkisch Angora langsam bekannter und als Rasse weiterentwickelt.

Porträt Mit ihrem lang gestreckten, schlanken und muskulösen Körper wirkt die Türkisch Angora sehr elegant. Der Kopf ist relativ klein; bei den großen, walnussförmigen Augen ist jede Farbe erlaubt, bei Tieren mit weißem Fell treten auch blaue oder verschiedenfarbige Augen auf. Das Fell ist das herausstechendste Merkmal der Rasse: Es hat keine Unterwolle und ist lang und seidenweich. Die traditionelle Fellfarbe ist Weiß, doch inzwischen kommt eine Vielzahl von Fellfarben und -zeichnungen vor.

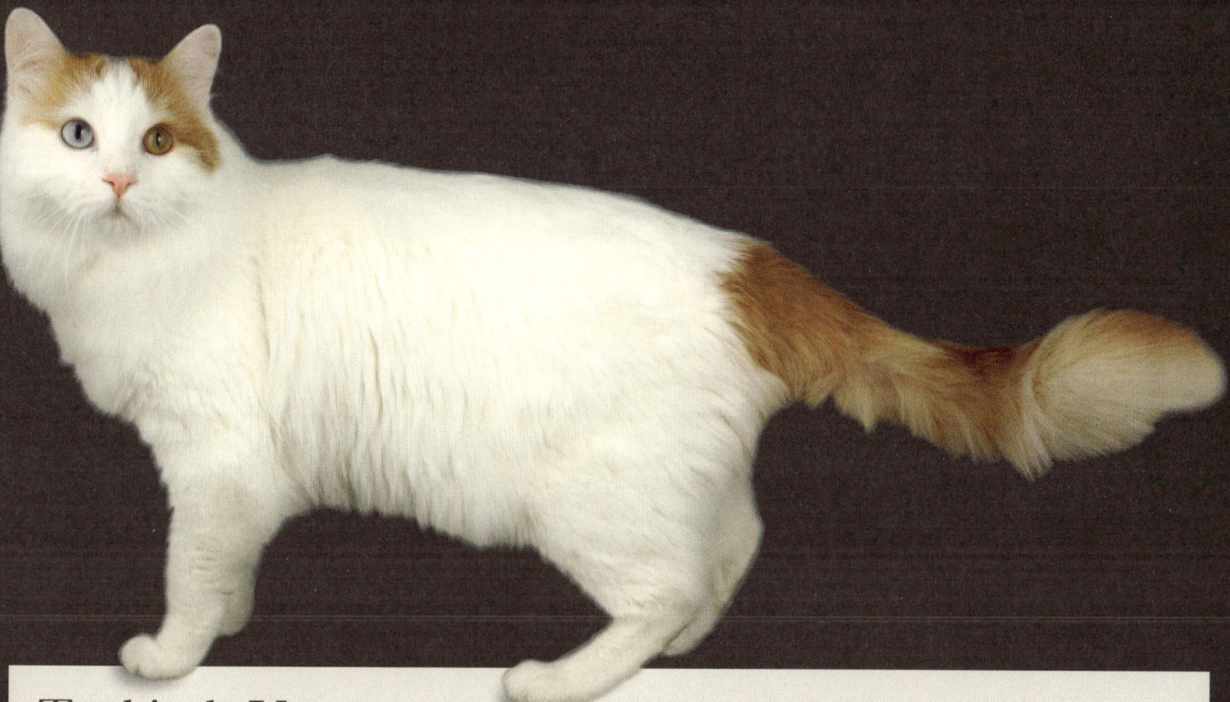

Türkisch Van

GEWICHT
3–9 kg

ZUR GENETIK
Stammrasse – Mittelmeerraum

FELLPFLEGE
mäßig aufwendig

AKTIVITÄT
hoch – klettert und schwimmt (!) gerne

CHARAKTER
intelligent, liebevoll und verspielt – apportiert gerne und liebt Wasser; kann etwas tollpatschig sein; sehr menschenbezogen (fast hundeähnlich) und kann enge Bindung entwickeln, allerdings keine Schoßkatze; Stimme leise, angeblich schafsähnlich

GESUNDHEITSPROBLEME
Feline Neonatale Isoerythrolyse

HERKUNFT Türkei

Geschichte Die Türkisch Van oder Van-Katze wird gerne auch als «Schwimmkatze» bezeichnet; zu ihrem Ursprung gibt es wie so häufig etliche Legenden: In einer heißt es, sie sei mit auf der Arche Noah gesegelt und an Land geschwommen, bevor die Arche tatsächlich angelegt habe. Bei ihrem Aufenthalt auf der Arche sei ihr Schwanz in einer Tür eingeklemmt worden und habe sich daher rot gefärbt, bei Allahs segnender Berührung seien die beiden typischen Farbflecke am Kopf entstanden. Tatsächlich stammt sie aus der gebirgigen Gegend um den Vansee in der Osttürkei, was ihre Vorliebe fürs Schwimmen vielleicht besser erklärt.

Porträt Van-Katzen sind groß und muskulös und erst mit über 3 Jahren ausgewachsen. Die traditionelle Fellfarbe ist Weiß; am Kopf trägt sie auffällige kastanienbraune Abzeichen, auch der Schwanz ist ähnlich gefärbt. Inzwischen sind Abzeichen in verschiedenen Farben zugelassen. Die Augen sind blau oder bernsteinfarben oder ungleich gefärbt: eins blau, eins bernsteinfarben. Das Fell ist halblang, die Wollhaare fehlen; es ist wunderbar seidig, fast kaschmirähnlich und wasserabweisend.

Anhang

Einige medizinische Fachbegriffe

AGALAKTIE – Fehlende Milchbildung bei der Mutterkatze.

AMYLOIDOSE – Stoffwechselstörung, bei der irregulär gefaltete Proteine in den inneren Organen (oft der Leber) abgelagert werden; dies führt zu verminderter Organfunktion, gelegentlich zu Organversagen.

ARTHROSE – Degenerative Erkrankung, die Entzündungen und Schmerzen in den Gelenken auslöst, was zu steifen Gliedmaßen und Verlust der Beweglichkeit führt.

ATAXIE – Verlust von Gleichgewichtswahrnehmung und Koordination; dies führt zu unsicherem Gang.

BRACHYCEPHALIE (KURZKÖPFIGKEIT) – Manche Knochen des Gesichtsschädels sind verkürzt, sodass Nase und Gesicht der Katze abgeplattet wirken; damit gehen Gesundheitsstörungen wie Atem-, Gebiss- und Augenprobleme einher.

DIABETES MELLITUS («ZUCKERKRANKHEIT») – Er wird entweder durch mangelnde Produktion des Hormons Insulin oder durch fehlende Reaktion der Körperzellen auf das Hormon verursacht.

FELINE NEONATALE ISOERYTHROLYSE (FNI) – Lebensbedrohliche Störung bei Katzenwelpen, die eine andere Blutgruppe als ihre Mutter haben. Mit der Erstmilch (Kolostrum) nehmen die Welpen mütterliche Antikörper auf, die die Zerstörung der Katzenjungen-Erythrozyten bewirken.

FELINES IMMUNDEFIZIENZVIRUS (FIV) – Ein Virus, das mit dem Speichel der Katze (gewöhnlich durch Bisse) übertragen wird; es beeinträchtigt das Immunsystem und erhöht daher die Anfälligkeit für Folgeinfekte («Katzen-AIDS»). Infizierte Katzen zeigen oft jahrelang keine Symptome. FIV kann nicht auf Menschen übertragen werden.

FELINES LEUKÄMIE-VIRUS (FELV) – Ein Virus, das mit dem Speichel (durch Bisse oder Putzen), seltener über Kot oder Futternäpfe von Katze zu Katze übertragen wird. Es führt zu «Katzenleukämie» in Form von Tumoren und Immunschwäche.

FELINES OROFAZIALES SCHMERZSYNDROM (FOPS) – Die Katze leidet unter Missempfindungen im Maul, die zu übersteigertem Lecken, Kauen und Pfotenhieben gegen das Maul führen. Kann bis zu Selbstverstümmelungen von Gesicht und Zunge gehen.

FLAT CHESTED KITTEN SYNDROME (FCK-SYNDROM, «FLACHBRÜSTIGKEIT» BEI KATZENWELPEN) – Betroffene Katzenjunge zeigen einen deutlich abgeflachten oder eingedrückten Brustkorb.

GANGLIOSIDOSE – Degenerative Erkrankung, die durch übermäßige Anreicherung bestimmter Lipide («Ganglioside») im Nervensystem entsteht; führt zu neurologischen Problemen und Tod.

GLYKOGEN-SPEICHERKRANKHEIT TYP IV (GSD IV) – Angeborene Störung bei Norwegischen Waldkatzen: Wenn ein bestimmtes Enzym der Glykogensynthese und -speicherung gestört ist, kommt es zur Anreicherung von irregulären Glykogenformen in Muskeln, Nerven und Leber und damit zu Organstörungen.

HORNHAUTDYSTROPHIE – Augenerkrankung, bei der die Hornhaut betroffen ist; sie kann zu Sehbeeinträchtigungen und gelegentlich zu Erblindung führen.

HÜFTGELENKDYSPLASIE – Entwicklungsstörung des Hüftgelenks, die zu seiner atypischen Ausbildung führt und damit einhergehend zur falschen Ausrichtung und Fehlstellung von Hüftkopf und Hüftpfanne. Verursacht Bewegungseinschränkungen und Schmerzen.

HYPERTROPHE KARDIOMYOPATHIE (HCM) – Erkrankung des Herzmuskels; dieser ist verdickt (hypertroph), wodurch es zu verminderter Herzleistung und gelegentlich zu Herzversagen kommt.

HYPOKALIÄMIE (KALIUMMANGEL) – Zustand bei zu wenig Kaliumionen im Blut, wird oft durch Nierenversagen verursacht und führt zu Muskelschwäche: Die Katze hat Schwierigkeiten beim Laufen und beim Heben des Kopfes.

HYPOTRICHOSE – Abnormer Haarausfall und Reduzierung des Haarkleids.

INTERTRIGO – Nässende Entzündung der Haut, entsteht beim Aneinanderreiben von Hautflächen, vor allem im Bereich von Hautfalten.

LYSOSOMALE SPEICHERKRANKHEITEN – Eine Gruppe von Enzymdefekten, durch die wichtige Körperfunktionen stark beeinträchtigt sind, sodass es zu Wachstumsstörungen kommt.

MANX-SYNDROM – Verschiedene Entwicklungsstörungen des Neuralrohrs (am häufigsten ist die Spina bifida), die durch das Manx-Gen verursacht werden und zusätzlich zum bei der Manx-Rasse üblichen fehlenden Schwanz auftreten.

MEGAKOLON – Ausgeprägte Erweiterung des Grimmdarms; dieser kann sich daher nicht kontrahieren, geht gewöhnlich mit Verstopfung einher.

MYOPATHIEN – Erkrankungen der Muskulatur, die sich vor allem in einer Muskelschwäche zeigen.

OSTEOCHONDRODYSPLASIE – Schmerzhafte Entwicklungsstörung von Knochen- und Knorpelgewebe, die zu Missbildungen führt.

PATELLALUXATION (KNIESCHEIBENVERRENKUNG) – Störung, bei der die Kniescheibe aus ihrer normalen Stellung «springt».

PICA-SYNDROM – Verhalten, bei dem die Katze Substanzen und Gegenstände frisst, die normalerweise nicht zur Nahrung gehören und keinerlei Nährwert haben.

POLYZYSTISCHE NIERENERKRANKUNG – Bei dieser Störung entwickeln sich flüssigkeitsgefüllte Zysten in der Niere, was letztlich zu Nierenversagen führt.

PROGNATHIE – Kieferfehlstellung, die zu einem ausgeprägten Überbiss führt.

PROGRESSIVE RETINAATROPHIE (PRA) – Es sind zwei Hauptformen dieser Erkrankung bekannt, die Stäbchen und Zapfen der Retina betreffen. Das Sehvermögen nimmt allmählich ab, bis es schließlich zur Erblindung kommt.

PYRUVATKINASE-DEFIZIENZ (PK-DEFIZIENZ) – Wenn das Enzym PK in den Erythrozyten fehlt, gehen diese vorzeitig zugrunde; dadurch kommt es zu einer leichten bis lebensbedrohlichen Anämie (Mangel an Erythrozyten).

STRABISMUS, SCHIELEN – Fehlstellung der Augen, bei der die Blickrichtung der beiden Augen nicht identisch ist.

WEHENSCHWÄCHE – Zu geringe oder fehlende Wehentätigkeit der Gebärmutter (Uterus) unter der Geburt, die das Austreiben der Katzenwelpen verhindert.

ZAHNFEHLSTELLUNGEN – Eine falsche Stellung der Zähne bewirkt einen abnormen Biss; oft kommt es dann zu Problemen im Mundraum und beim Fressen.

ZAHNFLEISCHENTZÜNDUNG (GINGIVITIS) UND PARODONTITIS – Reizung und Entzündung von Zahnfleisch und Zahnhalteapparat, führt zur Zerstörung des Gebisses.

Weiterführende Literatur

Bücher

Arden, D. / Mays, N. (2014). *Schöne Katzen. Porträts ausgezeichneter Rassen.* LV-Buch im Landwirtschaftsverlag, Münster-Hiltrup.

Beaver, B. (2003). *Feline Behavior: A Guide for Veterinarians* (2nd edition). Saunders, St. Louis, Missouri.

Benecke, N. (2001). *Der Mensch und seine Haustiere. Die Geschichte einer jahrtausendealten Beziehung.* Parkland, Köln.

Bradshaw, J. (2015). *Die Welt aus Katzensicht. Wege zu einem besseren Miteinander – Erkenntnisse eines Verhaltensforschers.* Kosmos, Stuttgart.

Bradshaw, J. W. S. & al. (2012). *The Behaviour of the Domestic Cat* (2nd edition). CABI Publishing, Wallingford, UK.

Engels, D. (1999). *Classical Cats: The Rise and Fall of the Sacred Cat.* Routledge, London.

Hunter, L. (2006). *Cats of Africa. Behavior, ecology, and conservation.* The Johns Hopkins University Press, Baltimore, Maryland.

Leyhausen, P. (1975). *Verhaltensstudien an Katzen.* 4. Auflage. Parey, Berlin u. a.

Leyhausen, P. (1982). *Katzen, eine Verhaltenskunde.* 6. Auflage. Parey, Berlin.

Lyons, L. A. / Kurushima, J. D. (2012). «A Short Natural History of the Cat and its Relationship with Humans», in: Little, S. E. (ed.). *The Cat: Clinical Medicine and Management.* Elsevier Saunders, St. Louis, Missouri. S. 1254–1262.

Rochlitz, I. (2007). *The Welfare of Cats.* Springer, New York.

Taylor, D. (2010). *Cat Breeds.* Hamlyn, London.

Turner, D. / Bateson, P. (eds.) (2000). *The Domestic Cat: The Biology of its Behaviour* (2nd edition). Cambridge University Press, Cambridge.

Turner, D. / Bateson, P. (eds.) (2014). *The Domestic Cat: The Biology of its Behaviour* (3rd edition). Cambridge University Press, Cambridge.

Turner, D. / Bateson, P. (Hrsg.) (1988). *Die domestizierte Katze: eine wissenschaftliche Betrachtung ihres Verhaltens* [Cats ,86 – Internationales Symposium über das Verhalten und die Ökologie der Hauskatze; Zürich-Irchel, 1986]. Müller, Rüschlikon-Zürich u. a.

Wright, M. / Walters, S. (Hrsg.) (1985). *Die Katze. Handbuch für Haltung, Zucht und Pflege.* Mosaik-Verlag, München.

Zyl, Miezan Van (ed.) (2014). *The Cat Encyclopedia: The Definitive Visual Guide.* Dorling Kindersley, London.

Artikel

Adamec, R. E. (1976). «The interaction of hunger and preying in the domestic cat (*Felis catus*): An adaptive hierarchy?», in: *Behavioural Biology* 18 (2), S. 263–272.

Banks, M. S. & al. (2015). «Why do animal eyes have pupils of different shapes?», in: *Science Advances* 1 (7): e1500391.

Barrett, P. / Bateson, P. (1978). «The development of play in cats», in: *Behaviour* 66, S. 106–120.

Biben, M. (1979). «Predation and predatory play behaviour of domestic cats», in: *Animal Behaviour* 27 (1), S. 81–94.

Brown, S. L. / Bradshaw, J. W. S. (1996). «Social behaviour in a small colony of feral cats», in: *Journal of the Feline Advisory Bureau* 34, S. 35–37.

Caro, T. M. (1980). «Effects of the mother, object play, and adult experience on predation in cats», in: *Behavioral and Neural Biology* 29 (1), S. 29–51.

Caro, T. M. (1981). «Predatory behaviour and social play in kittens», in: *Behaviour* 76 (1), S. 1–24.

Chesler, P. (1969). «Maternal influence in learning by observation in kittens», in: *Science* 166 (3907), S. 901–903.

David V. A. & al. (2014). «Endogenous retrovirus insertion in the KIT oncogene determines white and white spotting in domestic cats», in: *G3* 4 (10), S. 1881–1891.

Driscoll, C. A. & al. (2007). «The Near Eastern origin of cat domestication», in: *Science* 317, S. 519–523.

Driscoll, C. A. & al. (2009). «From wild animals to domestic pets, an evolutionary view of domestication», in: *PNAS* 106 (1), S. 9971–9978.

Driscoll, C. A. & al. (2009). «The taming of the cat», in: *Scientific American* 300 (6), S. 68–75.

Driscoll, C. A. & al. (2010). «Die wahre Herkunft der Hauskatze», in: *Spektrum der Wissenschaft*. Nr. 4, 2010, S. 34–41 (www.spektrum.de/artikel/1023390).

Dumas, C. (1992). «Object permanence in cats *(Felis catus)*: an ecological approach to the study of invisible displacements», in: *Journal of Comparative Psychology* 106 (4), S. 404–410.

Dumas, C. (2000). «Flexible search behavior in domestic cats (Felis catus): A case study of predator–prey interaction», in: *Journal of Comparative Psychology* 114 (3), S. 232–238.

Edwards, C. & al. (2007). «Experimental evaluation of attachment behaviours in owned cats», in: *Journal of Veterinary Behavior* 2 (4), S. 119–125.

Ellis, S. (2009). «Environmental enrichment: practical strategies for improving animal welfare», in: *Journal of Feline Medicine and Surgery* 11, S. 901–912.

Faure, E. / Kitchener, A. C. (2009). «An archaeological and historical review of the relationships between felids and people», in: *Antrhrozoos* 22 (3), S. 221–238.

Frazer Sissom, D. E. & al. (1991). «How cats purr», in: *Journal of Zoology*, London 223, S. 67–78.

Gall Myrick, J. (2015). «Emotion regulation, procrastination, and watching cat videos online: who watches Internet cats, why, and to what effect?», in: *Computers in Human Behaviour* 52, S. 168–176.

Galvan, M. / Vonk, J. (2016). «Man's other best friend: domestic cats *(F. silvestris catus)* and their discrimination of human emotion cues», in: *Animal Cognition* 19, S. 193–205.

Hall, S. L. & al. (2002). «Object play in adult domestic cats: the roles of habituation and disinhibition», in: *Applied Animal Behaviour Science* 79, S. 263–271.

Hewson-Hughes, A. K. & al. (2011). «Geometric analysis of macronutrient selection in the adult domestic cat, *Felis catus*», in: *Journal of Experimental Biology* 214, S. 1039–1051.

Hu, Y. & al. (2014). «Earliest evidence for commensal processes of cat domestication», in: *PNAS* 111 (1), S. 116–120.

Hudson, R. & al. (2009). «Nipple preference and contests in suckling kittens of the domestic cat are unrelated to presumed nipple quality», in: *Developmental Psychobiology* 51, S. 322–332.

Karsh, E. B. (1983). «The effects of early and late handling on the attachment of cats to people», in: Anderson, R. K. & al. (eds.), *The Pet Connection, Conference Proceedings*, Globe Press, St. Paul, Minnesota, S. 207–215.

Kitchener, A. C. & al. (2017). *A revised taxonomy of the Felidae. The final report of the cat classification task force of the IUNC/CCS Cat Specialist Group*. Cat News Special Issue 11.

Kry, K. / Casey, R. (2007). «The effect of hiding enrichment on stress levels and behaviour of domestic cats (*Felis sylvestris catus*) in a shelter setting and the implications for adoption potential», in: *Animal Welfare* 16, S. 375–383.

Kurishima, J. D. & al. (2013). «Variation of cats under domestication: genetic assignment of domestic cats to breeds and worldwide random-bred populations», in: *Animal Genetics* 44 (3), S. 311–324.

Landsberg, G. M. & al. (2010). «Cognitive dysfunction in cats: a syndrome we used to dismiss as ‚old age'», in: *Journal of Feline Medicine and Surgery* 12, S. 837–848.

Li, X. & al. (2005). «Pseudogenization of a sweet-receptor gene accounts for cats' indifference toward sugar», in: *PLoS Genetics* 1 (1), S. 27–35.

Lipinski, M. J. & al. (2008). «The ascent of cat breeds: genetic evaluation of breeds and worldwide random-bred populations», in: *Genomics* 91 (1), S. 12–21.

Lyons, L. A. (2014). «Cat domestication & breed development», in: Proceedings, 10th World Congress on Genetics Applied to Livestock Production.

Lyons, L. A. (2015). «DNA mutations of the cat: the good, the bad and the ugly», in: *Journal of Feline Medicine and Surgery* 17 (3), S. 203–219.

Macdonald, D. W. & al. (1987). «Social dynamics, nursing coalitions and infanticide among farm cats, Felis catus». *Advances in Ethology* 28. Parey, Berlin.

McComb, K. & al. (2009). «The cry embedded within the purr», in: *Current Biology* 19 (13), R507–R508.

McCune, S. (1995). «The impact of paternity and early socialisation on the development of cats' behaviour to people and novel objects», in. *Applied Animal Behaviour Science* 45, S. 109–124.

McDowell, L. & al. (2018). «Lateralization of spontaneous behaviours in the domestic cat, *Felis silvestris*», in: *Animal Behaviour* 135, S. 37–43.

Medina, F. M. & al. (2011). «A global review of the impacts of invasive cats on island endangered vertebrates», in: *Global Change Biology* 17, S. 3503–3510.

Miklosi, A. & al. (2005). «A comparative study of the use of visual communicative signals in interactions between dogs and humans and cats and humans», in: *Journal of Comparative Psychology* 119, S. 179–186.

Moelk, M. (1944). «Vocalizing in the house-cat: a phonetic and functional study», in: *American Journal of Psychology* 57, S. 184–205.

Montague, M. J. & al. (2014). «Comparative analysis of the domestic cat genome reveals genetic signatures underlying feline biology and domestication», in: *PNAS* December 2, 111 (48), S. 17230–17235. (Siehe auch die neuere NCBI Version 9.0 (2017) des Genome Assembly and Annotation Report von Felis catus)

Natoli, E. & al. (2006). «Management of feral domestic cats in the urban environment of Rome (Italy)», in: *Preventive Veterinary Medicine* 77 (3–4), S. 180–185.

Nicastro, N. (2004). «Perceptual and acoustic evidence for species-level differences in meow vocalizations by domestic cats (*Felis catus*) and African wild cats (*Felis silvestris lybica*)», in: *Journal of Comparative Psychology* 118, S. 287–296.

Nicastro, N. / Owren, M. J. (2003). «Classification of domestic cat (*Felis catus*) vocalizations by naïve and experienced human listeners», in: *Journal of Comparative Psychology* 117, S. 44–52.

Noel, A. C. / Hu, D. L. (2018). «Cats use hollow papillae to wick saliva into fur», in: *PNAS* December 4, 115 (49), S. 12377–12382.

O'Brien, S. J. / Johnson, W. E. (2007). «The evolution of cats. Genomic paw prints in the DNA of the world's wild cats have clarified the cat family tree and uncovered several remarkable migrations in their past», in: *Scientific American* 297, S. 68–75.

O'Brien, S. J. & al. (2008). «State of cat genomics», in: *Trends in Genetics* 24 (6), S. 268–279.

Ottoni, C. & al. (2017). «The palaeogenetics of cat dispersal in the ancient world», in: *Nature Ecology and Evolution* 1, article no. 0139.

Ownby, D. R. / Johnson, C. C. (2003). «Does exposure to dogs and cats in the first year of life influence the development of allergic sensitization?», in: *Current Opinion in Allergy and Clinical Immunology* 3 (6), S. 517–522.

Qureshi, A. & al. (2009). «Cat ownership and the risk of fatal cardiovascular diseases. Results from the Second National Health and Nutrition Examination Study Mortality Follow-up Study», in: *Journal of Vascular and Interventional Neurology* 2 (1), S. 132–135.

Raihani, G. & al. (2009). «Olfactory guidance of nipple attachment and suckling in kittens of the domestic cat: inborn and learned responses», in: *Developmental Psychobiology* 51, S. 662–671.

Reis, P. M. & al. (2010). «How cats lap: water uptake by *Felis catus*», in: *Science* 330, S. 1231–1234.

Saito, A. / Shinozuka, K. (2013). «Vocal recognition of owners by domestic cats (*Felis catus*)», in: *Animal Cognition* 16 (4), S. 685–690.

Say, L. & al. (1999). «High variation in multiple paternity of domestic cats in relation to environmental conditions», in: *Proceedings of the Royal Society of London Series B* 266, S. 2071–2074.

Soennichsen, S. / Shamove, A. S. (2002). «Responses of cats to petting by humans», in: *Anthrozoos* 15, S. 258–265.

Todd, N. (1977). «Cats and commerce», in: *Scientific American* 237 (5), S. 100–107.

Turner, D. / Rieger, G. (2001). «Singly living people and their cats: a study of human mood and subsequent behavior», in: *Anthrozoos* 14 (1), S. 38–46.

Vigne, J. D. & al. (2004). «Early taming of the cat in Cyprus», in: *Science* 304 (5668), S. 259.

Vigne, J. D. & al. (2016). «Earliest ‚domestic' cats in China identified as leopard cat *(Prionailurus bengalensis)*», in: *PLoS ONE* 11(1): e0147295.

Wells, D. L. / Millsopp, S. (2009). «Lateralised behaviour in the domestic cat, *Felis silvestris catus*», in: *Animal Behaviour* 78, S. 537–541.

West, M. (1974). «Social play in the domestic cat», in: *American Zoologist* 14, S. 427–436.

Yamane, A. (1998). «Male reproductive tactics and reproductive success of the group-living cat (*Felis catus*)», in: *Behavioural Processes* 43, S. 239–249.

Yeon, S. C. & al. (2011). «Differences between vocalization evoked by social stimuli in feral cats and house cats», in: *Behavioural Processes* 87, S. 183–189.

Webseiten (Auswahl)

www.aristocat.li
(Aristocat – Verein der Katzenzüchter Lichtensteins)

cfa.org
(The Cat Fanciers' Association)

www.dekzv.de
(1. Deutscher Edelkatzenzüchter Verband e.V.)

www.dru.de
(Deutsche Rassekatzen-Union e.V.)

www.ffh.ch
(Helvetischer Katzenverband)

fifeweb.org
(Fédération Internationale Féline)

www.gccfcats.org
(The Governing Council of the Cat Fancy)

www.katzenclub.ch
(Schweizer Gesellschaft für Rassekatzen – SGR-SSC)

www.kkoe.org
(KKÖ – Klub der Katzenfreunde Österreichs)

tica.org
(The International Cat Association)

www.wcf-online.de
(World Cat Federation)

Register

A

Abessinierkatze (Abessinier) 66, 70, 163, 164, 168
Afrikanische Wildkatze *siehe* Falbkatze
Agalaktie 214
Aggression 151
Agouti (Gen) 70
Ägyptische Mau 197
Allergie 51, 133
Allogrooming 84
Allorubbing 84, 87, 125
ältere Katze 157
Ägypten, altes 23, 24, 26–28
American Bobtail 192
American Curl 191
American Shorthair 193
American Wirehair 72, 194
Amyloidose 214
Angorakatze *siehe* Türkisch Angora
Arthrose 214
Arthybride 165
Ataxie 214
Atmung 49
Augen 52–55
  blaue 33, 54, 55, 57
  drittes Lid 53
  Farbe 54–55
  Form 55
  Heterochromie 55
  Krankheit 66
  Nachtsicht 52–53
  Pupille 53
  Welpe 55, 96
Augenkontakt 87, 126
Auskreuzen 165
Australian Mist 189

B

Balinesenkatze (Balinese) 55, 171
Beißen 130
Bengalkatze (Art) 17, 24, 165
Bengalkatze (Rasse) 163, 165, 166
bicolor 71
Birma-Katze (Heilige Birma) 68, 195
Blinzeln, langsames 87, 130
blotched tabby 33, 70
Bobtail, American 192
Bobtail, Japanese 117, 198
Bombay-Katze 178
Brachycephalie (Kurzköpfigkeit) 162, 214
Britisch Kurzhaar 30, 39, 69, 183
British Blue 183
British Shorthair *siehe* Britisch Kurzhaar
Burmakatze (Burmese) 164, 177
Burmilla 190

C

Calico 71
Chartreux 55, 196
Chestnut Foreign Shorthair 172
Cornish Rex 47, 72, 186
Cymric 202

D

Devon Rex 72, 187
Diabetes mellitus («Zuckerkrankheit») 142, 156, 214
dichromatische Augen 52, 55
Dilute-Gen 69
DNA *siehe* Genetik
Domestic Shorthair 193
Domestikation 20–31, 77
  Auswirkungen von 35
Drahthaarkatze, Amerikanische 72, 194
Drehreflex 40, 97
Drüse 47, 83
Duftdrüse 47, 83
Dysfunktion, kognitive 157

E

Einzelgänger 77
Einzelkatze 80
Eisprung 90
Entwöhnung 95
Ernährung 14, 34, 48, 63, 64–65, 145, 156
  Zähne und 43
Evolution 14–17, 34, 64
Exotic Shorthair 182
Exotische Kurzhaarkatze 182
Extremzucht 162–163

F

Falbkatze 19, 21, 24, 35, 39, 68, 77, 126
Faltohrkatze, Schottische 163, 184
Felidae 14, 16
Feline Neonatale Isoerythrolyse (FNI) 214
Felines Orofaziales Schmerzsyndrom (FOPS) 214
Felis catus 18, 35, 76
Fell
  Agouti 70
  blotched tabby/gestromte Tigerkatze 33, 70
  Drahthaar 72
  Färbung/Zeichnung 9, 32, 68–72
  Farbverdünnung 69
  haarlos 72
  Haartyp 47
  kurzhaarig 67, 72
  langhaarig 67, 72
  mackerel tabby/gestreifte Tigerkatze 32, 33, 68, 70
  orangefarben 33, 71
  Point-Färbung 69
  Rex-Gen 72
  rot 33, 71
  schwarz 70, 71
  Smoking 71
  tortoiseshell/schildpatt 32, 71
  Typ 72
  weiß 32, 33, 55, 57, 71
  weiß gefleckt 68, 71
Fellpflege 62, 102
  gegenseitige 84
Fettleibigkeit 142, 156–157
Flat chested kitten syndrome (FCK-Syndrom, «Flachbrüstigkeit» bei Katzenwelpen) 214
Flehmen 34, 61, 82, 91, 97
Floh (Biss, Allergie) 51
Fortbewegung 40–41
  Welpe 97
Fortpflanzungszyklus 91
foundation breeds 162
Frostschutzmittel, Vergiftung mit 65

G

Gangart 40–41
Gangliosidose 214
Gebiss *siehe* Zähne
Geburt 92–93
gedrungene (cobby) Form 39
Gehirn 49, 50
Gehör 56–57
  Welpe 96
Geisterzeichnung (Tabby) 70
Gen-Analyse 164
Gendrift 31
Genetik 66–73
  DNA 16, 21, 25, 29, 30, 66, 164
  Fellfärbung/-zeichnung 68–72
  Letalgen 73
  Sozialisation und 122
  Verhalten und 73
Genomsequenzierung 34, 66
Geruch, Kommunikation und 82–83
Geruchssinn 34, 60–61
Geschlechtsreife 90
Geschmackssinn 62–63
Geschmacksvorliebe 63
Gestik (und Mimik) 129
gestromte Tigerkatze 32–33, 70
Gleichgewicht 38, 40–41, 97
Glykogen-Speicherkrankheit Typ IV (GSD IV) 214
Governing Council of the Cat Fancy (GCCF) 161
Gras 145
Grau-/Gobikatze 19
Grooming 62, 102
Gründereffekt 162
Gruppenhaltung von Katzen 81, 139–141
gruppenlebende Katzen 77
  soziale Organisation 78–79
Gurren 127

H

Haarlänge 67, 72
haarlose Katze 72
Haartyp 47
Habituation 121
Handel 28, 29, 32, 33
Händigkeit 45
Haut 46, 83
Havana-Katze 172
Hemingway, Ernest 44
Herodot 27
Herz 39, 48
Herz-Kreislauf-System 48
Heterochromie 55
Heterosiseffekt 165
Hornhautdystrophie 215
Hüftgelenkdysplasie 215
Hund 81
hybrid vigour 165
Hypercarnivore 14
hypertrophe Kardiomyopathie (HCM) 48, 164, 215
Hypokaliämie (Kaliummangel) 215
Hypotrichose 215

I

Immunsystem 51
Intertrigo 215
Inzucht 164

J

Jagd/Jagen 9–10, 26, 57, 59, 104–107, 109
  Folgen 119
Japanese Bobtail 117, 198

K

Kampf-oder-Flucht-Reaktion 50
Kartäuserkatze 55, 196
Kastration 136–137, 153
Katzendichte 77
Katzengras 145
Katzenhaltung, positive Gesundheitseinflüsse 132–133
Katzenleukämie 51, 137
Katzenlinie 16–17
Katzenminze 61, 144
Katzenwelpe 78–79, 93
  Augenfarbe 55
  Entwicklung 96–103
  Entwöhnung 95
  Geruchssinn 60
  Habituation 121
  Säugen 94–95
  Saugverhalten 94
  Schnurrhaare 59
  Sozialisation 98–99, 120–123
  Spiel 99–101
Kiefer 42, 43
Kognition 108–109
kognitive Dysfunktion 157
Kommunikation
  olfaktorische 34, 60, 82–83
  taktile 84–85
  visuelle 86–87
  vokale 88–89, 126–127
Konfrontation 86
Köpfchengeben 85, 131
Korat-Katze 30, 199
Körperform 39
Kot 83, 103
Kralle 15, 44, 45
Krallenschärfen 45
Krallenziehen 150
Kratzen 83, 150
Kunst 116–117
Kurzhaar, Britisch 30, 39, 69, 183
Kurzhaar, Orientalisch 162, 173
Kurzhaarkatze, Exotische 182

L

Landen auf den Füßen 40
LaPerm 200
Lautäußerung 73, 88–89
  agonistische 88
  Brüllen 89
  Gurren 88, 127
  Miauen 35, 88, 126–127, 128
  Schnattern 89
  Schnurren 89
Leopardkatze 24
Lernen 108–109
Lilie 145
Literatur 114, 118
Lysosomale Speicherkrankheiten 215

M

Maine-Coon-Katze 48, 201
Maneki-neko *siehe* «Winkekatze»
Manx-Katze 73, 161, 202
Manx-Syndrom 73
Massieren 125
Matrilinearität 78–79
Megakolon 215
Miaciden 14, 15
Miauen 35, 88, 126–127, 128
  lautloses 126
Milchtritt 125
Mimik 129
Mohammed 114
Mumifizierung 27
Muskulatur 39
Myopathie 215

N

Nachbarkatze 81
Nachtsicht 52–53
Nackengriff 46
Nahrung *siehe* Ernährung
Nasenkontakt 85
Nebelung 203
Neotenie 125
Nervensystem 50
neue Katze, Eingewöhnung 141
neue Rasse 162
Nickhaut 53
Norwegische Waldkatze 47, 112, 205

O

Objektpermanenz 109
obligater Karnivore 14, 64
Ocicat 162, 176
Ohren 56–57, 96, 163
  Stellung 86, 87
Orientalisch Kurzhaar 162, 173
Osteochondrodysplasie 215
Östrus 82, 86, 88, 90, 91
Ovulation 90

P

Paarung 91–92
  Rufe 88

Patellaluxation (Kniescheiben-verrenkung) 215
Perserkatze (Perser) 43, 47, 55, 118, 162–163, 164, 181
Persönlichkeit 122–123
Pest 113
Pfote 44, 58
Pheromon 47, 61, 148
Physiologie 48–51
Pica-Syndrom 215
Piloerektion 86
Point-Färbung 69
Polydaktylie 44
Proailurus 15
Problemverhalten 146–151
Prognathie 43, 215
Protein 64–65
Pseudaelurus 14, 15, 16
Punnett-Quadrat 67
Pyruvatkinase-Defizienz (PK-Defizienz) 164, 215

Q

Qualzucht 162–163

R

Räderzeichnung (Tabby) 70
RagaMuffin 207
Ragdoll 21, 69, 163, 206
Rassestandard 161
Ratte 22, 28, 107, 113
Reden mit Katzen 128
Reiben 84, 125
Retinaatrophie, progressive 164, 215
Retinitis pigmentosa 66
Revier(verhalten) 77, 138–141, 149
Rex-Katze 72
  Cornish Rex 47, 72, 186
  Devon Rex 72, 187
  Selkirk Rex 72, 185
Rohrkatze 19, 24, 165
Rollen/Rolligkeit 82, 86, 90, 137
Ruf 88
Russian Black 204
Russian White 204
Russisch Blau 162, 204

S

Säbelzahnkatze 15
Sandkatze 18, 65
Savannah 165
Schädel 42, 163
Schielen (Strabismus) 215
Schiff 28, 29, 32, 33
schildpatt/*tortoiseshell* 32, 71
Schlaf 51, 103
Schleierkatze, Australische 189
Schlüsselbein 38–39
Schnattern 89
Schnurren 89, 127
Schnurrhaare 59
Schwanz 38, 41
  aufgestellt 124
  Haltung 84, 85, 86, 87, 124
  Stummel 73
schwanzlos 73
schwarze Katze 9, 32, 70, 71, 113, 119, 160
Schwarzfußkatze 19
Schweißdrüse 47
Scottish Fold 163, 184
Scottish Straight 184
Seal-Point-Färbung 54, 69
Sehen *siehe* Augen
Selkirk Rex 72, 185
Siamkatze (Siamese) 30, 39, 69, 73, 161, 163, 164, 170
Sibirische Katze 133, 208
Singapura 179
Skelett 38–39
Smilodon 14, 15
Smoking (Fell) 71
Snowshoe 175
Sokoke 209
Somalikatze 162, 169
soziale Struktur
  gruppenlebende Katzen 78–79
  Heimtier-Katzen 80–81
Sozialisation 98–99, 120–123
Sphynx-Katze 72, 188
Spiel 99–101, 131, 143–144, 157
Spielzeug 101, 143–144
Spina bifida 73
Spotted Mist *siehe* Australian Mist
Sprichwort 20, 115
Stammbaum 160
Stammrasse 162
Stirnzeichnung (Tabby) 70
Strabismus (Schielen) 215
Streicheln 129, 131
Streichel-und-Beiß-Syndrom 130
Streifgebiet 79
Stress 49, 50, 147–148
Streuner 76, 77, 152–153
stud tail 47
Stummelschwanzkatze, Japanische 117, 198

T

Tabby 28, 32–33, 68, 70
  blotched (gestromt) 33, 70
  mackerel (getigert) 32, 33, 68, 70
  Wortherkunft 21
Talgdrüse 47
Tamra Maew 114, 170, 177, 199
Tastsinn 58–59
Taubheit 33, 57
Temperaturregulation 47, 97
Thaikatze 69, 161, 174
Thermorezeptor 58
Tierheim 9, 154–155
Tiffanie 190
Tonkanese 55, 164, 180
torbie 71
tortie 71
tortoiseshell/schildpatt 32, 71
Toxoplasmose 152
Toyger 167
Trab 40–41
Trächtigkeit 92
Tragestarre 46
Training 109, 129
Trillern 88, 127
Trinken 65
Türkisch Angora 55, 210
Türkisch Van 55, 211

U

Überpopulation 136, 153
Übersprunghandlung 103
Urin 82, 103
  Markierung 82, 149

V

Van-Katze 211
Verdünnungs-Gen 69
verwilderte Katze 20, 29, 43, 76, 95, 119, 152–153
Vestibularapparat 41, 97
Vibrisse 59
Virus, Felines Immundefizienz- (FIV) 51, 137
Virus, Felines Leukämie- (FeLV) 51, 137
Vomeronasalorgan 34, 60–61

W

Waldkatze, Norwegische 47, 112, 205
Waldkatze, Sibirische 208
Wasserbedarf 65
Wehenschwäche 215
Weißscheckungs-Gen 68
Werbeverhalten 82, 90
Wetzen (Krallen) 45
White Spotting (Gen) 68
White Spotting (Scheckung) 71
Wikinger 29, 33, 112
Wildkatze 18, 21
  afrikanische/asiatische 19, 21
  Domestikation 20–31, 35, 77
  europäische 18, 21
«Winkekatze» 117
Wirbelsäule 38–39, 40, 73
Wohnungskatze 142–145

Z

Zähne 14, 15, 22, 42–43
Zahnfehlstellung 215
Zahnfleischentzündung 43, 215
Zehe 44
Zentralnervensystem 50
Zucht 9, 160–165
Zuchtbuch 161
Zuchtstandard 161
Zuckerkrankheit *siehe* Diabetes
Zunge 62
Zwergrasse 39
Zwitschern 88, 127

Über die Autorin

Sarah Brown arbeitet seit 30 Jahren mit Katzen und ihren Haltern, und zwar in den unterschiedlichsten Situationen, so in der wissenschaftlichen Forschung, in der Heimtierbranche und als selbstständige Beraterin. Sie wurde an der Southampton University (GB) mit einer Doktorarbeit zum Thema *Social Behavior of Neutered Domestic Cats* (Sozialverhalten von kastrierten Hauskatzen) promoviert.

Sarah erwarb ihren ersten Abschluss in Zoologie an der Durham University (GB). Anschließend arbeitete sie am Anthrozoology Institute in Southampton; parallel zu ihrer Doktorarbeit führte sie dort im Auftrag der Heimtierindustrie Beobachtungsstudien zum Fress- und Sozialverhalten bei Haus- und Straßenkatzen durch.

Nach ihrer Promotion arbeitete Sarah als selbstständige Therapeutin für Katzenverhalten in London. Vom Jahr 2000 an war Sarah in einer Firma für Heimtierbedarf in Chicago (USA) als Expertin für Katzenverhalten tätig und am Produktdesign von anspruchsvollem Beschäftigungsspielzeug und anderen Artikeln für Katzen beteiligt. Inzwischen ist Sarah nach Großbritannien zurückgekehrt und führt dort ihre Beratungstätigkeit weiter. Sie arbeitet ferner bei «Wood Green – The Animals Charity» mit, um Katzen in ein neues Zuhause zu vermitteln sowie Katzenhalter bei allen Verhaltensproblemen zu beraten, und nimmt selbst Pflegekatzen auf.

Sarah ist Autorin von wissenschaftlichen Veröffentlichungen; sie ist ferner Co-Autorin des Lehrbuchs *The Behaviour of the Domestic Cat* (2. Auflage, CABI, 2012) und verfasste ein Kapitel für *The Domestic Cat: The Biology of its Behaviour* (3. Auflage, Cambridge University Press, 2014).

Sarah lebt mit ihrem Mann, vier Töchtern, zwei Katzen, einem Golden Retriever und einer Landschildkröte in North London.

Danksagung

Das Schreiben dieses Buchs war ein großes Abenteuer für mich, und viele Menschen haben mir dabei geholfen. Ich möchte mich vor allem beim Team von Ivy Press bedanken, insbesondere bei Stephanie Evans für ihren Rat und das sorgfältige Lektorat, wie auch bei Joanna Bentley, Tom Kitch, James Lawrence, Sharon Dortenzio und Kate Shanahan. Ferner danke ich Dr. Leslie Lyons von der University of Missouri für die kritische Durchsicht des Textes. Ein großer Dank gebührt Angela Koo Reina, Jane und Chris Lanaway sowie John Woodcock für die Drucklegung und das wunderschöne Layout des Buchs.

Im Lauf meines Arbeitslebens gab und gibt es viele Menschen und Katzen – ihnen allen möchte ich für die bereichernden und vielfältigen Erfahrungen danken. Mein besonderer Dank gilt Dr. John Bradshaw, meinem akademischen Lehrer, an dessen Institut ich mich der Arbeit und Forschung mit Katzen widmen konnte. Außerdem möchte ich mich bei «Wood Green – The Animals Charity» in London dafür bedanken, dass ich dort mit Tierheimkatzen arbeiten und sie aufpäppeln kann (einige Fotos in diesem Buch sind dabei entstanden); die Arbeit dieser Tierhilfeorganisation ist wirklich bewundernswert.

Zum guten Schluss danke ich meinem lieben Mann Steve und meinen Töchtern Abbie, Alice (meiner ersten Korrekturleserin), Hettie und Olivia für ihre Ideen und Beiträge, für ihre unendliche Liebe, Aufmunterung und Geduld. Ohne sie wäre dieses Buch wohl niemals fertig geschrieben worden.

Bildnachweis

Der Verlag Ivy Press dankt den folgenden Personen und Institutionen für die Erlaubnis, Copyright-Material zu verwenden:

Alamy/ AB Forces News Collection 153r; age fotostock 114o; Angela Hampton Picture Library 77M; Animal Photography 173, 193, 211; Arco Images GmbH 194; Artokoloro Quint Lox Ltd 116; blickwinkel 25; Cat'chy Images 199; Cultural Archive 27r; DR Studio 125u; Hemis 172; Heritage Image Partnership Ltd 113; Historic Collection 44ul; imageBROKER 180; Juniors Bildarchiv GmbH 41l, 198; Lebrecht Music & Arts 118; Mauritius Images GmbH 24, 53o; Natural History Museum 27l; News 21; Niday Picture Library 29; Oxana Oleynichenko 186; petographer 208; Prisma Archivo 28, 115o; Russotwins 119u; Sueddeutsche Zeitung Photo 154u; Taras Verkhovynets 100; Tierfotoagentur 171, 178, 210; Tot collection 22, 42; Turnip Towers 61; Veera Kujala 121; World History Archive 112u
Animal Photography Stock Images/ Helmi Flick 189
Ardea.com/ Jean-Michel Labat 203
Patrick Ch. Apfeld/ Wikimedia Commons, CC-BY-SA-3.0 19ul
Bridgeman Images/ Ambrosius Benson (1495–1550) / Private Collection / Foto © Christie's Images 117l
British Library 114u
Sarah Brown 70ol, 103
Dreamstime/ Natalia Bachkova 106; Hannadarzy 174; Idenviktor 34; Isselee 205; Françoise De Valera James 125o; Jhernan124 140o; Keeshi 127o; Krissi Lundgren 207; Meinzahn 32ul; Natalyka 167; Photodeti 81u; Pimmimemom 149u; N Po 161; Raddmilla 149or; Rkpimages 32ol; Kucher Serhii 176; Dennis Van De Water 156; Wrangel 18Ml
Getty Images/ An Ne/EyeEm 146; Cornelia Doerr 36–37; Dorling Kindersley 62r; Marc Henrie 179; Lisa Stirling 62l; Werner Forman 26l; Westend61 53 3.v.l
Niklas Hamann on Unsplash 7
Bugs Lanaway 51o
Java Lanaway 105
Ru Lanaway 160u
Tikka Lanaway 39o
Yerlin Matu on Unsplash 80u
Tessa Ochka 209; **Sergio Pérez** 15
Andrew Perris 162, 181, 182, 183, 188, 190, 196, 197, 204, 206
Science Photo Library/ Michael Long 14
Shutterstock/ 279photo Studio 155; 4contrast_dot_com 160o; 5 second studio 18l, 70u; Africa Studio 32ur, 141, 144M; Airin.dizain 17; Akarat Phasura 48u; Alexandr Junek Imaging 18Mr; Amal Hayati 86; Anastasiia Skorobogatova 35u; Anatoliy Lukich 18o; Anna Hoychuk 9o, 57o; Anna Lurye 69; Anurak Pongpatimet 142; Astrid Gast 23, 148; aSuruwataRi 26ur; atiger 128; AVA Bitter 60o; Axel Bueckert 69; Aynur_sib 41or; BEZ_Alisa 8; bmf-foto.de 109o; Bodor Tivadar 47u; Bokica 87; Borkin Vadim 68o; Brenda Carson 54or; Carlos G Lopez 79o; Cat'chy Images 67ul, 72M, 140u, 165, 170, 191; Catalin Rusnac 95o; Chendongshan 139; Chris Watson 77r; Cimmerian 14o; ClementKANJ 85u; Csanad Kiss 130; cynoclub 2, 48o; Danny Smythe 117ur; Denis Kornilov 63; DianaFinch 56u; dien 109u; Dmitrij Skorobogatov 144u; Dora Zett 5, 39u; DragoNika 74–75; dusan.anja 17; Dwight Smith 153l; EcoPrint 35o; Elena3567 49l; Ellika 22ul; Eric Isselee front cover, 16u, 33o, 50o, 72r, 87l, 88, 89, 133, 137o, 163ol und u, 164u, 185, 187, 195, 201; Ermolaev Alexander 160M; Esin Deniz 93; Evdoha_spb 33u; everydoghasastory 73r, 202; Francesco Scotto di Vetta 51u; Giffany 12–13; gillmar 54ul; Gladkova Svetlana 73M; Glue Promsiri 151; Grey Carnation 94; Grigorita Ko 98; GrigoryL 95u; Happy Monkey 96; Hein Nouwens 20o; 87; Hekla 64; I.Dr 104; IMACI 91; Impact Photography 20u; Inna Gritsinova 55o; Irina Kozorog 32or, 59u, 102; Irina Sokolovskaya 90u; J Nason 89o; Jagodka 30o, 164o; Jana Horova 83u; Jaromir Chalabala 58; jessjeppe 145o; Jiri Hera 67ur; jojosmb 31; Julia Remezova 164M; Karuka 54ur; Kasefoto 55u, 168; Kate Garyuk 143u; Katho Menden 144o; Kirill Vorobyev 66; Koktaro 38o; Kozyreva Elena 15u; Kristyk.photo 131; Kseniakrop 126o; Kuttelvaserova Stuchelova 57u; Leontien Reijmers 30u; Lightspruch 81o; Linn Currie 73l, 177, 200; LKHenry 77l; Lux Blue 44r; lynea 34o; m Taira 119o; Magdalena Wielobob 16o; MaKars 1, 4u, 5o, 6, 9u, 10o, 52o, 80o, 86o, 90o, 108o, 120o, 132o, 136o, 138o, 154o; Margarita Borodina 3, 72; Mark Wolters 10u; Martin Mecnarowski 19M, 68u; Mary Swift 53ur; Matt Gibson 19or; mdmmikle 184; Minoli 59r; mivod 112o; Mr Wichai Thongtape 32; MyImages – Micha 150r; NadzeyaShanchuk 49l; Nataliia Pyzhova 71; Nataliya Kuznetsova 169; NataVilman 97; Nayara Hilton 134–135; nevodka 11, 175; Nils Jacobi 82, 83o, 108u; Nisakorn Neera 144u; oksana2010 157; Ola-ola 17; Oleg Golovnev 212–213; Oleksandr Lytvynenko 3o; Olga Vasilijeva 122; OrangeGroup 192; Paper Street Design 23ul; Paulino 65u; Peter Wollinga 101o; Peti74 84u; PewChantana 150l; PHOTOCREO Michal Bednarek 3Mr; Polina Maltseva 49Ml; Quintanilla 79u; Ratchanee Sawasdijira 138u; Reinke Fox 23M; ruzanna 144u; Sandor Gora 78; Sari Oneal 32M; savitskaya iryna 126u; seeshooteatrepeat 92l; Seregraff 163or, 166; Silbervogel 56ul; Simone Canino 54ol; Sinelev 30M; Stephane Bidouze 45u; Stokkete 110–111, 123; supanee sukanakintr 85o; Susan Leggett 49ur; Susan Schmitz 22o; svetkor 152; Svetlana Popov 147; Sylvie Corriveau 158–159; Tatiana Chekryzhova 124; Thoreau 53ul und 2.v.l); Tony Campbell 101u; TroobaDoor 107; Tunatura 132u; Tuzemka 4o; Veera 145u; Vlad.Romensky 120u; Vladimir Pimakhov 144u; Volodymyr Plysiuk 99; Yellow Cat 143o; yingphoto 92r; ylq 19ur; Zaneta Baranowska 144u
Jonas Vincent on Unsplash 129

Der Verlag Ivy Press hat sich bemüht, alle Rechteinhaber zu ermitteln und ihre Erlaubnis zur Verwendung des Copyright-Materials zu erhalten. Der Verlag bittet für etwaige Irrtümer oder Auslassungen um Entschuldigung; bei entsprechendem Nachweis werden die jeweiligen Angaben in zukünftigen Ausgaben selbstverständlich korrigiert.